# THE SEEDS OF LIFE

From Aristotle to da Vinci, from Sharks' Teeth to Frogs' Pants,
the Long and Strange Quest to Discover Where Babies Come From

# 生命之种

从亚里士多德到达·芬奇，
从鲨鱼牙齿到青蛙短裤，
宝宝到底从哪里来？

**Edward Dolnick**

[美]爱德华·多尼克——著

王雪怡 李小龙——译

上海教育出版社
SHANGHAI EDUCATIONAL
PUBLISHING HOUSE

图书在版编目（CIP）数据

生命之种：从亚里士多德到达·芬奇，从鲨鱼牙齿
到青蛙短裤，宝宝到底从哪里来？ /（美）爱德华·多尼
克著；王雪怡，李小龙译.—上海：上海教育出版社，
2019.11
ISBN 978-7-5444-9465-6

Ⅰ.①生… Ⅱ.①爱… ②王… ③李… Ⅲ.①生命起
源—普及读物 Ⅳ.①Q10-49

中国版本图书馆CIP数据核字（2019）第197931号

上海市版权局著作权合同登记字号
图字：09-2019-737号
The Seeds of Life: From Aristotle to da Vinci, from Sharks' Teeth to Frogs' Pants, the Long
and Strange Quest to Discover Where Babies Come From
Copyright: © 2017 by Edward Dolnick
Published in agreement with Sterling Lord Literistic, through The Grayhawk Agency Ltd.
Simplified Chinese edition copyright:
2019 Beijing Paper Jump Cultural Development Company Ltd.
All rights reserved.

责任编辑　林凡凡
封面设计　人马设计

生命之种：从亚里士多德到达·芬奇，从鲨鱼牙齿到青蛙短裤，
宝宝到底从哪里来？
Shengming zhi Zhong: Cong Yalishiduode dao Da Fenqi, Cong Shayu
Yachi dao Qingwa Duanku, Baobao Daodi Cong Nali Lai?
［美］爱德华·多尼克 著　王雪怡 李小龙 译

出版发行　上海教育出版社有限公司
官　　网　www.seph.com.cn
地　　址　上海永福路123号
邮　　编　200031
印　　刷　北京盛通印刷股份有限公司
开　　本　890×1240　1/32　印张10.875
字　　数　243千字
版　　次　2019年11月第1版
印　　次　2019年11月第1次印刷
书　　号　ISBN 978-7-5444-9465-6/Q·0021
定　　价　52.00元

如发现质量问题，读者可向本社调换　　电话：021-64377165

献给

琳恩、萨姆和本

For

Lynn, and Sam and Ben

日日夜夜，愚昧无知者抑或满腹经纶者，尽皆耽于造人之乐。然而无人知晓，传宗接代一事何以发生。

—— 维托雷·卡尔德里尼
意大利医师与作家，1628 年
Vittore Cardelini
Italian physician and author
1628

# 目　录　CONTENTS

# PART THREE

第三部分
俄罗斯套娃

135

# PART FOUR

第四部分
机械论倒塌，新理论出现
————
229

# 大事年表 TIME LINE

| | |
|---|---|
| 1490 | 列奥纳多·达·芬奇绘制男女性交剖面图。 |
| 1492 | 哥伦布启航。 |
| 1543 | 维萨里出版解剖学史上杰作之一。 |
| 1543 | 哥白尼宣称地球绕着太阳转，而非反之。 |
| 1628 | 威廉·哈维指出心脏就像一个泵。 |
| 1651 | 哈维称"万物都来自卵"。 |
| 1669 | 扬·施旺麦丹认为上帝在创世之初就造出了一代又一代动物，像俄罗斯套娃一样挨个嵌套。 |
| 1672 | 瑞格尼尔·德·格拉夫（几乎）证明了雌性哺乳动物有卵子。 |
| 1674 | 安东尼·范·列文虎克在一滴池塘水中看到无数肉眼无法看见的"微型动物"。 |
| 1677 | 列文虎克观察到数以百万计的"精虫"。 |
| 1694 | 尼古拉斯·哈特索科画出蜷缩在精细胞内的微型人类。 |
| 1741 | 亚伯拉罕·特朗布雷将水螅剪成很多段，每一段最后都奇迹般地发育成了完整的生物。 |

1745       法国科学家就生物体如何生长的问题提出新理论：生命是由类似于引力的力量控制的，而非机械装置。

1752       本杰明·富兰克林在雷雨天放风筝，证明闪电是一种电流。

18 世纪70 年代       拉扎罗·斯帕兰扎尼给雄性青蛙穿上裤子。

1776       美国独立战争开始。

1791       路易吉·伽伐尼用电流信号使青蛙腿踢动。

1818       玛丽·雪莱出版《弗兰肯斯坦》。

1827       卡尔·冯·贝尔首次观察到哺乳动物卵细胞。

1837       维多利亚女王继承王位。

19 世纪30—60 年代       细胞理论出现。

1861—1865       美国南北战争历时四年。

1875       奥斯卡·赫特维希观察到精子和卵子的结合。

# 引 子　　　　　　　　　　　　　PROLOGUE

## 17 世纪 30 年代早期的英格兰

　　在未来的几个世纪里，这些大片大片的田地和树林将缩小成偌大城市中的一块块小小的绿色。伦敦本地人和游客会在这里喂鸭子、天鹅，并摆出各种姿势拍一些好笑的照片。但是今天，这里没有人群，没有游客，没有外部世界充斥的嘈杂声。我们身处英国皇家公园，这里是国王查理一世的财产。此刻，国王和他的皇家医师威廉·哈维（William Harvey）正在猎鹿。这个时节正是动物交配的季节。

　　这时候，哈维和国王都还没听说过"密室谜团"，即在不可能的犯罪环境中发现一具尸体。也许是在反锁的书房里发现一名死者，背后插着刀。谁也没有想过这样的事。然而，他们马上就要看到了。

　　哈维是个小个子男人，头发乌黑，目光深邃凌厉。他野心勃勃又急于求成，一位朋友形容他是出了名地"性急"，浑身散发紧绷之感。他注定要遨游于医学的万神殿中，他证明了心脏是一个泵，通过错综复杂的动脉与静脉网络输送血液完成全身循环。

　　查理身材修长，相貌英俊，面容庄重，坚信上帝造人时将他凌驾于其他凡人之上，并且"国王永远不会犯错"。他命中注定要死于人民之手，一个戴面具的刽子手将他的头砍下来，抓着头发高高拎

起，见此情景，人群中爆发出欢欣的呐喊声与震惊的叹息声，此起
彼伏。

*　　*　　*

1628 年，即狩猎远足的几年前，哈维已经出版了关于心脏的著
述。然而，全世界都在谴责他。哈维抱怨说："所有平头老百姓都认
为我神经错乱，所有内科医生都反对我的观点。"对于好胜心极强的
哈维来说，这种蔑视带来的更多是鼓舞，而不是打击。哈维终其一
生都是个坚定的"眼见为实"者。让别人喋喋不休去吧！

千百年来，心脏一直被认为是灵魂的所在地，是情感和思想的
家园，这是人类高于其他生物的表现。（我们今天还在使用一些包含
"心"的习语，例如，一颗"善良的心"或"冷漠的心"，或是"用
心学习"的说法，足见往昔信仰之根深蒂固。）心之于身体，犹如太
阳之于天空、狮子之于丛林。不过现在，哈维已经证明这个所谓神
圣的器官实际上就是一个潮湿黏滑的机器。

全世界将接受哈维的观点，尽管要再等上二十多年的时间。最
终，他会广受仰慕。一位五体投地的追随者将用诗句赞美哈维的成
就："你的观察之眼率先将心之艺术发现 / 如齿轮，如钟表机械。"

在他陪国王打猎的 1628 年，名誉尚未到来。迎接他的是攻击
而非赞美。即便医学界尚未跟上他的脚步，但他对自己的成就心知
肚明。随着心脏之谜被解开，哈维开始将注意力转向最大的谜题。
从人类早期起，男人和女人都想知道新生命是怎样降临世间的。性
行为何以带来婴儿？哈维立志要弄个明白。他将清清楚楚地了解到

交配如何创造出生命。

尽管人类才是研究的终极目标，但出于实操性考虑，他将从鹿的研究入手。国王是个狂热的骑手与猎人，正如哈维欣然指出的，他"为了娱乐和健康，几乎每周都要打猎"。哈维成功地将国王争取为自己的盟友。

国王的猎手杀死了一头母鹿。作为这个时代最著名的解剖学家（也是最后一个依靠肉眼做观察的伟大解剖学家之一），哈维连忙赶上前去。现在他将向国王展示怀孕和孕育的秘密，国王"非常享受这类奇事"。他们要一起端详鹿胚胎的最早期形态。他们将看到以前任何人从未见过的东西—— 一个小小的、圆圆的、闪闪发光的球状物，就像一个没有壳的蛋。

哈维挥刀刺入母鹿的肚子，把它剖开。一股蒸气冲出温热的躯体，在冰冷的空气中升腾。哈维凝视着母鹿的子宫，起初的热切继而变为困惑。国王隔着医生的肩膀张望。他们……什么也没看到！

没有精液，没有胚胎，没有任何东西可以区分这头母鹿和其他母鹿，尽管哈维和所有的猎手都十分确信这头母鹿已经怀孕。哈维招呼国王靠近一点，并指出"它的子宫里根本没有精液"。

在接下来的几天里，哈维一遍又一遍地重复这个过程，却总是得到相同的结果。尽管进行了最仔细的研究，但他从未在这些刚交配的母鹿体内看到任何精液；他从未看到一星半点可以反映母鹿对怀孕所做贡献的痕迹；他从未看到鹿的卵巢发生任何变化；他从未看到任何胚胎的迹象。

是不是哈维、国王和猎手都自欺欺人了？也许他们一直在精心研究那些根本没有交配的鹿。

哈维设计了一个实验。这一次，他要等到繁殖季节末期，那时候他研究到的毫无疑问都是已经怀孕的母鹿。他将抓捕一群母鹿，随机挑出一些进行解剖观察，其余则不做干预。（这是另一项突破：哈维是最早使用"控制变量组"的实验者之一，甚至有人认为他就是第一人。）

何必如此大费周章？因为无论哈维在随机选择剖开的鹿体内看到了什么，他大概都会去了解是否也能在活体鹿体内窥视到什么。

在国王的允许下，哈维圈起十几头母鹿，以便追踪记录。他随机挑选几只来解剖，结果一如往常，什么也没找到。现在他等待着并观察着剩下的母鹿。按照惯常的时间，它们产下了小鹿。

这完全说不通。毫无疑问，雄性会产生精液。人人都知道它的模样。那是一种真实的、生理的、司空见惯的物质。人人都知道精液对怀孕必不可少。可为什么当雄性使雌性受孕时，精液就消失了呢？精液去了哪里？胚胎又在哪里？

更不可思议的是，这一奇怪信息的传递者居然是一心求真的威廉·哈维，再没有比他更稳重的人了。曾经，哈维用他那革命性的心脏图景无可辩驳地证明，他可以用自然主义的朴实术语解释身体的运作。然而现在，哈维亲自宣告了常识的死亡！

皇家猎场看守人感到愤怒，更不相信哈维的发现，也加入争论中。"他们断定是我先误导了自己，然后又把国王引入歧途，但这绝不可能。"哈维咆哮道。

母鹿怀孕了。没有任何物证。这几乎不可能。但事实确实如此。

# PART ONE

# PEERING INTO THE BODY

## 第一部分
## 窥视体内

这是要抽足三斗烟才能解决的问题，
请你在五十分钟之内不要跟我说话。

—— 阿瑟·柯南·道尔
《红发会》
Arthur Conan Doyle
*The Red-Headed League*

# 第一章  向荣耀进发

17 世纪末，科学世界开始呈现出现代形态，探险家已经环游了地球，绘制了天空。他们计算出了地球的重量，追踪到了一生只划过天空一次的彗星轨迹，也揭开了银河系的秘密。他们发现音乐的核心是数学，发现了透视法，于是艺术家单凭一支画笔便可将现实钉在画布上。但在哥伦布、麦哲伦和伽利略之后的数百年里，最深奥的科学谜团仍未解开。

**宝宝从哪里来？**现代时期的天才和发明家如列奥纳多·达·芬奇和艾萨克·牛顿也不清楚。他们只知道，男人和女人发生性行为，作为结果，有时候会生下宝宝，但他们不知道这些宝宝如何产生。他们不知道女人会排卵，而当他们最终发现精细胞时，也不知道这些扭动的蝌蚪与婴儿和怀孕有什么关系。（当时的主要理论认为它们是寄生虫，可能与新近发现的在池水中游动的微型动物有关。这是牛顿的观点。）

难以置信的是，迟至 1875 年，在意大利那不勒斯海边的一个实验室里，宝宝从哪里来的谜题才最终解开。

在那之前，关于怀孕和胎儿发育的一切都被黑暗包裹着。几个世纪以来，科学家一直努力想要弄明白，女性到底只是为男性的种子提供了一块沃土，还是她自身也产生了某种种子。他们不知道双胞胎是怎么形成的。（精液太多？快速连续的两次性交？和两个不同的男人性交？）他们不知道怀孕的概率是在新月夜还是在满月夜更大，抑或是时机对怀孕根本没有影响。他们不知道一个婴儿是否只有一个父亲，虽然他们假定如此，鉴于婴儿只有一个母亲。他们不知道婴儿为何与父母外貌相似，而且有的更像父亲，有的更像母亲。

　　**我们从哪里来？生命如何开始？**这些是所有科学问题中最紧迫的。世界充满了神秘和奇迹，但并非每个人都想知道星星为何发光，地球为何旋转。不过，每个人在有生之年都曾问过这个问题：婴儿从哪里来？千年来，最深刻的思想家（以及每个普通人）都在思考这个宇宙级大谜题。

　　谁也没有头绪。

＊　　＊　　＊

　　导致这种困惑的部分原因显而易见。我们往往会忘记生命的故事有多么令人惊讶。我们听过太多次相关解释，以至于把它当成了常识。**就连四年级学生都知道宝宝从哪里来。**我们很早就学到，父母双方都为孕育后代做出了同等贡献，母亲提供卵子，父亲提供精子。女性的卵巢每月会排出一颗卵子，这颗卵子顺着输卵管进入子宫。如果一对男女在合适的时间性交，男性精液里的数百万个精细胞会有一部分沿女性的阴道和宫颈抵达那颗卵子。其中一个精细胞可能与卵子结合。在一段时间内，新合成的细胞分裂为两个细胞，然后是四个、八个，等等。待到九个月后，一个新生命呱呱坠地，降临世间。

真相看上去未免太不可思议，能有人愿意相信简直堪称奇迹。

按科学教科书的说法，具有远见卓识的研究员系统地收集事实，这些事实逐步积累，筑成一座坚固雄伟的高塔。实际上，关于性和婴儿的故事根本没有朝着目标稳步推进。最终解决了这个问题的科学家们也曾历经辗转，一度偏离目标数十年之久。他们沿着长长的暗巷竭力追捕嫌疑人，却最终发现他有不在场证明。他们煞费苦心地构想了一个个情节，这些情节却一个个崩塌。他们恍惚地踱着步，陷入僵局，因为观察到的情况根本不符合任何推断。他们中有些人通过深入细致的调查研究找到了一些线索，而另一些人则在黑暗中朝错误的方向狂奔，被绊倒后方才醒悟。

进展总是时断时续，但所有真正解开谜团的过程皆是如此。只有在老套电视节目中，才会有神推理及时登场，刚好赶上完美谢幕。问题不在于科学家不称职——他们虽非完人，但大部分智慧超群，几乎都很勤奋——而是在于真相实在太过隐蔽。

为了破解这个难题，科学家需要新工具，尤其是显微镜；还需要新观点，尤其是意识到身体是由数万亿细胞构成的，而这些细胞都来自同一个源头。除了工具和观点，科学家还需要全新的思维方式。假设有那么一刻，某些早期学者已经以某种方式得出了揭示真相的结论：一个生物体开始于单个细胞。那么然后呢？科学家马上就会发现拦路的斯芬克斯抛出一个扑朔迷离的后续谜题：这个小细胞怎么"知道"该如何将自身转化成一个能哭会笑的三千克重的婴儿？

要解决这个问题就需要这些早期科学家理解，一个生物体有能力自我组装！回溯历史长河，这个概念不可想象，就好像一座大教堂可以自己凭空建造出来一样古怪。而今天，这却是常识，每个学过高中生物的学生都耳熟能详。

通往这一洞察的道路艰难而崎岖。别的不说，它需要人们类比某些机器，例如自动钢琴及后来的计算机，这类机器能够遵循代码指令来执行复杂的操作。在 20 世纪，这种机械装置将启发人们，生命本身也遵循着用遗传密码书写的指令。但是在 17 世纪和 18 世纪，这样的机器尚未存在。没人能看到自动钢琴琴键在打孔纸卷的操纵下如幽灵般运动着，然后喊出："我发现了！"

相反，科学家从四面八方寻找有关怀孕和发育之谜的线索。这一切如何运作？带着困惑与笃定，他们沿着最不可能的道路展开探险。例如，他们执着地投入到昆虫研究当中。蠕动的毛毛虫破茧而出时成了扇着薄纱翅膀的蝴蝶！他们希望研究这类惊人的转变能有助于解释婴幼儿的变化。他们研究了鱼、青蛙、狗和鹿，以了解它们在解剖结构和交配行为方面的共同点。科学家处理过最细小的问题：蜗牛同时有双性生殖器，那么要如何分辨出谁对谁做那事呢？他们也探索过最宏大的主题：生物体是否拥有一种"生命力"，能激发出自己的生命？

我们经常看到这种情况：探索沿着一个方向开始，却在偏离既定方向甚远之处结束，令人始料未及。例如，为了探索生命力，人们冒着危险用电和闪电去做古怪的实验，甚至让科学怪人弗兰肯斯坦捣鼓出一个怪物。

事后看来，这种曲折的前进似乎不可避免，因为两个看似不同的问题深深地纠缠在一起。"宝宝从哪里来"这个问题不可能与"什么是生命"这个问题分开。因此，对精子、卵子和解剖学的简单研究，解开了生物体本质这一深奥谜团。科学家原本只想了解身体的犄角旮旯，却发现自己最终思考起了世界由什么组成。为什么当形成泥块和泥潭的那些普通物质以正确的方式重新排列时，就能突然变成会哭会爬的新生命？

何况，这是科学和宗教相互交织的时代，每一个关于生命的陈述都暗含对造物主的评判，每一次透过显微镜的科学观测都可能引发一场宗教斗争。

探寻性和怀孕之谜将在数个世纪内耗费若干科学家的职业生涯。本书关注的是故事的核心时段，即从 1650 年到临近 1900 年间发生的事。在这期间，荷兰、法国、英国、德国、意大利以及新生的美国六国的科学家将一棒接一棒地传递火炬，抑或是被火焰灼伤而放弃。事后看来，这一过程居然没有花费更久的时间，着实令人称奇。

\* \* \*

他们出发了，没有犹豫和恐惧，满怀热情和信心，因为他们的同辈人刚刚取得了巨大的胜利。在 17 世纪的一系列发现中，物理学家和天文学家证明宇宙其实是一个发条装置，恒星和行星是它的齿轮。鬼魂和恶魔是不存在的。大自然遵循定理和方程式，并非变化无常。彗星不是上天的使者。上帝是个数学家。

17 世纪是风云激荡的时代，知识分子充满雄心壮志。伟大天才不胜枚举。莎士比亚、伽利略、伦勃朗、笛卡尔和牛顿并不是图书馆书架上的半身像，而是有血有肉的时代巨人，拥有着几乎不可估量的力量。人类内心的秘密和自然界的秘密似乎注定要在他们面前揭开。

在这份群星璀璨的花名册里，科学家不仅有同样的雄心壮志，还有着同一种思维方式。从伽利略和牛顿开始，他们坚信自己的使命是研究上帝所造之物、宣扬其高超的技艺。他们就此行动起来。当他们最终罗列自己的战果时，实际上给出了双重宣言。首先，他们做了很多伟大的事。他们解开了彩虹之谜，也掌握了潮汐之律。其次，他们破解了宇宙密码。他们发现了如何理解这个世界：它是上帝编写的加密信息。

这个世界不仅仅是美丽的，有如一幅让观赏者欣喜若狂的油画；它更是一个完美编织的谜题，一个秘密包裹着另一个秘密。这些早期科学家热切地相信，人类的最高使命是解开这个谜，从而更好地致敬造物主。（但上帝为何要把事情弄得如此复杂？如果他想要诚惶诚恐的敬意，为何不直接安排星星拼成冒着火光的"看啊！"字样？对于 17 世纪虔诚的科学家来说，答案显而易见。上帝给了人类一个重要的天赋——一种广博的智慧，而他希望人类能够充分加以利用。）

牛顿和同时代的人坚持认为大自然是用数学语言写成的，只有数学家才能读懂它。这是一种乏味的观点。后世的浪漫主义诗人会抱怨科学家"冰冷的哲学"耗尽了世界的活力和元气，就好像高更的一幅郁郁葱葱的风景画被弃置一边，取而代之的是几何学教科书里的一张图表。<sup>①</sup>不过，除却沉闷的数学式言谈，17世纪的科学家探讨世界的方式饱含热情与厚望。

他们谈论上帝这位数学家时，似乎有意减少使用宏大的词汇来描绘他。科学革命的先驱之一弗朗西斯·培根将这一点推向了极致。他描绘的上帝似乎不是天国宝座上的全能者，而更像是一位溺爱的家长，为年幼的孩子设计了一项复活节彩蛋狩猎活动。"上帝乐于隐藏自己的作品，"培根写道，"直到最后才让人们发现。"

在成功理解物质世界的基础上，科学家做出了大胆的计划，继续前进，这一次转向了生物。如果高傲的心脏可以被理解为一个泵，那么身体的其他部分也可以类推。肌肉、骨骼和动脉将扮演杠杆、滑轮和管道的角色，食物将充当燃料，而过滤器和弹簧、水管和风箱都将各自拥有天然的对应物。

随着时间的推移，身体的秘密会被揭开，就像工匠工作台上打开的手表。人类和动物将展现出各自版本的机械形象，其精妙将远胜欧洲大教堂钟楼里那些整点报时的小人偶，后者只会迈几步骄傲的步子，抬起小号贴近金属嘴唇。

生命内在运行的秘密，即动物如何运动、呼吸和繁衍的最深奥的秘密将被揭晓。上帝将星辰排布于苍穹，雕刻出高耸的群山，他对事物的细节想必给予了更多关注，比如小鸟的翅膀和鲸的鳍，尤其是他依照自身形象塑造出来的人类。

科学家直截了当地将生命世界设定为下一个目标。无生命的世

---

① 数学家将上帝描绘成与数学家自身类似的枯燥模样也许并不奇怪，正如几十年后孟德斯鸠写道："如果三角形有一个上帝，那么这个上帝也会长有三条边。"

界有着飞驰的行星和遥不可及的恒星，似乎更令人望而生畏。于是牛顿及其同行的确有必要发明一套数学语言来描述它。即使在今天，我们仍然感到物理学是个令人费解的领域，包含黑洞、隐藏维度和平行宇宙等概念。相比之下，生物学研究的对象是日常的、接地气的，例如狗、植物和蜗牛。既然科学家连物理学都已征服，那么生物学自然不在话下。他们很快就能攻克。

然而事实并非如此。勇敢的科学家争相探索生命的奥秘，但很快便碰了一鼻子灰。他们几乎立刻就发现了生命的混乱无序，它脆弱又不可预测，恼人地遮掩着它的秘密。一颗飞行的炮弹显然没有选择轨迹的意愿，几条简单的定律便足以描述它的运动，有何不可？但是设想一下金属块和朝光亮伸展的向日葵之间的鸿沟，或者将它对比一只扯着皮绳的狗，又或是一个人。一方面，它们只是物质。另一方面，它们又是有呼吸和脉动的生命。同样的定理怎么可能同时适用于这两者？

行星易懂，植物难解。事实表明，性和生殖是最大的难题。从约1600 年到约 1900 年，"宝宝从哪里来"这个问题击败了一个又一个思想家。被征服者仿佛战场上的士兵成堆地倒了下去。18 世纪晚期，一位科学家费尽心思编纂了一份失败理论的清单。纵览几个世纪的历史，他记录下了"262 个毫无根据的假设"。（"毋庸置疑，"一位著名生物学家当即评论道，"他自己的理论体系就是第 263 个。"）

# 第二章　隐藏在深夜中

我们都清楚"性与婴儿"的故事如何展开。我们常因此而自以为是：**我们的祖辈耗费那么长时间都想不通这个问题，多么愚蠢！**但是我们真不该这样想。只要想一想当代科学家全力解决未解之谜时的艰辛，就能理解我们祖先的困境了。当今科学界的头号难题其实是去解释一个世界上最简单的事实，但它如此之难，以至科学家直接称其为"最难的难题"（没有之一）：为什么冥冥之中是我们？为什么机器人即便能够自行在房间走动、嘀嘀作响、眨着眼睛还会下象棋，也只是一堆毫无生命的组件，而我们人类却能在气味、影像和记忆的海洋中徜徉？简而言之，究竟什么是意识？

如果世界上每一个物体只是一套原子的集合，为什么有些集合只是待在那里，而某个重约 1.4 千克的集合也就是人的大脑，能够构想出一个世界呢？区区那些填充物是如何做到的？用诗人、评论家戴安·阿克曼（Diane Ackerman）的话说："你是如何从氢元素开始，长成穿着舞会礼服、听着室内乐、懂得嫉妒的人呢？"

如今，即便是全世界最深刻的思想家也无法回答这些问题。有一天，答案或许会显而易见，以至没人能理解这些问题怎么会使人困惑。在未来，9 岁的孩子可能会也读《思想从何而来》之类的书。

在过去的几个世纪，生命之谜的棘手程度，堪比当今时代的意识之谜。我们百分之百清楚是大脑产生了思想，但问题在于这究竟意味着什么。而为现代世界奠基的科学家很清楚，有些东西是有生命的，另一些则没有，但问题在于究竟为什么会这样。

今天的我们无法解释大脑这块禁锢在黑暗骨架内的肉如何能创造出充满光明的世界。曾经的人们无法解释一些死气沉沉的零碎物质如何能形成纵身跃起亮出利齿的老虎。本想以"宝宝从哪里来"这个小问题入手寻求突破，到头来却增加了问题的难度。解决生命之谜已是挑战十足，解释新生命从何源起则是难上加难。在女性的子宫中，一团显微镜才能观察到的组织逐步长成一个婴儿。但是它是如何抵达子宫的？它绝不会凭空出现。它起初从哪儿来？接下来又如何生长？

*　*　*

对于男性科学家而言，思考这些谜团时最大的困扰就是如何摆正女性在此过程中的位置。显然，女性怀孕生子，但是女性在制造孩子时做了什么贡献呢？男人产生精液，女人呢？20 世纪，弗洛伊德提出了一个著名问题："女人要什么？"不过在 17 世纪，人们只会问："要女人干什么？"

长期以来男性思想家比较中意的答案，也是最简单的答案——女人乃一片土地，男人在上面播种。这个观点常常出现，仿佛成了常识。埃斯库罗斯（Aeschylus）在基督诞生之前 400 年就对此做过陈述：

> 你唤作孩子母亲的女人，
>
> 不是至亲，只是种子的看护者，
>
> 新播撒的种子在她体内生长、壮大。
>
> 男人才是生命之源——开展活动的人。
>
> 她，像一位陌生人受另一位所托，
>
> 确保嫩芽的存活，只要神明不伤其根基。

两千年之后的英国，还有很多人秉持这个观念。皇家医师在1618 年出版的一本解剖学图书中写得更加尖刻："女人天生带有子宫，子宫就是接收、养育种子的一片土地或苗床。"然而日常生活的观察消解了那些权威之识。如果母亲仅仅是婴儿成长的土壤，为什么孩子常常长得很像妈妈呢？这个问题直击要害。也许女性确实以某种方式塑造了自己的宝宝？一方面，考虑到女性当时的次要地位，这似乎不太可能。另一方面，这似乎又无可争议，否则无法解释家族相似性。到底是怎么回事？

\* \* \*

乍看上去，性生活好像很简单，带着兴奋和膨胀，还夹杂一些基本的舞蹈动作。但整部戏最关键的场景，即怀孕和其后九个月内的发育，都发生在身体内部，隐藏于视野之外。威廉·哈维曾感叹，大自然将这些生物学秘密隐匿在"朦胧的深夜里"。

即使可以看到这个过程，也不要指望有所发现，因为你根本不确定自己在寻找什么。例如，没有人知道女人是否排卵。科学家分裂成两个阵营，一方坚信女性像鸟类一样会产卵，反方则高呼女性就像男性一样会产生某种精液。

观点比比皆是，但事实稀少且难以捉摸。我们现在知道，卵子和精子不仅隐蔽，还很微小。人类的卵细胞虽然已是体内最大的细胞，但也大不过本句话末尾的句号。精细胞则是体内最小的细胞，肉眼根本看不到。（卵细胞比使其受精的精细胞大百万倍，就像感恩节火鸡和苍蝇之间的差异。）人类发育奥秘的探索之旅，绝不会是一条坦途。

单是整理出人体解剖学的基本事实便是艰难而严峻的工作。观察活体生物的内部基本不可能。[①] 当你的目标是了解生命时，死尸是唯一的选择，也是最无奈的选择。解剖通常在冰冷的环境中进行（以防尸体腐烂），解剖学家将刀子刺入黑暗潮湿的细缝。吸引力和恐怖交织在一起。列奥纳多·达·芬奇写道，无论有多么强烈的好奇心，"你可能会因为恶心或是因为守着尸体度过长夜带来的恐惧而无法继续，那些尸体已被剥皮肢解，样貌骇人"。

实际操作层面障碍重重，其他方面更为困难。所有与出生、婴儿有关的问题都面临责难，不仅仅是因为它们涉及"性"这个最敏感的主题。在上帝之光普照的 17 世纪，探索科学便是对宗教刨根

---

① 但并非完全不可能。1640 年，威廉·哈维遇到了一个年轻人，他从马上摔下来后撞到了一块锋利的岩石。他的胸部留下了一个洞，用金属板覆盖着。待到完全康复后，这般伤势使他成了名人。（有一次在罗马，渴望窥视活人身体的人群挤满了整个歌剧院，只为一睹他的风采。）哈维和后来的查理一世国王都迫不及待地把手伸进了那个年轻人的胸膛，将手指置于跳动的心脏上。

问底。一石激起千层浪。人人都相信是上帝塑造了世界及其所有居民，正如《圣经》所详述的那样。只有上帝才有创造生命的力量。谁敢把崇高的生命创造与黑暗中彼此紧搂、喘着粗气的普通男女相提并论？

将人理解为复杂的机器令整个科学事业一时间陷入了两种不同的危机。首先，它威胁到上帝的地位。这是亵渎神明，再没有比这更可怕的指控了。其次，同样糟糕的是，科学的思维方式似乎从世界中抽离了目的和意义。无生命的零件组装在一起，对其行为不能负任何责任。如果人类是机器，那么丈夫勒死妻子的罪责只能相当于失控的马车闯入人群。

换作别的时代，截然不同的世界观会将科学家置于宗教信徒的对立面。这种冲突本应一目了然。但在当时的情况下，科学家本身也是宗教信徒。战线并不是在对立阵营之间拉开，而是贯穿于个体的头脑之中。这些革命者才华横溢、雄心勃勃，同时又迷茫困惑、矛盾重重，他们被迫拼命去寻找调和新发现与旧信仰的方法。

当谈到性时，他们发现自己比以往更加困惑。首先他们无法想象，为什么上帝设计了如此怪异的一套系统来延续人类物种。还有什么比这更没有尊严？"谁会恳求并甘愿接受像性交这样肮脏的事情？"法国皇家医师在1600年质问道，"男人是充满理性和智慧的高贵生物，当他触摸女人淫秽的身体部位时，会是怎样一副表情？那里可是污秽遍染之处，是身体最低等的部位，是人体的污水池。"

这位博学的医生继续表示，在性事之中女人也无法全身而退。"若不是因为生殖部位天生具有一种瘙痒感，女人怎会因为追求愉悦而背弃信仰，匆匆投入男人的怀抱？怀胎九月何其艰辛，一朝分娩又伴随着极度难耐的痛苦，常常会丧命，而抚养孩子更是一件令人焦虑的事。"[①]

然而最终，是上帝制定了这个古怪的体系，一如他创造了天空和大海。毫无疑问，他自有缘由。

\*     \*     \*

伟大的调查从一些人人都认可的事实开始，但这些事实仿佛空旷的风景中几个孤零零的地标。不论在哪个文化里，人们很早就清楚一个巴掌拍不响的道理。在缔造生命的两位搭档中，男性看起来不如女性那么神秘，因为他们发挥作用的部件位于体外，就像巴黎蓬皮杜中心外观的钢管造型一样醒目。

阴茎的作用似乎很明显，但它如何管理自己的勃起和松弛尚不为人知。生物学家和医生都认为睾丸也和性与婴儿有关，但是具体作用不明。（亚里士多德认为，睾丸只是包装奇特的平衡配重，类似于妇女悬挂在织布机上的东西，用于防止纺线打结。就男性的情况而言，亚里士多德解释说，配重可以保持输精管畅通。）

精液作为整个性爱过程中最不可忽视的产物，显然是这个难题的关键一环，但人们始终对它一无所知。科学家（早年间几乎都为男性）的标准见解是，精液是一种有魔力的，甚至是神圣的混合物。

---

①  时至今日，科学家仍然惊叹于男性在生孩子这件事上付出的努力是多么的少。对此，进化生物学家罗伯特·特里弗斯（Robert Trivers）用"万亿分之一克重的一个精细胞"与"怀胎九月生出的一个3.4千克重的婴儿"做了对比。

但发挥魔力的具体形式存在争议：精液是在没有物理接触的情况下施加影响，好比阳光滋养植物，还是作为神圣配方中的关键原料发挥效用，就像某种婴儿辅食？

人们对女性的解剖学知之更少。科学家只知道阴道和子宫的结构。此外，几乎任何问题都会引起混乱和争议。输卵管有什么作用？卵巢呢？当时卵巢甚至没有专属学名，被称为"女性睾丸"。什么是月经？几千年来，各种文化不约而同地将月经视为女性地位低下的证明〔根据《自然史》（*Natural History*）的作者、著名古罗马作家普林尼（Pliny）的说法，经血能够使酒水发馊，令草木枯萎，将蜜蜂熏出蜂巢〕，除此之外，没人了解更多。

遗传更是令人费解，哪怕是最基本的遗传现象。没有人能解释为什么马会生下小马，为什么狗生下的是小狗而不是小猫。仔细考察后，谜团却变得更加深不可测。不同动物的胚胎看起来都一个样，也就是什么都不像。一小块组织如何知道自己该长成小猫，而另一块看起来几乎相同的组织就要长成小牛？事实太过司空见惯，"生什么像什么"是一种古已有之的观察，几乎没人对此加以推敲。但是这样的问题一旦抛出来，人们也只能抓耳挠腮，含糊其词。

还有诸多其他问题，同样是根本性的，也同样令人困扰。比如，经验似乎显示，婴儿以某种方式结合了双亲的特征。若果真如此，那新生儿为何一定是男孩或女孩而不是亦男亦女的双性人？如果父母双方都对宝宝的形成有所贡献，那新生儿为何不是长着两个头、四只胳膊和四条腿的怪物？

＊　＊　＊

任谁接手了这些问题，都会一筹莫展。但几乎无一例外，与这些未解之谜搏斗的科学家都是男人。更重要的是，这些男人理所当然地认为女性在生理和精神上都比男人低一等。不过也不是所有人都像亚里士多德那样极端地将女性称为"残缺的男性"。但如果科学家的目标是理解男女双方如何共同创造后代，却在一开始就认定其中一方是残次品，那么这无异于自找麻烦。

就比如"卵"这个令人头疼的问题。卵一直与新生命联系在一起，大概是因为人人都见过小鸟破壳而出。无数的文化在创世神话中都提到第一批人类如何从一个蛋中出现。古代印度人、中国人和凯尔特人都认为，包括人类在内的天地万物都源自一颗巨蛋。

17世纪，科学家找到了另一个偏爱卵和各种椭圆形物的理由。他们宣称，上帝这位数学家在所有形状中最偏爱圆形，因为它在几何学意义上是完美的。（威廉·哈维对自己的血液循环论信心十足，部分原因就是他坚信上帝青睐圆圈。）

在宇宙中，上帝用磅礴的手笔宣告对圆的热爱。它是最简单和最优雅的形状，是永恒的化身，是一条没有开端亦无终结的曲线。难怪上帝这位最伟大的几何学家将地球和其他行星都铸造为圆形，并且让它们沿着广袤无边的椭圆形轨道绕着圆形的太阳旋转。①

---

① 学者们争论，为什么上帝要用山脉破坏地球的圆润，就像完美的脸上长了疣子。直到17世纪中期，一切山脉，甚至阿尔卑斯山，都被认为是"畸形"和"疥疮"，是"扭曲的"生长。较为一致的意见是，上帝最初将地球塑造为一个完美的、绝对平滑的球体。后来，亚当和夏娃被逐出伊甸园，群山拔地而起。不仅人类因违抗上帝而受到了惩罚，地球本身也是如此。

因此，将卵放到生命之谜的中心似乎是不错的选择。虽然没人见过人类的卵，但许多早期科学家确信他们总有一天会找到。但是一对奇怪的矛盾困扰着他们。卵很特别，但女人不特别。"上帝试图通过这种混合的信息表达什么？"用历史学家克拉拉·平托-科雷亚（Clara Pinto-Correia）的话来说："为什么上帝要把我们包裹进完美的形状，却又将它锁入不完美的身体？"

这么多的问题悬而未决，一切都处在黑暗和混乱中。"简言之，"一位法国科学史学家在对早期生物学的权威综述中写道，"除了最显而易见的事实，没有什么是确定的，没有什么是无可争议的。"

对于自诩智慧又野心勃勃的人来说，这实在令人恼火。几个世纪以来他们一直致力于解开这个谜团，却发现处境尴尬，就像侦探面对着凶手设下的重重阻碍、留下的嘲弄字条，以及厚颜无耻发出的挑战。他们站在墙前，盯着上面密密麻麻的嫌犯画像和犯罪现场照片，来来回回地画箭头，在很多画像旁潦草地写上标签："嫌疑人？""目击者？"不时有旧标签被划去，新猜想取而代之，伴随着重新燃起的希望。

侦探们后退一步，再度扫视墙上的每处线索，希望找到自己错过的某个关键节点。在这众多混乱的证据和猜想中，必定有某条线索被忽略了。

# 第三章　吞石子　饮露水

早在科学家开始解释性和怀孕之前，世界各地的巫医和萨满以及一些普通人就已经给出了这些普世难题的答案。让我们用几分钟时间来环顾一下科学时代的欧洲以外的其他大洲与其他时代。

历史上不少最令人绞尽脑汁的难题，都由中国、印度和其他非西方文明率先取得巨大突破，欧洲在几个世纪后才跟上步伐。在天文学、数学和地理等领域皆是如此。不过这并不适用于性和怀孕的故事。

当谈到婴儿时，几乎所有关注点都集中在实际问题上，比如尝试配制出助孕药或避孕药。① 更理论化的问题比如"宝宝到底从哪里来"则没有这么紧迫。这就好比世界各地的人们早在构想出万有引力理论前就已建造了房屋和宫殿，所以人们自然可以互相追求和做

---

① 在古代，避孕几乎总是被视作女性的责任。为了防止怀孕，女人们吞下精心配制的药水，或将药膏或栓剂置入阴道。事实上，男性避孕更简单。出人意料的是，古代并没有人使用避孕套。据可靠的人类避孕史所说："在古典时代，几乎没有证据表明人们会使用避孕套或保护套来防止受孕。"到了18世纪，男性开始偶尔佩戴避孕套（在卡萨诺瓦的回忆录中，他将避孕套称为"英式骑马服"）。但是直到1844年科学家掌握了硫化橡胶技术后，避孕套才变得常见。

爱，而不需要任何关于怀孕的成熟理论。

　　最亟待解决的问题是为什么有些性行为会导致怀孕，有些却不会。在某种程度上，几乎所有事物都曾被认定为受孕背后的最关键要素：阳光、月光、彩虹、雷声、闪电、雨水、眼镜蛇的"嘶嘶"声、煮熟的龙心散发出的香味。

　　围绕"吃"的故事不胜枚举，通常是要吃下特定食物，有时甚至要吞下一些根本不是食物的东西。在中国和意大利，人们都认为吃花会怀孕。（意大利人偏爱玫瑰：红玫瑰生男孩，白玫瑰生女孩。）在中国，吞下石子、珍珠或者饮用露水都能助人受孕；在爱尔兰，喝圣人的眼泪助孕；在印度，不小心吞下鹤的粪便会怀孕。

　　避孕技巧也表现出了类似的创造力。在古罗马，人们会用特定的一类多毛蜘蛛头部的寄生虫制成制剂，当然不是用来吞食的，而是拿一小块鹿皮包裹起来绑在身上。（这个建议来自德高望重的智者普林尼。不过胆小者很难付诸实践，毕竟普林尼的《自然史》中提及此方法的相关章节，主要内容讲的是人被蜘蛛咬伤。）①

　　在埃及，有一种避孕药方是把"捣碎的鳄鱼粪便与发酵面团拌在一起"。该药方从公元前1850年起开始盛行，原料混合后被制成丸状，用作阴道栓剂。阿拉伯医学文献从未提及鳄鱼，但通常推荐用大象粪便做避孕栓剂。

　　催情药的制作程序也不复杂。大英博物馆现存一张埃及纸莎草纸手稿，上面列出了保准能赢得女人芳心的药剂成分："从被谋杀之人的头皮上取下头皮屑，"说明书开头赫然如此，"加入一滴黑狗身

---

① 前文中我们提到过普林尼，正是他警告说经血能够使酒水发馊，将蜜蜂熏出蜂巢。

上的虱子之血，一滴你左手无名指的鲜血，混合精液而成。"

*　　*　　*

比埃及人再早一千年，我们最初的祖先想必已有过对性和婴儿之谜的猜测。作为自然界老练的观察家，他们能了解到周遭事物最难以发觉的特性：哪些植物适合食用，哪些芦苇可以做出最好的篮子，哪些藤蔓可以编成绳子。

自然界还有许多特性则非常显而易见。太阳东升西落始终如一；月亮从指甲片大小变为闪光的圆盘；灰蒙蒙的天空降下倾盆大雨；夜晚回荡着野兽的嚎叫和咆哮。在这些大写加粗的场景中，有一个尤其引人注目：一些年轻的妇女眼看着自己的肚子隆起，数月后，从里面推挤出一个扑腾的小东西，新生命就此降临世间。这是多么古怪和矛盾啊，一件事情怎可能既平凡又非凡？

弄清楚这是怎么回事，以及它与性之间的关系（如果存在任何联系）想必花费了很长时间。当然，人们有线索。众所周知，没有任何一种文化未能发现性交一事。我们不禁猜想那个场面：幸福又眩晕的情侣们冲出灌木丛，兴高采烈地击掌欢呼，仿佛刚刚照着宜家的说明书组装出了一张桌子。有朝一日，我们会弄出个发明家名人堂，在里面膜拜那些性、火和讲故事的发明者，他们是人类的恩人。

但这样的猜想不可能成立。人类生来就了解性事，这是我们遗传基因的一部分。就像婴儿无需父母的建议（"现在把你的重心换到前脚上"）便迈出了人生的第一步，人类把做爱视作像说话和大笑一样自然而然的事。他们肯定早就开始总结婴儿之谜的蛛丝马迹了。首先，没有与男人发生性关系的女人不会生出孩子。其次，今天诞出婴儿的位置，正是几个月前阴茎进入母亲身体的位置！这是旁证，算不上直接证据，但会引人深思。

动物的交配行为也是如此。但是与人类的联系并不明显，因为许多动物只在一年的特定季节交配，然后怀孕、产崽，一气呵成。对于人类来说，因果关系的模式将更难发现，鉴于人类的性行为（以及随之而来的生产行为）在任何时候都可能发生。

不孕不育使情况更加晦暗不明。即便许多文化理所当然地认为性行为在婴儿出生中起着关键作用，但后来也发现性不可能是全部。那些没有孩子的人也许冒犯了神，或者吃错了食物，或者在错误的时间、错误的地点、错误的心境中上了床。

\* \* \*

几乎所有国家对于性爱理论都有误解，但是欧洲的错误信息是最容易找到的。最早的印刷品之中就有提供性爱建议的书籍，在书架上常常可见。其中最受欢迎的是 1684 年首次出版的《亚里士多德的杰作》（*Aristotle's Masterpiece*）。

伏尔泰有言道，神圣罗马帝国既不神圣，也不罗马，更非帝国。同理，《亚里士多德的杰作》既非亚里士多德所著，也不算是杰作，但它给那些"喜欢在夜间拥抱"的人提供了建议，在读者中十分抢手，直到 20 世纪 30 年代后期仍有新版本涌现。（在《尤利西斯》中，詹姆斯·乔伊斯就描写到男主角利奥波德·布卢姆翻阅此书。）

这部"杰作"有很多含混之处（情侣应该"审视彼此的美"）

和错误内容（男人"应注意不要过于仓促地从爱的领域撤出，以免冷空气进入子宫，可能会带来危害"）。书里的文字要么像上文一般忸怩作态，要么就如下文一样耸人听闻。木版画展示了各种"怪物"，有浑身长毛的男孩，肩部相连的双胞胎等，书上警告说，这是付出的代价，"一对夫妻在女方月经期间仍进行了过分的性交，如此违背自然之举难怪会招致非自然事件"。

直到 18 世纪，关于性和怀孕的所有理论都是这般言之凿凿的无稽之谈。例如，在英国和欧洲大陆，人们无休止地争论着什么是顺应自然的，什么不是。民间智慧教导人们，女上位是避免怀孕的

图3.1　这本广受欢迎的性爱手册在150年间出现了数百个版本。封面上的红衣学者据说就是亚里士多德，还有一个半裸的女人，意在引诱读者

可靠方法。(一首脍炙人口的诗批评道:"狡猾的纵欲之人! 明知道 / 这样做无法将小孩造。")医学界对于这种做爱形式莫衷一是,不确定它能否有效避孕,甚至不确定这是否合乎道德。一位著名的法国医生警告说,任何以这种方式受孕的孩子都可能是"侏儒、跛子、驼背、斜视和愚蠢的笨蛋,他们的缺陷将充分印证他们父母不合常规的生活"。

神学家也加入这场争论中,通常站在对身边堕落之事义愤填膺的阵营。女上位就是个鲜明的例子,表明女性没有找准自己应处的位置。"当女人在上面,她就是在'发出动作'(而不是'接受动作'),"一位学者谴责道,"谁能看不到这种越轨行为的可怕本质呢?"另一个宗教作家则解释:"导致洪水的原因是疯狂的女性苛待了男性,将后者置于身下而自己跃居其上。"

\* \* \*

直到步入现代,在世界其他地方,少部分文化也似乎从未形成过婴儿来自性的观念。最著名的是特罗布里恩群岛(Trobriand Islands,现今为巴布亚新几内亚的一部分)居民。根据人类学史上某位著名人物的说法,20 世纪早期,特罗布里恩人对这种联系仍然"完全无知"。

布罗尼斯拉夫·马林诺夫斯基(Bronislaw Malinowski)了解到,特罗布里恩群岛上对婴儿来历的解释很复杂。当男人和女人死后,他们的灵魂或精神即"巴娄马"(*baloma*),行进到特罗布里恩人居住地西北约 16 千米以外的图马(Tuma)岛。(这是一个真实存在的地方，居住着活人和所谓的灵魂。）在图马，他们的灵魂与亲朋好友的灵魂一起安顿下来，继续过着来世生活。他们吃饭，睡觉，年岁日增，坠入爱河，最终变老。然后这些"巴娄马"下到海边，努力蜕去老旧的皮肤，变成一个微小的胚胎。这些胚胎被特罗布里恩人称为"魂灵之子"，正是繁衍后代的关键。在某个时候，一个在海里洗澡的年轻女人会感觉到什么东西触碰了她。"一条鱼咬了我。"她可能会这样惊呼，但实际上她已怀上"魂灵之子"。

根据这一理论，特罗布里恩人没有父亲的概念。（根据马林诺夫斯基的说法，他们的"父亲"一词翻译过来意为"我母亲的丈夫"。）马林诺夫斯基深感怀疑与困惑，向岛上居民提出了许多问题。每当他提到某个未婚女人，并询问她孩子的父亲是谁时，他只会收到茫然的目光和一致的回答："是'巴娄马'给了她这个孩子。"马林诺夫斯基还了解到，当男人离家一两年后再回来，发现妻子怀孕时，并不会感到生气或沮丧。

马林诺夫斯基改变策略，用比喻的形式告诉当地人，这就好比在地里播下种子，看着它生长。"他们确实很好奇，并问这是否是'白人的做法'。"这显然不是当地岛民的方式。在马林诺夫斯基问到精液时，他们同样不以为然。是的，当然，确有此物，但它的目的是愉悦和润滑。男女两性都会产生液体，而特罗布里恩人用同一个词来指代双方产生的液体。

最终，马林诺夫斯基感到自己取得了一些突破。特罗布里恩人解释称，如果一个女孩没有发生性行为，她就不会怀上孩子。马林诺夫斯基激动雀跃，就此抛出了更多的问题。然而他的庆祝到此为止。原来特罗布里恩人认为，性确实与婴儿有关，但是起到的作用非常有限而机械。处女没有怀孕的原因是阴道没有被"打开"。性的作用在于扩张阴道，这样在将来的某个时候，当一个女人在海里洗澡时，"魂灵之子"才有可能进入她的体内。性爱越多，阴道越宽。特罗布里恩人总算把这个信息传达给了马林诺夫斯基，他现在能理解怀孕的几个要点了。这下他总该明白为什么处女从来不会怀孕，为什么很少发生性关系的女性很少怀孕，为什么经常发生性关系的女性几乎肯定会发现自己怀孕了吧？

马林诺夫斯基只好转移阵地。动物是什么情况呢？特罗布里恩人养猪。那么猪有自己的"巴娄马"带给它们新的小猪吗？岛民嗤之以鼻。这个白人满嘴的愚蠢问题，怕不是个傻子。管动物做什么？要问它们如何繁衍后代，就要去猜测狗啊猪啊的来世生活，而这些不是一个正常人该操心的。

特罗布里恩人也有问题要问马林诺夫斯基。性是家常便饭，马林诺夫斯基该如何解释"一个女人的性行为几乎和吃饭喝水一样频繁，为什么一生中却只会怀孕一次、两次或三次"[①]？

自从马林诺夫斯基接触到特罗布里恩人的一个世纪以来，人类学家一直在为这类记述而争吵。目前仍未有定论。这些故事是否真的反映了新几内亚、澳大利亚和其他地区人们的想法？一腔热血的人类学家带着笔记本和无数问题赶来，是否可能遭到了当地人的愚弄？或者他们只是在宣称"官方"信仰而不是自己的观点，就好比

---

[①] 当然，特罗布里恩人并未实行节育，人类学家也无法解释为什么怀孕不常见。也许值得一提的是，特罗布里恩人的饮食中包含一种野生山药的主食，其中含有一种激素，是世界上第一片避孕药的成分。(但没有现代研究表明山药有任何避孕作用。)

西方某个并不虔诚的基督徒可能也会宣称耶稣是童贞女所生？又或者，关于年轻女孩被鱼咬而怀孕的故事其实是为戴绿帽子的丈夫和不忠的妻子挽回颜面提供了一条途径？

＊　＊　＊

有些文化未能意识到父亲在培育新生命中的角色，这似乎不无道理。毕竟当婴儿出生时，母亲位于舞台中心，而父亲可能早已远去。但更令人诧异的是，时隔千年或相距万里的诸多文化竟然各自独立地得出同一个结论：母亲与自己的孩子不存在生物学上的联系。这样的文化有些时至今日仍然存在。

这可需要开一些脑洞。通常的策略是把母亲描绘成一只光荣的猎犬。无疑，是她生下了婴儿，但她与创造婴儿这项真正的成就无关。那是灵魂、神明或父亲的工作。母亲只是一个妄自尊大的孵化器而已。

在古埃及，新生命的创造——事实上是整个宇宙的创造——绝对非男性莫属。女性扮演辅助角色或者（在众神中）没有任何角色。正如一位历史学家所写，创世神话讲述的都是男性神明"生产了他们的配偶、孩子、其他人类、动物、城市、圣殿、神龛、源源不断的祭品、地球和其他行星"。

一卷纸莎草纸手稿记录了太阳神的自夸，太阳神最初是凭空创造出自己的（虽然没告诉我们他如何做到），然后向自己超能的双手委以重任，通过自慰创造了宇宙。"我靠自己创造出了每一个存在……我的拳头变成了我的配偶。我和我的手交配。"

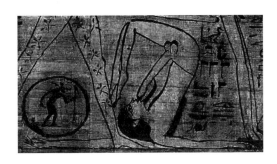

图3.2　太阳神正在创造宇宙。这幅画的创作时间约为公元前1000年，来自一份纸莎草纸长卷的局部细节，原稿现存于大英博物馆

　　第二幅纸莎草纸画描绘了这个传说的另一个变体，其中太阳神仍然通过自慰来创造宇宙，尽管方式略有不同。（参见图3.2）

　　一次又一次，没有任何共通之处的文化对性和婴儿之谜得出了几乎一模一样的答案。例如，古希腊人和如今非洲布须曼人<sup>①</sup>的文化之间虽千差万别，但人类学家洛娜·马歇尔（Lorna Marshall）如是写道："昆人认为在受孕过程中，女性的经血与男性的精液结合形成了胚胎。"而这正是亚里士多德的观点。（鉴于女性孕期会停止月经，他推断经血一定起到了某些重要作用，于是马上得出了这一错误结论。）

　　另一个谜题——胚胎在最早期阶段发生了什么？——我们在《约伯记》和亚里士多德的书中发现了非常相似的记载。约伯问："你不是倒出我来好像奶，使我凝结如同奶饼吗？你以皮和肉为衣给我穿上，用骨与筋把我全体联络。"一个世纪或更久之后，亚里士多

---

① 桑人（San people）亦称布须曼人（Bushmen），是生活在非洲南部（南非、博茨瓦纳、纳米比亚等地）的原住民族群，以狩猎采集为生。下文提到的昆人（the Kung）是其中的一支。——编者注

德的著作中也出现了同样的奶酪制作和凝结的意象。当精液和经血相遇时，他在《论生成》（*On Generation*）中写道，精液"作用的方式就像凝乳酶作用于牛奶"。

古印度人和希伯来人是截然不同的民族，其区别堪比当今世界的西班牙巴斯克人和南非班图人。但这两种古代文化以几乎相同的方式解释了红色和白色的身体部位如何形成。《塔木德》（*The Talmud*）中称："父亲提供白色种子，形成骨骼、神经、指甲、大脑和眼睛的白色部分。母亲提供红色种子，形成皮肤、肉体、头发和眼睛的黑色部分。"印度医学著作也用了几乎相同的话语表述相同的等式——男人 = 白色，女人 = 红色。

也许最普遍的共同观念是：男人在性行为中的角色是播下种子，而女人的角色是培育种子。"种子和土地"的意象可以追溯到古代。《圣经》中有许多例子。在《创世记》中，上帝命亚伯拉罕将儿子献为燔祭。正当亚伯拉罕将刀架上以撒的喉咙时，上帝叫停了他，并嘉奖了他的顺从。"我必叫你的子孙多起来，如同天上的星，海边的沙。你子孙必得着仇敌的城门。"[①]

历史学家兼胚胎学家李约瑟（Joseph Needham）在埃及、印度的古代文献以及《塔木德》中发现了相似的记载。他还援引同样具有指向性的另一类残酷的证据。他写道，女性被认为只是后代生长的土地，并不参与塑造后代，这与战争中普遍存在的做法相吻合，即"将俘虏中的男性处死，而女性留作妾室。基于这种理论，这样做便不必担心本族人的血统会被外族人玷污"。

---

① 　此句中的两处"子孙"对应的英文为 seed（种子）。——编者注

日常英语词汇中有一个不那么残酷的暗示，能表明"种子"理论很普遍：英文中"精液"（semen）一词就来源于拉丁文的"种子"（seed）一词。"种子和土地"的形象一直延续至今。近几十年来，人类学家在土耳其的村落搜集到许多这样的表述。"如果你种小麦，就会得到小麦，"一位土耳其妇女解释说，"如果你种大麦，就会得到大麦。是种子决定了作物的种类，而土地只是滋养作物，并不能决定作物的种类。男人提供种子，女人就好比土地。"

在现代埃及的城市中，人们仍然低估了可怜的女性在孕育中的作用。"在埃及，我们说女人只是一个容器，"一位妇女告诉人类学家马西娅·英霍恩（Marcia Inhorn），"杰作属于上帝，而女性只是一个容器。"英霍恩写道，她遇到的最常见的观点是"男性带来生命，女性接纳生命"。（即便如此，人们却一直认为不孕不育是女性的问题，除非这个男人完全无法进行性交。因为男性唯一的任务就是射精。他扔出了球，是她没有接到。）

即使是在今天，许多文化中同样普遍存在这样一种观念，即需要很多次性行为才能创造出一个婴儿。科学家贾雷德·戴蒙德（Jared Diamond）写道："我的许多新几内亚朋友都觉得必须在妊娠结束前定期进行性行为，因为他们相信反复注入精液能为胎儿提供塑造身体所需的物质。"

在世界的另一边，在散布于南美大陆的原住民部落中，几乎一模一样的理论也很常见。尽管各部落彼此相隔几百万米，并无任何交流，但这些广布的部落中有许多都坚持相同的"点滴渐成"理论。一位人类学家这样解释道："胎儿是一点点逐渐形成的，有些像滚雪球。"

显然，在热带雨林里，你可能会怀"一点儿"孕。为了孕期的"吸收"，胎儿必须定期浸入新鲜的精液。这项任务要求如此之高，以至于亚诺马米 ① 的男人们纷纷表示在塑造胎儿的辛勤劳动中，自己都累瘦了。

许多南美洲部落的理论还要更进一步：发育中的胎儿不仅要由一批批新鲜的精液塑成，而且最好来自几个不同的男人。所有做出贡献的男人都被视为孩子的父亲。例如，对于委内瑞拉的巴里人（Bari people）而言，"一个优秀的母亲会和几个不同的男人发生性关系，特别是在她怀孕期间，"一位历史学家写道，"这样她的孩子会从最厉害的猎人、最会讲故事的人、最强壮的战士和最体贴的爱人那里继承到各种优秀品质（并享受这些父亲的照料）。"

\* \* \*

人们在性的问题上并非都能达成共识。例如，传统的犹太教和基督教观点就有很大不同。犹太教教义并非推崇女性地位（一个正统的犹太男人每天晨祷的祷告词就包括"神圣的主，我们的主，宇宙的统治者，尚未为我创造一个女人"），但性被认为是双方都可以享受和珍惜之事。丈夫不仅有责任保障妻子的衣食，还要保障她的性生活。《塔木德》甚至详细列出了一份时间表：有钱人应每日与妻子同房一次，工人每周两次，赶骆驼的人每月一次，水手每三个月一次。

---

① 亚诺马米人（the Yanomami）是生活在巴西与委内瑞拉边境的亚马孙雨林中的一群原住民。——编者注

基督教教义则完全不同。性是一桩可疑之事。神学家没完没了地撰写关于性和道德的文章，在夫妻的卧室里探头探脑，有时甚至偷窥到了床单之下。他们规定"可耻的接吻和触摸"是可以被原谅的，只要男女双方的诉求是孕育后代，而不仅仅是为了快感而沉溺其中。即使在婚姻中，性也需要被警惕，以防参与者的思想精神偏离正轨。教会法令有这样一条："通奸者也是爱妻子至深的男人。"①

宗教教条在西方很重要，科学和神学完全交织在一起。伽利略因认为地球绕着太阳运行而遭到宗教裁判所的审判。这桩审判表明，根本不存在专属于科学的问题。天文学如此，生物学也是如此：每一条关于世界的宣言都是一份关乎上帝的声明，因为上帝是这个世界的创造者。

在 17 世纪和 18 世纪，欧洲几乎所有重要的科学家都是虔诚的基督徒，他们秉持着坚定的信仰，即自己的使命是去找寻上帝设计世界的原因。现在我们看来滑稽可笑的一些问题对他们来说至关重要：亚当有肚脐吗？伊甸园里的狮子是素食者吗？如果色欲是一宗罪，而堕落前的伊甸园里是没有罪恶的，那亚当和夏娃又是怎么做爱的？因为世界是上帝的杰作，《圣经》是上帝的话语，所以科学家不得不对两者进行同样虔诚的审视。

查理国王皇家公园里的鹿和伊甸园里的飞禽走兽同为上帝创

---

① 这类观点早已消亡。1656 年，波士顿一位名叫托马斯·肯布尔（Thomas Kemble）的船长完成了三年的海上航行后终于返程，他在家门口台阶上亲吻了自己的妻子。肯布尔被指控犯有"猥亵和不得体行为"罪（因为亲吻发生时正值星期天，情节更为严重），并被判处两个小时的戴枷示众。

造自然的宝贵见证，同样真实。要让当时的人忽略亚当的肚脐之类的谜题，其耻辱程度堪比让现代科学家去忽略一些显而易见的事实（例如一座本应休眠的火山爆发了，或者一块未知生物的骨骼化石被发现了），仅仅因为他们不知该如何解释它们。

无论对科学还是基督教而言，这些问题都被认为是至关重要的，圣奥古斯丁（Saint Augustine）为此专门解释过伊甸园中的性事等问题。正如手和脚在我们的指挥下移动一样，奥古斯丁写道，在伊甸园中，每一个器官都是"意志的随从"，欲望并没有进入器官本身。一位现代历史学家解释说，在伊甸园里，亚当命令自己的阴茎根据需要挺立或垂下，"就像吊桥一样"。

伊甸园里的性生活是一种稳重的行为，怀着奥古斯丁口中的"心灵的宁静"。绝不存在打扰邻居的问题，如果真的有邻居可打扰。而在天堂里，根本没有性生活。神学家教导说，到了天堂，男人和女人仍拥有自己曾经的躯体，但女人的身体将改变用途。奥古斯丁写道："女性特征的部位不再作从前的用途，将被赋予一种新的美感，不会引起观者的色欲（因为色欲将不复存在）。相反，它会激发人们赞美上帝的智慧和仁慈。"

根据奥古斯丁的说法，天堂里的每个人都将是 30 岁，这个年龄标志着完美身体的巅峰。（对于那些英年早逝的人，上帝会把他的时间向前调整。）神学家绞尽脑汁地思考着无数类似谜题：有些人由于战争或鲨鱼撕咬而失去了胳膊或腿，上帝是否会修复他们的身体呢？食人行为引发了最棘手的争论。谁的身体属于谁？奥古斯丁推论说："被吃掉的肉体将由上帝归还给最初保有它的人。这肉体可被视作饥饿之人的借贷之物，像其他借来的东西一样，必须物归原主。"

那些被修复的躯体，尽管不能参与性事，但会享受到各种各样其他的快乐。首先便是以歌赞美上帝。奥古斯丁宣称："我们所有的活动都将包括歌唱'阿门'和'哈利路亚'。"他向读者保证，人们对这项娱乐活动的喜爱将永远持续下去。[①]（奥古斯丁承认，这是一种大胆的说法，因为天堂中"时间没有尽头"。说"永远"就意味着永远。）

其他基督教先贤关注的是天堂中的其他娱乐活动，包括观赏罪人受刑。天堂里有观察孔可以看到地狱。圣托马斯·阿奎那（Saint Thomas Aquinas）写道："为了让圣徒更加愉悦、更加幸福，也为了使他们更加感恩上帝，他们可以尽览罪人在地狱所受的折磨。"

幸灾乐祸难得被上升到这样的高度。17 世纪的神学家艾萨克·瓦茨（Isaac Watts）写过《普世欢腾》（*Joy to the World*）和其他数百首赞美诗，他在诗歌中探讨了这个主题："何等狂喜将填满得救的灵魂 / 当他们于荣耀中栖身 / 望着不灭的地狱之火 / 和罪人在烈焰中翻滚。"

这比起《雅歌》[②]可差得远了："愿他用口与我亲嘴。因你的爱情比酒更美。"

---

① 人与人的喜好有所不同。马克·吐温（Mark Twain）就不同意奥古斯丁的观点："在这世上的一切快乐之中，人最在乎的莫过于性交。为此他会不惜一切代价，冒着失去财富、个性、名誉甚至生命的风险。而你猜他做了什么？他把它落在了天堂之外！"

② 《旧约圣经》中的一卷，以歌颂男女爱情为主题。——编者注

# 第四章　及时启航

性和婴儿之谜的第一次重大进展可以追溯到大约 1500 年，当时，神经质但又好奇难耐的列奥纳多·达·芬奇手里拿着刀，把注意力转向了解剖学。

这是个新开始。两千年来，医学研究一直是对古代文献的研究。医学是一种学术活动，是对希波克拉底（Hippocrates）和盖伦（Galen）很久以前奠定的思想进行辩论。而此后，从达·芬奇和其他几位领军人物开始，医学转变了方向。这种新方法是一场大胆的革命，是用自己的眼睛而不是昔日圣人的眼睛去看待事物。

大多数时候，这些探索的目光来自解剖学家，他们大胆地拿着手术刀，一路切开肌肉和软骨，进入人体内部。"尸检"（autopsy）一词结合了"看"和"自己"，充分承载了新的理想。虽然我们经常读到解剖在中世纪的欧洲是禁忌，但事实并非如此。早在科学革命之前，就已有了解剖。真正带来革命性变化的不是解剖这件事，而是解剖的动机。全新的动机是了解这一复杂的生命机器如何开展工作。

从大约 1300 年到 1500 年，剖开死尸是很常见的，不过通常是为了做防腐处理。而圣徒的尸体经常被拆开，心、手、手指、骨头、头骨、血管……以便分配给各地信徒崇拜。今天，去锡耶纳参观的游客仍然可以从一个精致的黄金圣骨盒中瞻仰圣凯瑟琳的木乃伊头颅，她的右拇指则安息在附近另一个较小的神龛里。在距离此地几小时车程的城市帕多瓦，圣安东尼的舌头则躺在属于他的华丽神龛里。

相比之下，古代世界大都禁止切割人体。对希腊人和罗马人来说，把尸体切开是对死者的侮辱，可能还意味着剥夺亲人在来世所需的身体，这将是毁灭性的错误。〔据说埃及艳后克莱奥帕特拉（Cleopatra）无视这种禁忌，或许因为她处置的是奴隶。据一位著名历史学家称，埃及艳后下达命令，要求每隔一段时间处决一批怀孕的奴隶女孩，以便她能看到婴儿如何在子宫中发育。还有堕落残暴的尼禄（Nero），他杀了自己的母亲，然后命人剖开她的尸体，根据传言，是因为他好奇地"想看看孕育自己的地方"。〕

解剖是令人作呕的事。即使是亚里士多德这样热爱自然的学者这样拥有无限好奇心的人，也不得不承认当"看到人类的构成：血、肉、骨、脉和类似部分"时，感到"极为恶心"。

但是古人的观点也存在摇摆。在公元前 4 世纪和公元前 3 世纪，亚历山大港的希腊医生已经进行了数百次认真细致的人类尸体解剖。在那个时代显然是个例外。早期医学史上最伟大的两位医生希波克拉底和盖伦都从未解剖过人体。（希波克拉底于公元前 400 年前后生活在希腊，而盖伦于公元 150 年前后生活在罗马和罗马帝国的其他地方。）两人都靠解剖动物来类比人类做研究。

罗马时代的解剖学家都想要引人注目，夺人眼球。盖伦喜欢聚

图4.1 尼禄看着医生剖开自
己母亲的尸体

光灯，他常常在一群蜂拥而至的观众面前进行解剖，看起来像是个
医学讲师，又像是个招揽观众的杂技演员。通常他解剖猪和灵长类
动物，但在某个重要场合，他解剖了大象，从竞争者中脱颖而出。
为了直接观察人体解剖结构，盖伦不得不抓住命运赐予的每一个机
会。有一次，洪水从坟墓里冲出来一具尸体，他赶忙跑去查看。虽
然尸身已经腐烂，但盖伦欣喜地发现骨架仍然完好无损。[1]

　　有时他不必等待洪水带来的机遇。盖伦的工作还包括照顾角斗

---

[1]　　他还错过了一次解剖机会。当时罗马皇帝马可·奥勒留(Marcus Aurelius)
命盖伦陪同罗马军队与日耳曼人部落作战。盖伦逃过了这项任务，后来才得知皇
帝允许随同的医生从敌军中选择几个"野蛮人"进行解剖。"毫无疑问，如果他得知
自己将有机会解剖一个人，他一定会勇敢地面对这场战争中的危险和不适。"一位
传记作者近期评论道。

士，地点位于今天的土耳其境内。角斗士为娱乐成千上万咆哮的观众而战。比赛通常以死亡或投降而告终，投降者由观众来决定是留下性命改日再战，还是一剑入喉赐他痛快一死。

角斗士一般都是奴隶或战俘，但有些也是自由人，一位历史学家告诉我们，这些人"宣誓愿意接受火烧、链锁、殴打，或死于铁器之下"。作为回报，他们有（微乎其微的）机会成名，获得荣耀和财富。他们身上满是刀伤剑伤。这都为盖伦提供了很多检测自己手术技能的机会。更棒的是，他心满意足地发现，角斗士提供了一扇"进入人体的窗户"。

早期教会坚持认为，通过这样的窗口窥视人体是罪恶的。人类的任务是超越身体，而不是沉浸在对它的粪土和液体的沉思中。圣奥古斯丁在公元 400 年前后写道："肉体会复生并得到永生，了解到这一点要胜过科学家通过仔细研究发现的任何事物。"

奥古斯丁认为，既然上帝隐藏了人体的秘密不让人们窥探到，那么企图颠覆他的意图就是大不敬。解剖学家"对科学残忍的热忱"使他们误入歧途。好奇心不是美德，是罪恶，事实上是一种致命的罪。奥古斯丁怒火中烧地对此大加批判。他写道，研究自然乃至无生命的世界，是为了"眼睛的纵欲"。这可谓一种曲解。如果一个人只是为了看"一具残缺不全的肉体"，他大可到畸形人杂耍演出那里去过眼瘾，或者在发生道路交通事故时驻足观望。我们把科学家描绘成未知世界的探险家，而我们的祖先却把他们视作偷窥狂。

奥古斯丁对好奇心的谴责盛行了千年。提问题就是产生了怀疑的念头，而怀疑正是迈向异端的第一步。肉体凡胎的人类凭什么质疑他们的创造者？信仰是最基本的美德，而自傲是最大的危险。保罗在写给哥林多教会的第一封信 [①] 中宣称："知识叫人自高自大。"人类有义务将这句谴责时常铭记于心。

这成了标准论述，一个世纪接着一个世纪，保守的思想家在同一主题上不停地猛烈抨击。在一些庄重的书籍里尤其容易找到相关见解。寻找自我并不是独立自主的标志，而是愚蠢轻蔑的标志，就好像一个外行坚称他造的船比专业船匠造的更坚固一样。新的科学信条——独立思考——有颠覆世界的危险。1665 年，一位神学家咆哮道："即使世上最聪明的人说他看到了或知道了，即使行神迹的基督和他的使徒说他们看到了，即使上帝亲口说他看到了，这一切都不能使他们信服，除非他们能够亲眼看见。"

站在今天来看，遵从权威的主张显得奇怪又荒谬。明明可以自己检验的问题，为何要听从他人？如果我们只是不断地从过去寻求指导，怎么会有进步呢？但我们生活的世界是思想革命造的。那是一场科学的革命，其中的英雄不是将军，而是知识分子。他们胜利得如此彻底，以至我们视之为理所当然，以至我们几乎不记得自己的家园就建在曾经的战场上。

就比如，我们下意识认为"新"是一个褒义词，几乎和"改进"同义。但是这个想法本身就是新的。我们的祖先会对此感到困惑。上帝的所有作品都是完美的，任何变动都会遭人怀疑。我们认为陈旧的想法是落伍的，可能也是无关紧要的。但他们认为那些想法经受住了时间的考验，烙下了无可指摘的权威印记。

在 16 世纪和 17 世纪，几乎不容置疑的是，自伊甸园以来，整

---

① 即《哥林多前书》，《新约圣经》的一卷。——编者注

个世界不仅在精神上而且在智识上都堕落了。人的堕落不仅带来了罪恶和死亡，还带来了各种各样、大大小小的坏事。堕落过后，蛇变得有毒，玫瑰长出荆棘，人类的见解也混沌了。

几乎每个人都认为值得了解的一切早就被了解了。历史并不会进步，而是不断重复同样的循环。改变的只是名字罢了。"阿喀琉斯将再次前往特洛伊，仪式和宗教再度出现，人类历史不断重演，"一位学者于 1616 年写道，"任何今天存在的事物都早已存在过。所有过去存在的事物仍将继续重演。"

早期现代科学家描述其探索时使用的词语本身就揭示了他们对过去的敬畏。"'发现'（dis-cover）就是揭开遮盖（cover）的布，揭露（disclose）那些可能被隐藏、忽视或丢失的东西，但无论如何，它已经在那里了。"历史学家达林·麦克马洪（Darrin McMahon）解释说："同样，'发明'（invent）就是获取很久以前收集的库存（inventory）知识并摆放到位：发明就相当于发现，只是重新找到已被遗忘的事物。"

＊　　＊　　＊

列奥纳多·达·芬奇属于这些惊人的、矛盾的革命者中最早的一批，令人敬畏的过去和朦胧瞥见的未来在他的脑海中分裂开来。从大约 1490 年开始，他在笔记本上画下了一系列非凡的解剖图。

性解剖是达·芬奇很感兴趣的话题，但也只是其中的一部分。他一反常态地开始了对一切事物的探索。他精确、优美的绘画描绘了身体上几乎所有的肌肉群，还有骨骼、血管和器官，以及男性和女性的生殖器。一位学者指出："事实上，他的每一幅画都是对特定部位结构最精妙的描绘，从一定程度来讲，空前绝后。"

达·芬奇的性研究开辟了新领域，同时也凸显了人们对性知之甚少。更糟糕的是，许多"已知事实"后来都被证明是错误的。不过这种情况在达·芬奇身上并不存在，他是世界历史上最具慧眼的人之一。人体的复杂程度如此惊人，也难怪早期的探险家会偶尔"偏离航线"。我们总感觉研究过直升机和潜水艇的达·芬奇是个现代科学家，而他实际生活在一个科学和医学都几乎没有超越古代学说的时代。

达·芬奇画出了第一幅具有启示性的人体画作，几乎在同一时间，哥伦布启程探索属于他自己的新世界。这是一个巧合，不过这个巧合反映出欧洲当时的文化氛围产生了变化，注定要震动世界。〔哥伦布发现了一块古人从未想象过的大陆，到处都是他们未曾听说的动植物。这有助于削弱亚里士多德和其他德高望重作家的权威。在伟大的英国科学家罗伯特·波义耳（Robert Boyle）看来，哥伦布之行中每个普通水手都见识过"一百件他们从未从亚里士多德的哲学中了解到的事"。〕

15世纪90年代初期，时年约40岁的达·芬奇已通晓的领域数不胜数。10年前，他曾给米兰公爵写信，想谋求一份军事工程师的职位。达·芬奇描述了他对新型火炮、坦克和投石器的构想。接着他补充了一句："我还可以用大理石、青铜和陶土来做雕塑。在绘画领域，我也同样无所不能、无人能及。"①

---

① 这位公爵后来委托达·芬奇绘制了《最后的晚餐》(Last Supper)。

工程师、发明家、音乐家、画家、雕塑家，达·芬奇无疑传递出了他"无所不能"的形象。他的外表和他的履历一样引人注目。他拥有"超自然的"美貌，用最早为他立传的一位作家的话来说，他高大强健，有一头棕色长发。他的衣料几乎全是粉红色和紫色的缎子、丝绸和天鹅绒，搭配斗篷、软帽和紧腿裤，与其他男人暗淡的装扮形成鲜明对比。无论走到哪里，他的身后都跟着一群年轻美丽的崇拜者。

达·芬奇最著名的解剖画之一是 1492 年画的一对男女性交剖面图。笔记本其他页面还散布着男女生殖器的图画，有些是单独的，有些是交合在一起的，堪比世界上最有才华的学童涂鸦。仿佛为了显示达·芬奇兴趣之广，这些生殖器旁边还有精心绘制的起重机、滑轮和杠杆。达·芬奇反写的字迹布满纸页。（与传言相反，他的字迹并不特别难以辨认，通过这个方式来记录秘密可不是什么明智之举。显然达·芬奇年轻时就把反向写字当作某种聚会把戏，后来养成了习惯。）

最详细的性爱素描图看起来就好像达·芬奇用 X 光透视一对正在做爱的男女。这当然不可能是真的，而这幅画甚至不是通过肉眼所见就能描绘出来，即便你能让男人女人停在那一刻，拿手术刀剖开他们并记录这个场景。因为画中显示的并不是达·芬奇窥视人体内部时所看到的——他还没有进行过人体解剖，这幅图绘制完大约十年之后他才偶然获得了这样的机会——而是他基于过时的文本描述绘制的。与其说他的画是对人体的展示，倒不如说是对中世纪思想的展示。

例如，达·芬奇对阴茎的刻画就是古希腊理论和中世纪猜测

图4.2 达·芬奇画作,约1492年

的大杂烩。画中显示阴茎内有两个通道,但事实上只有一个。在达·芬奇的画中,下方通道供尿液流通,而上方的供精液流通并与脊柱相连。(睾丸在所有这些部位中扮演的角色不太明确。)与脊柱的连接反映了古希腊人的想法,用一位古代作家的话来说,"精子是一滴大脑"。

达·芬奇画中的透明女人有着独一无二的设计感。首先,她没有卵巢。仿佛为了弥补这一疏漏,她有一条从子宫连接到乳头的神秘管道。这种不存在的路径就像阴茎和脊柱之间的假想连接,反映出当时的医学教条。就男性而言,人们认为精子由血液提炼而来,然后进入大脑、脊柱和阴茎。就女性而言,提炼过程则会将经血转化为母乳。（这是希腊人构想的理论，试图解释为何孕妇和刚生完孩子的女性没有月经。）

不过这幅画里并非都是猜测和谬论。达·芬奇确实是史上正确解释他所谓"软弱无力"的阴茎是如何勃起的第一人。终于，我们的某位侦探发现了一条真正的线索！传统的解释称，勃起的阴茎是被空气充满的，就像沙滩球或某种新年夜的口哨玩具，一吹气它就会完全展开。（这种信念如此普遍，直到1671年，一本广受好评的性和生育手册还在提出，"排气"的食物——"黄豆和豌豆之类"——"能让阴茎立起来"。）

达·芬奇轻蔑地否定了这种想法。"如果你们说，这么大幅度的肉体膨胀和变硬是由大量的风所致，和我们玩的球情况一样，那风既不产生重量也不产生密度，应该只会使肉体更加轻盈、轻薄才对。"但是阴茎粗大沉重，并不轻盈和飘飘然。显然，这个奇怪的附加物并未像轻薄脆弱的气球那样飘浮起来。

达·芬奇多次提到这个奥秘。有一页纸上画着令人眼花缭乱的小腿肌肉和脚部肌腱，与生殖器毫无关联，他在这张纸的页边空白处草草写下了另一句反对标准观点的话："如果是风的作用，那必须是极大的风才能做到扩张延长阴茎，使它变得像木头一样坚硬……然而即使全身充满空气也不足以至此。"

也许早在1479年12月，达·芬奇就得出了不同的结论。当时他目睹了一位佛罗伦萨刺客的绞刑。贝尔纳多·巴隆切利（Bernardo Baronceli）把刀刺进了朱利亚诺·德·美第奇（Giuliano de' Medici）的胸膛，后者是城市统治者"伟大的洛伦佐"（Lorenzo the Magnificent）的兄弟。此刻，刺客吊在绳子上，双手绑在背后，被

图4.3 被绞死的男人，达·芬奇绘

喧闹的人群围观。达·芬奇用线条快速地勾画出了死者。在图边他匆匆写下了几句冷静的纪要："一顶棕色的小帽""一件狐狸胸毛勾边的蓝色外套""黑色紧腿裤"。

几年后，他记录了另一项观察结果，或许来自上述早期的情景，又或许来自另一次处决。死者勃起了。"许多人死时都呈此状，尤其是那些被绞死之人。"达·芬奇写道。为什么受绞刑者会勃起？达·芬奇弄明白了。刚刚执行死刑的罪犯尸体解剖解开了这个谜团。"我看到了（这些阴茎的）解剖，"达·芬奇在笔记本上写道，"它们都具有很大的密度和硬度，并且充满了大量的血液。"是血液，不是空气。终于结案了。

这是巨大的进步，但达·芬奇很快就转移了注意力。也许是男性液压装置所包含的工程学知识太过简单直白，不如飞行器和潜水服有吸引力。此外，对性的观察思考也不符合达·芬奇的美学观点。"性交行为及其所使用的部位是如此令人厌恶，"他在一本笔记本上写道，"如果不是因为美丽的面容、演员的装扮和热忱的精神状态，自然一定会将人类这个物种淘汰。"[1]

达·芬奇对人类性器官的厌恶可能有点儿片面。有时，他用很宽容的语气描述阴茎，好像在说一个急躁而恼人的雇员。"它实在难以掌控，固执地自行其是，"他写道，"……常常是人睡着了，它却醒着，而更多时候是人醒着，它却睡着了。很多时候，男人想要，它却不想，而很多时候它想要，男人却得禁止它。"

正如达·芬奇所描述的，这个器官似乎更像个活生生的动物。更有甚者，"似乎这种动物常有独立于人的灵魂和智慧，仿佛如果一个男人羞于说出它或展示它，总是急于掩饰和隐藏他本该郑重其事去装饰和展示的东西，那么这个人是大错特错的。"

*　*　*

对于达·芬奇时代的解剖学家来说，头等难题是如何找到一具尸体。通常，新近处决的罪犯尸体是解剖的对象，但显然供不应求。动物来得更容易些。达·芬奇解剖过整笼整笼的动物。例如，1490年前后，他细致地描摹出了熊爪的肌肉和肌腱，还绘制了狗和猴子的解剖图。约在这个时候，他设法获得了一条人类的腿，将其解剖并画了出来。他还发现了一颗人类的头骨，将其锯开并绘成一系列细致的素描。

---

[1]　这条评论毫无来由地出现在一页令人惊叹的手部素描上，图中详细展示了手部的肌肉、骨骼和肌腱如何相互作用。

10 多年后，达·芬奇终于有了可靠的尸体来源供他解剖，也就是医院里那些死亡后无人认领的病人尸体。16 世纪初的一个冬天，在佛罗伦萨的救济医院，达·芬奇坐在一个虚弱老人的床边。"这位老人在去世前几个小时告诉我，他已经 100 多岁了，觉得自己除了身体虚弱之外没什么大问题。就这样，他坐在佛罗伦萨新圣母教堂医院的床上，没有任何动静，没有任何不幸的迹象，安然离世。"

达·芬奇紧接着便冷冷地说道："我解剖了他，以便查看他幸福死亡的原因。"（他发现了老人患有两种疾病，动脉硬化和肝硬化，二者此前从未被人描述过。）在笔记本的同一页，达·芬奇以同样务实的语调记录道："在解剖过一个两岁小孩之后，我发现孩子的所有情况都与老人相反。"在之后的数年间，由于获得了足够数量的罪犯和病人的尸体，达·芬奇的研究遥遥领先。他很快就得意地表示自己已经解剖了"30 多具尸体"。

即便是在最好的时代，解剖尸体也是一件很麻烦的事，何况 16 世纪还不属于最好的时代。那是冷藏和防腐技术发明之前的时代，用一位达·芬奇传记作家的话说，解剖是"惨无人道且令人作呕的工作"。达·芬奇在 1510 年旅行前给自己写的一张便笺中暗示了他的解剖方式，顺带反映出他很难一次只专注于一个项目。他提醒自己带上镊子、骨锯、手术刀（还有"靴子、长袜、梳子、毛巾、衬衫"），并记下了一些具体的任务。"拿到一颗头骨。"为达到最好的效果，"从侧面破开下巴"，"详细描述啄木鸟的舌头和鳄鱼的下巴"。

达·芬奇早期创作的性绘画基于他人提出的理论，与此不同的是，他后期的解剖学素描则依赖于本人的观察。也许他工作时会做笔记，但在解剖室的工作更像是在犯罪现场画画，而不是在艺术家的工作室创作。沾满血污的第一批草稿早已消失。我们只能看到成稿，画面填得很满，但如此干净和精确，以至很难想象达·芬奇站在潮湿光滑的解剖对象旁，借着闪烁的烛光速写的场景。

　　那些年里，达·芬奇日日夜夜研究着尸体，而他同一时期的画作却承载了不朽的美。至少在达·芬奇的心目中，解剖图与柔和而精妙的肖像画之间有着密切的联系。例如，在画《蒙娜丽莎》时，他曾切开尸体的脸，解剖嘴部和唇部肌肉，以找出微笑的奥秘。他写道："我想要完整地描述并图解这一切，通过我的数学法则来证明这些运动。"

　　这还不是全部。"值得注意的是，"著名的达·芬奇研究者、内科医生肯尼思·基尔（Kenneth Keele）写道，"在达·芬奇创作《蒙娜丽莎》的同一时期，他也在解剖处于怀孕期的子宫。"基于这一解剖创作的画作或许是达·芬奇所有解剖学绘画中最有名的一幅。达·芬奇解剖了一位怀胎五月时去世的妇女，素描呈现了一个蜷缩的胎儿轮廓，十个脚趾都经过精心描绘，还有一个大而圆的脑袋，一只小耳朵和一条缠绕的脐带。

　　我们在打开的子宫里窥视，仿佛这是一个大幕刚刚拉开的舞台。基尔认为，正是在这一时期，达·芬奇的各种兴趣趋于一致。"我对蒙娜丽莎的微笑的解释是，"他写道，"它微妙地揭示了蒙娜丽莎一直以来保持的秘密——她怀孕了。"

　　这幅令人叹为观止的子宫内婴儿图用墨水和红粉笔绘成，只是达·芬奇在 1510 年左右创作的数以百计的解剖素描之一。包含这些图画的"笔记本"早已松散零落，内页实际上是日后重新装订的。

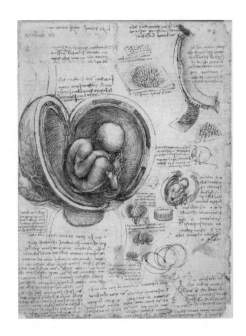

图4.4　达·芬奇画作,约1510年

哪怕达·芬奇脑海中有过特定的顺序或归档方式，也没有学者能够破解。大部分内页双面都布满精美的图画和详细的批注。

　　达·芬奇自豪地描述了自己的成就。"如果你说看解剖演示比看这些图画好，"他质疑道，"除非你能在解剖单一个体时同时看到所有图画展示的东西。"但没有任何单次解剖能同时展示出达·芬奇所画的不同级别的组织，更何况他采用了剖面切口、近处特写和多个有利的观察角度。

　　1519 年达·芬奇去世后，他的解剖素描和笔记便从大众视野中消失了。（达·芬奇不仅精通各门艺术，在拖延方面也是大师级的。）

完成项目对他而言极端困难，尽管他有雄心壮志要写一本关于解剖学的书，但终其一生从未出版过相关著作，或者说从未出版过任何东西。他将不计其数的手稿和艺术品包括解剖学绘画，遗赠给他的徒弟——一位名叫弗朗西斯科·梅尔兹（Francesco Melzi）的年轻画家。梅尔兹用了五十年尽力在这些巧妙的混乱中强加了一些秩序。但他对解剖作品甚少留意。梅尔兹的儿子继承了父亲的达·芬奇藏品，却转手把它们卖掉了。

解剖素描转到了一位意大利雕塑家手中。最终这些画作踏上了通往英国的道路。它们抵达了一处宏伟的建筑——查理二世的皇家图书馆。即便如此，它们被忽视了几个世纪，不仅未被出版，甚至鲜有人看。直到 1796 年，达·芬奇去世后近三百年，世界才看到他很久之前的发现。

在此期间，其他解剖学家也加入了这项探索。他们没有达·芬奇的发现可以借鉴，也无从知晓，当谈到性和受孕的奥秘时，连这位极度自信的思想家都表现出不寻常的谦逊。"还有很多是未解之谜。"达·芬奇干脆地承认道，随后匆忙转向了更称心如意的话题。

# 第五章　"不惮辛劳不惮烦"

　　达·芬奇死后很长时间，解剖学家仍然很难找到供解剖用的人体。几个世纪以来他们依靠新处决的罪犯来获取大部分实验体。这主要出于实操性考虑——医生需要研究尸体，而许多罪犯是孤立无援、无依无靠的，对于是否希望在解剖台上谢幕，他们自己并没有发言权。这个故事在某些程度上甚至更黑暗。解剖是一种可怕的景象，人们普遍认为用它来终结普通男女的一生实在太过残酷，但是它却十分契合犯罪生涯的结局。（1752 年，英国议会将这种观念确立为官方规定。新通过的《谋杀法令》宣布，对被判有罪的杀人犯处以绞刑并进行解剖，以便"在死刑中增加更多的恐怖和特定的耻辱标志"。）①

　　伦勃朗（Rembrandt）1656 年的画作《琼·戴曼医生的解剖课》（*Anatomy Lesson of Dr. Joan Deyman*）描绘了 17—18 世纪解剖的恐怖。画中央裸体的人是一个名为布莱克·扬的小偷，

---

① 等待死刑的囚犯不得不避开解剖学家或他们的代理人，这些人试图哄骗他们用自己死后的身体换取金钱。有一些罪犯答应了交易，他们用这笔钱来缓解最后的牢狱生活的痛苦，或是买一身新衣服穿上再走上绞刑架。

图5.1 《琼·戴曼医生的解剖课》,伦勃朗绘

他被施以绞刑。囚犯暴露的大脑是当天课程的重点。他的肠胃已经依照惯例被清出,因为它们很快就会变质。扬脏兮兮的脚伸向观看者,他的头歪靠在胸前,因为脖子已被绞断。在阿姆斯特丹解剖剧院的舞台上方(不过伦勃朗的特写视角中没有描绘),用金色字母刻下的几句话道出了深意:"邪恶之人,生前作恶,死后行善。"

这些可怕的场景有点像在上演 17 世纪的恐怖片,但兼具教育意义,甚至令人振奋。眼前就是机会,可以一睹当时医生所谓的"上帝揭示的自然界秘密"。在阿姆斯特丹、博洛尼亚、伦敦、帕多瓦、巴黎，还有其他渴望成为医学界翘楚的城市，学者和好奇的外行纷纷涌入像伦勃朗画中那样的解剖剧院。上百位观众挤在一起，一层高过一层的座席陡峭地排布，以便人人都能望见下方舞台上的尸体，尸体被陈列在一张旋转的、带轮子的桌子上。

女性身体解剖最吸引观众，部分是因为女性解剖对象很是罕见。孕妇尤其引人瞩目，因为解剖学家可以打出"神秘子宫"这类主题。这些妇女中的多数因做小偷或妓女而被绞死，少数人未婚先孕被抛弃后死于分娩。

公开解剖是精心设计的演出。按照规定，地面要铺上一块垫子，以便"不让医生的脚着凉"，规定里详细说明了解剖学家需要多少围裙、刀、蜡烛和其他工具。在大多数场馆，舞台上方会悬挂一盏盛满香薰蜡烛的吊灯。

就像看戏的观众一样，衣着考究的贵族翘首以盼，穿着工服的商贩四处观望，观光客走来走去，夜间约会的情侣渴望获得一丝刺激，甚至还有孩子偷偷溜过门卫的监管。吹笛者在一旁奏着高雅的音乐。在阿姆斯特丹，场内明令禁止说笑，同时禁止观众在席间走动时借机窃取被解剖者的心脏、肾脏或肝脏。

门票价格不等，在帕多瓦，演出完全免费，"以便人人都能来看"，在荷兰，票价则相当于几美元。阿姆斯特丹的外科医生行会依照惯例会将部分利润用于举办演出后的奢华宴会（以及支付刽子手一笔慷慨的小费），以酒和烟草还有一场游行来结束这个夜晚。①

---

① 荷兰的档案记录显示，伦勃朗画中的外科医生戴曼通过解剖表演挣了6个银汤匙，相当于今天的几百美元。

解剖都在冬天进行，在炎热的夏天探究剖开的尸体令人难以忍受。即便如此，整个过程都是一场与腐败的对抗赛。依照腐败的速度，不同的尸体被用于展示不同的内部结构。一具尸体可能被用来讲解肌肉，另一具用来讲解骨骼，还有一具用来讲解内脏。这有点像未来解剖学书籍中的做法，将心脏、肺、骨骼和神经的图片分别绘在好几层不同的透明塑料上来做展示。

\* \* \*

解剖学家从来不是一个羞怯的群体，他们以独创性和热情来应对尸体的短缺。第一个也是最受尊敬的现代解剖学家是一个名叫安德烈亚斯·维萨里（Andreas Vesalius）的年轻气盛的比利时人，他在 16 世纪中期指明了方向。"首先，你必须从某处获取一具尸体，"他写道，"什么样的尸体并不重要，尽管最好是一个因病消瘦的人。"

这段话出现在维萨里的杰作《人体的构造》（On the Fabric of the Human Body）里。这本书诞生于重要的 1543 年，这一年出版了两本西方历史上最重要的书。一本是哥白尼的《天体运行论》（On the Revolutions of the Celestial Spheres），它宣称地球绕着太阳转，而不是太阳绕着地球转。另一本就是维萨里这本人体解剖图册，它是有史以来最重要和最美的书之一。

那美丽是从丑陋之根上生出的。在 1536 年的一天，维萨里第一次尝试解剖，他写到自己当时有幸发现了一具悬在绞刑架上的尸

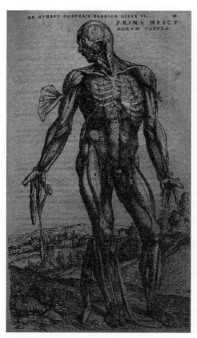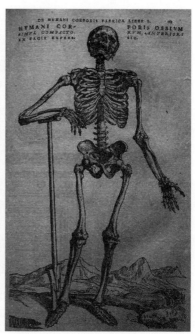

图5.2  维萨里著作《人体的构造》中的两幅图

体。在他的讲述中，寻找尸体的旅途是一场冒险，一种汤姆·索亚[①]式的男孩子把戏，不过是把哄骗朋友粉刷篱笆换作从干枯的尸体上拽出骨头。

　　维萨里和一位朋友启程"去找些骨头"。这在 16 世纪并不是什么大难题。"我们去了那些对学者而言颇具便利的地方，在那里，所

---

有处决的死刑犯都被公开向乡下人展示。"两位冒险家在那儿发现了一具于户外悬挂了一年的尸体。受害者显然是被活活烧死的，因为犯下了某些已被遗忘的罪行。维萨里轻松描述了这一场景。那死人"像在稻草火上烤过，绑在木桩上，他一定为鸟儿们提供了一顿美餐，以至只剩下光秃秃的骨头"。

维萨里为意外的好运而高兴。一般来说"会是相反的情况，鸟儿通常只啄掉眼睛，因为皮肤很厚，而如果皮肤保持完整，骨头在里面将会腐烂，对教学毫无用处"。但这次不是！在朋友的帮助下，维萨里爬上木桩，把一根股骨从臀部扯了下来。然后他又拽下了肩胛骨、手臂和手。趁夜深人静之时，他把宝物偷偷带回了家。"我太渴望得到这些骨头了，以至于在午夜时分，我毫不畏惧地走到这些尸体当中，拔下我想要的东西。"最后，维萨里成功找到了几乎全部的所需部件（除了一只手和一只脚是他从另一具尸体上扯下来的）。他处理并清洗骨头，把它们串在一起，自豪地展示出一具完整的骨架。

维萨里责备说，过去的医生在开展研究之前准备尸体的过程"麻烦、肮脏又困难"。维萨里对这些方法嗤之以鼻，并对自己的创新感到兴奋，很乐于分享他的技术。每个人都可以探索这些奥秘。他们要做的只是遵循几个简单的步骤。

维萨里毫不拘谨，就好像在给麦克白的女巫讲授烹饪课。"这样把骨头放进大锅里，"他指示读者，"装足够多的水，完全没过骨头。"他用提示和警告点缀着他的教材。"和通常一样，煮沸时应该小心地撇去浮沫。"他建议道，同时还周到地提醒人们"煮沸是为了能够用刀将骨头刮净，就像处理食用肉时一样"。

\*　　\*　　\*

　　人们很容易误解维萨里，从他谈论黑暗冒险时那种轻松自满的语气中得出他是个残忍的人。我们应该警惕这种判断。过去那个世界着实堪比异邦，而且按今天的标准，是个惊人的暴力国度。16世纪法国或17世纪英国最常见的景象都会令我们惊恐万分。例如多年来，被斩首的罪犯头颅会被钉在伦敦桥上和城市其他地方。干燥、皮革状的脑袋几乎无人关注。

　　在莎士比亚的伦敦，观光客厌倦了木偶表演和逗熊把戏时，可能会选择参观收容所：疯子的狂言妄语提供了极好的乐子。一个套着枷锁的囚犯的呻吟声也是如此，当这个可怜之人躲避扔来的烂柿子和死猫时便会发出那般声音。

　　现代世界更喜欢隐藏它的残忍。我们祖先的世界则没有这类顾虑。绞刑吸引了熙熙攘攘的人群，有时可达数万之众。观众大口灌下饮料，狼吞虎咽地吃下午餐，同时为那些脖子套进绞索时还能说上几句俏皮话的恶棍欢呼喝彩。

　　有文化和教养的人，品味也不比乌合之众高到哪去。1660年10月13日晚上，塞缪尔·佩皮斯（Samuel Pepys）[①]在日记中写道他去看"哈里森少将被绞死、剖开、肢解"，也就是说，受害者被施以绞刑，但还未咽气时便在绞刑架上目睹自己被剖取内脏。"都是当场完成的，"佩皮斯开玩笑似的说，"他看起来和任何在场

---

①　英国日记作家，曾任海军部首席大臣。他在1660年到1669年间写下的生动翔实的日记于19世纪发表后，为研究当时的英国社会提供了重要的历史资料。——编者注

者一样兴奋。他很快便倒下了，头颅和心脏被拿来示众，引起一片
欢呼。"几句话之后，在同一篇日记中，佩皮斯告诉我们他晚餐吃
的是牡蛎。

维萨里应该会很乐意和佩皮斯一起用餐。他的杰作各章节开头
均配有详尽而直白的图画。第一卷的配图描绘了几个胖乎乎的可爱
孩童（也称为丘比特）在罐里煮尸体以便准备骨架；第七卷则以一
幅丘比特盗墓图开篇。[1]

＊　　＊　　＊

随着解剖学领域的逐步发展，对尸体的需求也愈演愈烈。反对
解剖的禁忌将大多数"体面"的尸体排除在外。这就见仁见智了。
关于什么人死后可以被解剖的问题，各国制定了不同的法律。意大
利人更倾向于罪犯，但万不得已的情况下"犹太人或其他异教徒"
亦可。英国人看上去不太可能缺少尸体来源，因为理论上有很多犯
罪行为——有些轻微到像偷牛甚至入店行窃——都可能让罪犯被判
死刑。不过在实践中这种情况很少发生，被处决的罪犯尸体供不应
求。（在剑桥大学，威廉·哈维所在的学院有一份合约，确保每年能
获得两名罪犯的尸体，必须是新近处决的，而且是免费提供。）

几个世纪以来，解剖学的研究几乎离不开刽子手的工作。在
1752 年的英国，二者将紧紧结合在一起。一项最新出台但颇欠考虑

---

[1]　对解剖的恐惧由来已久。莎士比亚于1616年去世，他的墓志铭上写道："看在
耶稣的份上，好朋友 / 切莫挖掘这黄土下的灵柩 / 容我安息者必蒙福 / 迁我尸骨
者必受诅。"

的法律规定，解剖任何人都属非法，除非是绞刑架上刚被处死的罪犯。这使得可供研究的尸体比以往任何时候都要少。因此，窃取尸体成为一项高收入的犯罪职业。

"掘尸人"（resurrection men）在暗夜潜入墓地，悄悄来到一个新坟墓前。为避免金属铲子撞击石头或棺材时叮当作响从而暴露自己，盗墓者会使用木质铲子，挖出一口直通棺材的竖井。为了保证速度，他们只会挖至棺材的一小部分暴露出来。接下来，掘尸人会将一根绳子系在棺材的裸露端，然后塞一张帆布进去用来消声。

接着绳子猛地向上一抽！棺材与地面挤压后开裂。盗墓者抓住战利品的腋窝处将其抽出棺材。他们将现场清理妥当，这样就不会引起看墓人的注意，随后逃之夭夭。总耗时：不到一小时。①

将一具新鲜的尸体送到解剖学家门上，可获得的收益几乎相当于一个工人六个月的薪水。报纸头条警告人们当心"教堂后院的海盗"。为了阻止盗尸者，棺材用金属箍加固或放在铁框之内。② 有些人对这样的防范措施仍旧不满意，在亲属的棺材周围用火药设下陷阱，一旦有人试图闯入，就会引起爆炸。

几十年来，人人都知道解剖学的阴暗面，但没人去直面它。最终，在 1828 年的苏格兰，事情发生了可怕的转折。两名居住在爱丁堡的爱尔兰移民认为通过盗墓获取尸体太过烦琐。因此，在一年的时

---

① 诗人托马斯·胡德（Thomas Hood）在1826年创作了一首骇人的幽默诗《玛丽的鬼魂》(Mary's Ghost)，在这首诗中，玛丽向深爱的威廉讲述了自己的悲伤故事："我料想所有的烦恼 / 将在生命最后一刻终了 / 但最后的栖身之地 / 我却没有待得太久 / 盗尸者到来 / 把我盗走 / 这些人就是不能 / 让一具尸体安魂。"

② 盗取尸体是违法的，但法律界定并不明晰，因为身体不是财产，它不属于任何人。偷裹尸布比偷里面的尸体受到的惩罚还要重。

间里，威廉·伯克和威廉·黑尔谋杀了 16 人，并将他们的尸体卖给了爱丁堡大学著名解剖学家罗伯特·诺克斯（Robert Knox）。一名记者在震惊之中写道，谋杀罪古来有之，但像这样的谋杀"我们相信是前所未见的"。

伯克和黑尔（在妻子们的帮助下）劝诱受害者过量饮酒，然后使他们窒息而死。尸体被运至诺克斯处。这两人并非什么犯罪大师，但警察的破案能力也不比他们强多少，几乎找不到有力的证据。（他们只找到一具尸体，其余的已被解剖，而且他们无法证明找到的这位女性死者是被谋杀的，因为窒息没有留下任何痕迹。）

最后，伯克被判有罪并处以死刑。（黑尔出面为同伴的罪行作证，因而获得免刑。）诺克斯医生声称他对谋杀一无所知。他没有坚称他只解剖了法律批准的被处决的罪犯，但他强调自己以最光明正大的方式获取了实验体。诺克斯解释说，他的助手负责"关注廉价出租屋"，看里面有谁病重，然后向他们的亲戚购买那些新近死去的穷人的尸体。诺克斯博士从未被指控，继续从事医学工作长达 30 年之久。

1829 年 1 月的一个阴雨的早晨，伯克在三万人面前被吊死，围观者兴奋地喊叫着，挥舞着帽子。第二天，他的尸体在爱丁堡大学被解剖（但不是由诺克斯完成）。他的骨骼至今仍在该大学的解剖博物馆展出。这起案件留下的更重要的遗产或许是议会于 1832 年通过的《解剖法案》。新法律终结了只能解剖被处决罪犯的局面。取而代之的是，法律允许医学院校解剖死亡时无人认领的尸体，尽管有许多担惊受怕的穷人对此提出抗议。

以下这些难题都困扰着早期的解剖学家：寻找可用于研究的尸

图5.3　凶手威廉·伯克的骨架，现存于爱丁堡医学院。法官判处他绞刑，并解剖示众，"以便子孙后代能够记起你的暴行"

体，克服在阴冷潮湿的房间里切割尸体的恐惧，从尸体的构造推断出活体的运作方式。

这些都是令人望而生畏的障碍，而解剖实践比预期的还要艰巨。对于那些想要了解性和怀孕之谜的人来说，挑战更大。维萨里，一个自信过头的人，迫不及待地冲在最前列。首先，他仔细翻阅了一堆"天上地下无所不包"的书卷，来了解此前的医学人士关于性生理学的发现。可惜啊，他的阅读并没有解决什么问题。维萨里发现自己"被扔进了观点和理论的汪洋大海"。于是他投身于自己的解剖工作，但最后承认，尽管他发现了新的事实，但没能触及谜题的核心。

这种挫折终究不可避免。对于维萨里和其他在早期医学领域勇敢探索的人来说，最深奥的是概念问题而不是逻辑问题。面对一幅陌生的景象，很多时候你无法把握你所看到的。以达·芬奇为例，尽管他是天才，还十分认真地研究过心脏，却从来没有意识到它是一个泵，也没有发现血液在身体内的循环。历史学家一直在努力解释为什么达·芬奇没有发现这些。①

例如，他们注意到达·芬奇对活体解剖的厌恶意味着，与哈维不同，他从来没有看到一颗正在运转的心脏。也许更重要的是，达·芬奇错过了另一番景象。在哈维生活的时代，消防员开始使用强大的水泵喷射水流。达·芬奇出生在一个世纪前，没有这样的经验可以借鉴。

看见与理解是两回事。如果你无法破译代码中的信息，那么一个印在纸上的词便不意味着"鹰"或"月光"，只是一块漆黑的涂鸦而已。猎人的弓不是武器，只是一些木头和绳子。剖开的人体也不是一台复杂的机器，只是黑暗拥挤的一团乱麻。

现代医生和作家乔纳森·米勒（Jonathan Miller）描述了如今的医学生第一次接触身体内部时的困惑。他们通过埋头研究教科书图解和塑料模型获得的帮助实在有限。"毫无戒备的学生一头扎进实验室的尸体里，期望在自然界中找到这样井然有序的排列，"米勒写

---

① 屠夫早就知道，当割破一只动物的喉咙时，血会急速喷出。(士兵和罪犯也知道血喷涌而出的情况。)但在威廉·哈维之前，没有人援引这一熟悉的观察现象来证明血液在体内流动。解剖学家认为，这种现象只会发生在一起特定的暴力案件中，而不是日常生活中。

道，"而实际遇到的模糊和混乱常常令他感到绝望。心脏与血管之间的区别并不像教科书暗示的那么明显，而且乍一看，那些血管实际上也很难相互区分。"

受挫的学生只是试图确认别人已经发现的东西。达·芬奇、维萨里和哈维却是在追寻新发现，这份挑战要艰巨得多。

# 第六章　A门还是B门

维萨里去世后的大半个世纪里，"宝宝从哪里来"这个谜团成为一桩冷案，无人问津。直到 17 世纪早期，威廉·哈维接手了。他有两个动机。其一来自野心。哈维是当时解剖学的领军人物。如果能解决这个最大的解剖学谜题，一个阻碍了所有前辈的难题，将是他人望尘莫及的成就。其二则更为重要：威廉·哈维有了一个新想法。

哈维钻研这个谜题的方式，就仿佛手握着一架望远镜（他那个时代的全新发明），只不过遥望的不是太空，而是过去。"一个成人首先是一个孩子，"他写道，"……在孩子之前，他是一个婴儿；在婴儿之前，他是一个胚胎。"那么再往前追溯呢？哈维有了答案。之前，希波克拉底和亚里士多德以及盖伦也给出过各自的答案。但在之后的 15 个世纪中，人人都鹦鹉学舌，再无创新。哈维宣称，他们都错了。他会出面摆正事实。

\* \* \*

哈维其人极易兴奋，自信十足，行动迅速，思维敏捷。即使到了晚上也很难懈怠下来。在本该睡觉的时间，他发现自己不受控制地醒来了，于是便在卧室里无休止地踱来踱去，度过了一整夜。不过在解剖剧场里，他表现得极具天赋、技法娴熟。他昂首阔步地走上舞台，绕着面前摆放的尸体走来走去，挥着一根鲸骨制成、顶端镀银的手杖，长长的白袖子随之扇动，引导观众关注尸体的特定部位。

哈维是个充满矛盾的个体。一方面，他是个虚张声势的乡下人，品位不高，只爱吃些粗茶淡饭，做些简单无味的演说，但另一方面，他却是国王的朋友，常伴其左右。他平日里神经兮兮又躁动不安，但在其他人都惊慌失措的场合却能保持镇静。（英国内战期间的埃

图6.1 哈维曾是查理一世国王的御用医生，他的科学研究受到国王的大力支持。英国于17世纪40年代爆发内战，1649年查理一世走上断头台。图为查理的辉煌（左）与没落（右）

奇山战役中，哈维被委托照看国王两个年幼的儿子。某时，战事正酣，他带男孩们蜷缩到树篱下并拿出一本书。"不过他并没有读很长时间，"一位朋友后来写道，"随后，一发威力十足的子弹打到附近的地面，迫使他转移阵地。"）他是一个坚定的保守派，但涉及科学时，却是一位革命者。

最矛盾之处在于，他是中世纪的人，栖身的世界遍布着鬼魅巫术，而与此同时，他又是一名现代科学家，帮助推翻了那个世界。例如 17 世纪的人相信所谓的女巫会在夜晚从头顶飞过。哈维曾被查理一世派去调查一名可疑的老太太。每个人都相信女巫的存在。他们相信咒语和魔药；他们相信女巫会在杀害婴儿后取其脂肪擦拭身体，从而能通过细小的裂缝滑入别人家中；他们也相信撒旦向巫师提供了动物帮手，助力他们实现黑暗计划。

哈维要求看看这个老太太的"密友"，发现它不是黑猫，而是一只蟾蜍。他编了一个差事，将老太太打发走了。"他手里的钳子已经就绪，"与哈维相熟的人回忆道，"然后便夹住了那只蟾蜍。他的解剖刀也已就绪……他查看了蟾蜍的内脏、心脏和肺部，发现这只蟾蜍和他曾解剖的其他蟾蜍并没有任何不同。因此，这就是一只普通蟾蜍。"

黑暗魔法就说到这里。人们对女巫的信仰可以追溯到古代，然而对实验的推崇却是崭新的。哈维和科学家同僚既相信科学，又笃信炼金术、独角兽和占星术，他们试图在同时包含这两者的世界中探索。

在之后的多年时间里，哈维全身心投入到解开性之谜的工作中。奇怪的是，他发现整桩事情都令人不快。性，"这本身就令人作呕"，并不能激发他的诗情画意。好在哈维没有太多的抒情倾向，却有很多优势，特别是他在设计关键实验方面极具天赋，有着近乎固执的坚持精神，还能十分熟练地进行解剖手术。

1628 年，他在《血液循环论》（*On the Circulation of the Blood*）的小书中揭开了心脏的新面貌。书名即揭示了突破所在。早在哈维之前，人们就知道血液在体内流动，但即便"循环"一词曾被使用，它指的也是一种缓慢且漫无方向的流淌，就像房间里的空气在流通一样。

哈维证明了事实并非如此。传统观点认为人体内含有两种不同的血液，沿着不同的途径蜿蜒流淌，滋养着不同的器官。哈维确凿地指出了传统观点的错误，并认为恰恰相反，人体内的血液只有一种，由肌肉强劲地推动，在整个身体内部有力地循环，形成回路，并在流淌时向各个器官输送血液。[①]

哈维关于血液做有方向的快速循环的观点如此新颖而惊人，他把心脏描述成泵的样子更是革命性的。这不单是全新的解释，更是颠覆性的解释——用一种机械性的表述来形容长久以来被视为神圣的心脏。那个崇高的器官顿时跌落凡尘，不仅变成了一台机器，还是一台十分扎眼的、由光滑又暗沉的肉制成的机器。

1630 年前后，刚解决心脏难题的哈维转去研究当时所谓的"生殖"，这个宽泛的话题涵盖了性、怀孕、发育等所有谜题。哈维首先从研究死亡入手来研究生命。

尽管死亡十分可怖，但免不了从研究死亡入手。要了解一个活

---

① 血液在人体内完成一次完整的循环约需20秒钟。

体的运作，第一步就是要确定它的组成部分，这就好比拆卸一个罢工的烤箱或是出故障的汽车发动机，把一个个零部件摆放在操作台上。只不过此处对应的是生物体，是真实的活物。

＊　　＊　　＊

从很早开始，哈维就对解剖学和解剖手术极有热情。他曾写道："查看动物尸体一直是我所爱。"对于血腥带来的不适，他似乎不以为意，不像内心柔软的达·芬奇需要极力去克服。（根据达·芬奇崇拜者的说法，他是一个狂热的动物爱好者，甚至会买下装在笼子里的鸟只为将其放生。）任何动物，无论天上飞的、地下跑的、草里爬的还是水里游的（根据一位传记作者的记录共有 60 类物种），通通都有可能躺在哈维的解剖刀下。[1]

哈维探索过狗、猪、蛇、虾、青蛙、牡蛎、龙虾以及无数鸟类的躯体。他解剖过成群的母鸡，并仔细研究它们的蛋。1631 年，哈维途经法国和西班牙，看到曾经郁郁葱葱的乡村几乎被战争和瘟疫清空，他哀叹道："我们几乎看不到狗、乌鸦、鹞子、渡鸦，或其他鸟类，或任何可供解剖的东西。"（至于人类，哈维严峻地指出："在我到来之前，饥荒已经解剖了他们。"）

哈维对解剖的迷恋甚至延伸到自己的家庭成员。他观察了一个

---

[1]　科学革命领军人物之一罗伯特·波义耳和哈维的痴迷程度不相上下。波义耳是一个极度虔诚的人，他把解剖视为一种致敬上帝的方式。他承认，在"臭气熏天的死尸"里翻找听起来很不舒服，但事实上，很少有娱乐活动能像探索"全知的建筑师所遗弃的宅邸"那样"令人愉快"。

兄弟的尸检，惊奇地记录道："他有一个像字母 V 那样挂着的脾脏。"
几个月后，哈维的父亲去世，哈维亲自动手解剖了这位老人。（这是
一位以他为豪的家长为他做的最后贡献。有位传记作者这样写道：
"托马斯无论生前身后都一如既往地支持儿子的医学研究。"）威
廉·哈维专注研究了父亲剖开的尸体内的器官，特别关注了"巨大"
的结肠。[①]

＊　　＊　　＊

　　为了破解性之谜，哈维需要找到一种方法来大胆地构建基本事
实框架，以使真相浮出水面。科学是对现实世界的研究，但实际玩
法却总是始于暂时地规避现实而不是直面它。诀窍在于找到一个可
以代表现实事物的简化模型。现实太复杂，无法正面解决。一幅地
图要比领土本身更具指引性。

　　艾萨克·牛顿发现，如果他将地球和月球描绘成它们本身那样
巨大而复杂的结构，就永远无法表述清楚宇宙是什么。但是，如果
不要把它们理解为受到无数其他岩石块牵引的巨大岩石块，而只是
将它们想象成数学绘图中两个孤立的、无特征的点，那么天体瞬间
就变得简单易懂了。

　　哈维深谙这套游戏规则。在他之前，心脏被神秘所包裹，这种
晦暗不明已经延续了数千年。一旦哈维理解到"心脏是一个泵"，难

① 除了显示哈维对解剖的热情之外，这些特殊的解剖也反映出当时长期困扰科
学家的实际问题，即没有足够的尸体以供研究。

题便迎刃而解了。现在他要用相似的方法来解释性。

通常，要解决性的谜题首先要弄清楚女性的角色。究竟女性为新生命做出了怎样的贡献？在一个刚起步的领域，典型的麻烦在于有太多的理论而无从选择，哈维也面临这种情况。他首先斩钉截铁地排除了第一种观点，即古老的"女性土地说"，它暗示着女性对新一代生命没有任何贡献。哈维认为这不可能。这是一种本质的、哲学立场上的否定，就像今天的科学家可能会否定外星人建造金字塔的可能性。这些无论如何都绝不可能是真相。

除此之外还有两种古代理论，它们互不相容，各自都有大批支持者，都通过类比法来向支持者显示自己是不证自明的。

第一种理论认为女性就像男性。由于男性产生的液体在受孕中起着至关重要的作用，因此女性也一定产生了类似的液体。第二种理论中，女性不是被类比成男性，而是其他雌性动物。那些雌性动物会产卵，这也是古老的生育象征。鉴于女性的生殖解剖结构与这些产卵动物相似，女性一定也产卵。

哈维，这位解剖学大师和极具独创性的实验者，属于产卵阵营。自古以来，人类就看到鸡雏从蛋里孵出。虽然没有人看到哺乳动物生产任何类似鸡蛋的东西，但许多解剖学家都确信这些卵一定存在。哈维也一样笃信。在当时，他的观点属于少数派。

在哈维的时代即 17 世纪中期，大多数医学权威仍然赞同盖伦在 14 个世纪前确立的观点：女人和男人是同一主题的不同变体。两性在结构和功能上几乎相同。双方通过性交结合在一起；他们都在过程中激情澎湃、富有活力；他们都在运动过程中排出了液体；他们都达到了高潮。按照盖伦及其追随者的观点，如果精液是男性对受孕的贡献，那么女性的贡献就是一种与精液对应的东西。

盖伦的理论确立的这种单一性别模型，认为女性和男性是解剖学意义上的双胞胎。当涉及外显的特征，如眼睛、耳朵、手和脚时，男性和女性确是明显对应的。但令人惊讶的是，单一性别模型认为在结构学和解剖学上，男女的性部位也是匹配的。这种不太可能成立的学说在 1400 多年的时间里占据着支配地位。

这种对照需要依靠一些眼花缭乱的科学魔术手。略施戏法，睾丸变成卵巢，阴茎变成宫颈和阴道，阴囊变成子宫。维萨里的《人体的构造》一书充满了大量令人坐立不安的图片，旨在证明，用历史学家托马斯·拉科尔（Thomas Laqueur）的话说，"阴道事实上是阴茎，而子宫是阴囊"。

直到 18 世纪，最受欢迎的性爱手册仍然坚持单一性别模型，甚至将它作成了押韵诗：

> 那最严格的研究者发现
> 女人就是男人把外面放进里面
> 而男人若睁大眼睛明辨
> 会发现他们是女人把里面放到外面

毫无疑问，解剖学家和内科医生发现了一个尽管可能很难传达清楚但重要的事实。拉科尔把这些表述与今天的科学做比较，就像如今有时候我们会读到，当科学家试图解释弯曲的空间和更深奥的几何学时，他们会谈论咖啡杯和甜甜圈是如何在"事实上"相同的，因为如果它们都由可塑黏土制成，那你就可以将一个改造成另一个。

对于几个世纪前的公众来说，他们对这类争论的关注有限，况且它们听来晦涩，或许正因如此才显得可信，毕竟听不懂的东西一定很深刻。①

不过单一性别模型除了看起来深奥之外，还有其他有利的支持。男人的睾丸和女人的卵巢似乎或多或少能够匹配——两者都成对出现，两者都在腹部附近，两者都和性有关。（几千年来，农民和牧民会将动物去势，即割除睾丸或卵巢。这使得各种各样的生物——牛、马、猪、狗，甚至骆驼——更易于管理，原因不详但确实有用。更重要的是，这种方法似乎不会造成持久伤害，但可以使动物不再繁殖。）

去势的证据还不足以推导出定论。首先，没有人可以解释它是如何起作用的，也许这个过程确实造成了一些微妙的伤害。可以想象一下，假如这种手术伤害了动物的心灵，动物在交配时可能会变得性情冷淡，毫无兴致，但这并不能证明心在性行为中起直接作用。又或许这些可怜的动物只是因为太虚弱或伤得太重而无法继续性交。

尽管如此，即便单一性别模型的例证不是无懈可击，它也貌似合理。对立阵营虽信誓旦旦地提到哺乳动物产卵，但在没有显微镜的时代，没人能确定卵的存在。所以呢？如果"女性睾丸"没有产卵，那它为何存在呢？只能是为了产生女性精液。这是一个强有力的论据，因为所有人都认可身体的每个结构自有其目的。"在大自然的作品中，没有什么是偶然的。"亚里士多德宣称。"万物必有其存

---

① 几个世纪后，事实证明这种古怪的学说竟有一定的道理：随着胚胎生长，男性和女性的生殖器确实是由同一块组织发展成形的。

在目的。"从古希腊人到达·芬奇和哈维都同意这一点。大自然的设计，或者说上帝的设计，不包含任何不必要的特征。

到了性的话题上，这种听起来无害的学说发挥出惊人的作用。例如，女性的高潮不可能只是愉悦的源泉，它必须有一个超越愉悦的目的。1651 年，英国科学家纳撒尼尔·海默尔（Nathaniel Highmore）问："在性交过程中，你会观察到女性和男性一样拥有快感和震荡，为什么我们竟然认为大自然会一反常态，安排多余和无用的部分呢？"

意想不到的是，传统医学智慧以不同寻常的方式为女性做了件好事。这种善行实属无心之举，在妇女经常受到虐待或蔑视的年代中格外显眼。如果盖伦认为男女都产生精液的观点是正确的，那么女性要想怀孕也必须达到性高潮就是顺理成章的。生产子嗣至关重要。因此，女性的性高潮事关重大，不仅仅涉及女性自身。

在整个欧洲和整个阿拉伯世界，医生都为男性提供了非常具体的性技巧建议。"男性应当多花时间与健康的女性玩耍，"伊斯兰医生阿维森纳（Avicenna）在一部名为《医典》（*Canon of Medicine*）的知名著作中写道，"他们应当爱抚女性的胸部和耻骨，在没有真正开始的情况下先将伴侣拥入怀中。当欲望被完全唤醒时，他们应当和女性一起摩擦肛门和外阴之间的部位，因为这里是愉悦之源。他们一定要格外留意这样的时刻：当女人抱他更紧的时候，当她的眼睛开始变红，她的呼吸更加急促，她开始结巴时。"

有时候无知是福。

* * *

单一性别模型的支持者用其他观察结果来巩固自家观点。为了反对女性产卵论，他们甚至提出这样的疑问：为什么女性有两个卵巢，但通常却只生一个婴儿？那些假想的卵是如何进入子宫的？输卵管似乎是天然的路径，但它们并没有完全连接到卵巢。假想中的卵难道是跳进子宫的吗？

因此，难道不是女性产生与男性精液相对应的性液体更有可能吗？两种精液混合在一起的理论难道不是更优化地解释了为什么婴儿通常遗传了父母双方的特征吗？

另一方面，单一性别模式的论证也存在一些问题。哈维就曾予以嘲笑。的确，他同意"在性交过程中，男人和女人都会沉溺在同一种性乐感觉中"。单从这一点就妄图证明两性都能产生精液，还道阻且长。哈维咆哮着声称这一理论在任何情况下都不可能成立，因为女性的生殖器与男性的完全不一样。"就个人而言我非常想知道，从如此不完美和模糊不清的部位中，怎么能产生像精液那样精心调制的、生机勃勃的液体？"

这是人身攻击，不是科学，但单一性别模式显然应对过更严峻的挑战。甚至在 1559 年一位名叫雷纳尔德斯·哥伦布（Renaldus Columbus）的解剖学家"发现"阴蒂之后，该理论仍然挺了过来。阴蒂是"女性快感的最高来源"，哥伦布告诉读者："如果允许我为发现之物命名，那它应该叫作维纳斯的爱与甜蜜。"这是大胆的声明。就像之前的克里斯托弗·哥伦布一样，雷纳尔德斯·哥伦布"发现"了当地人世代以来就探索过的领土。

但是，撇开优先权不谈，这依然让人困惑。盖伦已经宣布，在解剖结构上，阴道是阴茎的对应物。那阴蒂呢？一个部位有两个对应物未免太多。单一性别模型的支持者从未退缩，尽管他们确实曾就女性解剖结构中哪一部分更接近阴茎的问题争论不休。

如果整个辩论始终围绕细节展开，他们可能还会更积极地质疑自己的理论，但辩论重点很快滑向了笼统地哀叹女性身体的设计缺陷。盖伦及其追随者解释说，尽管两种性别的结构是匹配的，但男性的更为优越。男性是模板，女性是有瑕疵的拙劣仿制品，就像孩童临摹的希腊雕像。（数个世纪以来，女性生殖器没有专属的名称，而是用对应的男性生殖器名称来指代。）

医生和生物学家一次又一次地评论说，男性器官被骄傲地展示出来，而对应的女性器官则被贬低到看不见的内部，因为它们是发育低下的次品。盖伦曾做过一个讽刺的比较，他将女性隐藏在内部的生殖器比作鼹鼠细小的、深陷的、几乎无用的眼睛。[①]

不要误以为盖伦的观点是久远的愚昧，我们需要注意，在盖伦去世近两千年后，医生仍然从所谓的女性"内在性"中得出可恶的结论。19 世纪医学史记录道："女性被告知，她们秘密的内在器官决定了她们的行为。女性的关注点不可避免地要放在家庭内部。"

---

① 根据这一逻辑，人们理应认为男人扁平的胸部比女人突出的胸部更低等才对，但这一观点从未取得什么进展。早在盖伦之前，亚里士多德就对这个问题不屑一顾。他认为，男性胸部的优越性是不言而喻的，它结实又强健，而女性的胸部软弱无力。

\* \* \*

　　那些不愿完全赞同盖伦模型的学者可能会对他的理论进行部分修正。这种做法源远流长，可以追溯到亚里士多德。亚里士多德是杰出的自然界观察者，也是生物学创始人，活跃于公元前 350 年前后。威廉·哈维鄙视盖伦，却是亚里士多德的忠实崇拜者，他对后者的观点进行了一番严肃认真的考量。

　　和哈维与盖伦一样，亚里士多德否认了女性仅仅是男性种子生长的土地。他坚持认为，女性确实为怀孕做出了生理的、切实的贡献。但女性贡献出的并不是精液，而是经血。

　　盖伦类比男性和女性的生殖结构，认为二者看起来很相似（在不拘小节的人眼里），由此论证它们的功能也相似。亚里士多德的论述则基于另一种类比。它也是头脑开放的产物。"等一下，听我说完。"你几乎可以想象亚里士多德的恳求声，当他的调查员同伴翻翻眼睛，沮丧地攥紧自己的外套时。

　　首先，精液和经血似乎都在性交中起到了一定作用，尽管并不清楚这种作用到底是什么。（侦探通常把这类潜在人物称为"利害关系人"。）亚里士多德滔滔不绝地抛出值得思考的点。小男孩不会产生精液，只有当他们的身体和性功能成熟后才会。同样，小女孩没有月经，老年妇女也没有，月经周期与女性生育年龄正好重叠。

　　亚里士多德再三强调了他的论证。首先，血液在人体内起着至关重要的作用。普通的血液为人体提供营养，经血也一定会完成自己的某项关键任务。其次，胚胎在母体内生长，是一种在怀孕前不曾出现的有形的生理结构。第三，一旦孕妇怀孕，她就不会像在怀孕前那样每月定时排出经血。

结论实际上不言自明。怀孕期间有些东西出现，又有些东西消失。这应该很好理解，亚里士多德宣称，胚胎是由母亲的经血形成的。精液进一步塑造这种原材料，就像雕刻家塑造黏土。（意外收获是，这个理论也解释了女性的诞生。亚里士多德解释说，有时"由于年龄过小、过大或其他类似原因"，男性身体虚弱，无法排出合适的、富有活力的精液。如果他没有足够的精力去生儿子，那就只好要女儿了。）

*　　*　　*

对我们来说，这种对月经的关注似乎很奇怪。我们的认知来源于对月经已有的概念，即月经源自未受精的卵子，而古希腊人从没见过哺乳动物的卵子，所以他们对此的解读完全不同。

他们认为，男性和女性都有一种内在的"生命热"，正是这种生物体特性使他们与岩石、锅盆和其他了无生气的物质区分开来。虽然难以名状，但这种热类似于生机、灵魂或活力。在现代术语中，它或多或少对应着新陈代谢。亚里士多德比较喜欢居家的场景，他谈到了身体是如何通过"烹饪"来自我滋养的。

"生命热"是个好东西，而且男性比女性拥有更多的热。历史学家梅里·威斯纳（Merry Wiesner）写道："它自然地朝着天空和大脑的方向上升，这也就解释了为什么身体发热且皮肤干燥的男性通常更具理性和创造力；而女性，阴冷潮湿，更接近土地。"[1] 这是一个影响深远的理论。它解释了为什么女性会来月经而男性不会（因为男性"烧掉了"多余的血液），为什么男性会秃顶而女性不会（因为男性"烧掉了"头发），以及为什么女性屁股大而男性不是（女性没有足够的热来推动肉体保持坚挺向上）。

当涉及性和生殖时，"烹饪"过程会通过净化和提炼将血液转化为精液。在女性较冷的身体里，"烹饪"向来无法正常进行，因此并没能实现令人印象深刻的转变，只是将普通血液转化为经血。精液和经血是对应物，但精液是高档产品，经血则是次品。精液稀有而珍贵，是量少精酿的甘露，而经血是半生不熟的半成品，是家庭作坊里批量生产的劣质物。亚里士多德解释说："在较弱的生物体内，不可避免地会有更多烹饪不到位的血液。"

这个半生不熟的理论赢得了从希腊时代到哈维和国王时代的广泛支持。亚里士多德相信自己给了女性精液论致命一击，该观念在盖伦阐明细节之前就已广为流传。鉴于女性是阴冷的，所以她们产生的经血应该是生的，而不是熟透的精液。怎么会有人相信女性能同时产生这两种液体？

想象这种情形，亚里士多德轻蔑地说，这就相当于声称"女性同时拥有极冷和极热的性情，可谓荒谬至极"。还不如说一块石头既可以漂在水面上，因为它很轻，同时又可以沉到海浪下，因为它很重。

根据亚里士多德的阐述，受孕过程中精液和经血都发挥了重

---

① 在中世纪，这种女性的"土地"属性逐渐转变为女性性欲更强的观念。人们认为女性比男性欲望更强，更不理性，因此为维持秩序和礼仪，男人不得不对女人进行约束。

要作用，但只有精液才能塑造新生命。任何能叫得出名字的手工制品——面包、陶罐、石屋、木椅——都涉及工匠对原材料进行加工改造的过程。亚里士多德宣称，对于生物来说，制造模式完全相同：由一种富有创造力的形塑力量去转化一些单调乏味的东西。

　　一种性别施加魔法，另一种性别提供原料。三种猜想。

# PART TWO

# THE SEARCH FOR THE EGG

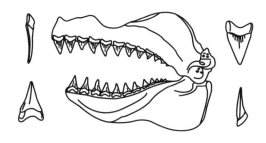

## 第二部分
## 寻卵之旅

我和你说过多少次？当你排除一切
不可能因素，剩下的不论有多么难
以置信，那就是真相。

——阿瑟·柯南·道尔
《四签名》
Arthur Conan Doyle
*The Sign of the Four*

# 第七章　失踪：宇宙一个（悬赏）

性别与婴儿之谜的两种主流解释，即盖伦的单性别—双精液模型和亚里士多德的精液—经血转化模型，都从基督诞生之前一直流传到现代世界的黎明之际。两者都貌似可信，但又匪夷所思（*男性和女性一样？经血形成胚胎？*）双方都没有声称自己的例证无懈可击。亚里士多德，一位沉浸在动物世界的才华横溢、孜孜不倦的学者，非常清楚许多雌性动物没有月经。那么，它们的胚胎怎么会是经血形成的呢？他的答案是，这些动物的确排出了不同的分泌物，而那些液体的作用类似于经血。

这个论证更像是诡辩。即使我们把动物放在一边，只看人类，将精液和经血相提并论仍然很牵强。每月一次的液体和每次性行为出现的液体之间到底有什么相似之处？如我们所见，盖伦的依据同样站不住脚。子宫和阴囊之间又有什么真正的相像之处？

不耐烦又坏脾气的威廉·哈维站出来打破僵局。他不是空口无凭，而是通过实验来论证。哈维极有天赋，能设计出实验来解决似乎注定局限于骂战和臆测的问题。例如，在早期对心脏的研究中，他体会到单是看清事物本身的样子就有多困难。他观察过一只活生生的狗的胸腔，看着它的心脏收缩和扩张（任何爱狗之人都会对这些可怕的实验细节感到不安），但它的跳动速度太快，使人无法细想其中的原委。

哈维转而研究冷血动物，如青蛙、蛇、蜗牛还有虾。他兴奋地发现，冷血动物心脏跳动得如此缓慢，这一发现倒是使他自己心跳加速。他解剖了无数的两栖动物和爬行动物。在慢镜头发明出来的几个世纪前，哈维就设计出了减缓心脏跳动速度的方法，以便他能细致入微地研究心脏。

哈维惯用的策略之一就是从简单例子入手来解决复杂问题。起初，这种做法使他备受嘲笑——卑鄙的蛇和高贵的人类之间有什么关系呢？但最终，哈维洞察到了前辈不曾发现的心脏之谜。而现在，哈维脑中装满了关于生殖的疑问，于是他利用自己与国王的情谊，开始探索皇家动物园里的藏品。

鸵鸟这种世界上最大的鸟类立刻引起了哈维的注意。这种鸟的交配方式和它的体型一样引人注目。哈维热切地观察着。他写道："我亲眼见过一只母鸵鸟，当饲养员想要唤起它的欲望时，会轻轻抚摸它的背部，于是母鸵鸟躺倒在地……暴露并伸展外阴。公鸵鸟见此情景，欲望立刻被点燃，它骑在母鸵鸟上，一只脚踩在地上，另一只脚压在其背部，用一根巨大的、充满活力的阴茎完成它的动作，那阴茎好似牛的舌头。整个过程中，公鸵鸟和母鸵鸟都咕哝着，吵嚷着，头部前伸后仰的，还有许多其他享受的迹象。"

当捕获的鸵鸟碰巧死亡时，哈维急忙解剖它们，显然是考虑到这种巨大的鸟类就像一张大号图纸，承载着生殖解剖学的秘密。很难否定这种策略，因为成年鸵鸟和成年人的大小确实差不多，但鸵鸟卵比任何其他动物的卵都要大，直径大约 12.7 厘米。（从腊肠犬到长颈鹿甚至到人类，所有哺乳动物的卵子几乎都是相同大小。）也许隐藏在人类中的秘密会在这种巨型鸟的身上显现出来。

　　但是，鸟类对人体解剖学的指导作用并不明确。例如，雄性天鹅、鸭子和鸵鸟都有阴茎，但许多小体格种类的雄鸟却没有。[1] 在所有研究结束时，哈维发现自己在鸟类解剖学方面知识渊博，但不知该如何利用新发现的知识。"我曾经看到一只黑公鸭在交配后阴茎仍然很长，以至一只母鸡满地追着它要啄，它肯定以为那是条虫子。这使公鸭比往常更快地缩回了它的家伙。"

　　早期观察者发现，他们不仅会为鸟类性的复杂所困惑，而且还会非常愤怒。1474 年，一大群人聚集在瑞士巴塞尔，观看一只公鸡被绑在火刑柱上烧死。这只公鸡的罪过在于，尽管从表面上看，它是一只昂首阔步、大摇大摆的公鸡，但是"他"竟然下了蛋。这是违反自然的事。此外更危险的是，众所周知，这类杂种的卵会孵化成半鸟半蛇的生物，瞥一眼就会致人死亡。因此执行死刑是唯一合适的做法。

　　奇怪的是，哈维对鸟类的性别也犯过相似的错误。哈维的妻子有一只可爱的宠物鹦鹉，能听懂指令唱歌，也会坐在主人的膝上，让主人给它挠挠头。（我们对伊丽莎白·哈维的了解基本上都是这类微不足道的事实。想象一下，她在一座房子里耐心地一遍遍逗鸟："谁是漂亮的小鸟呀？"而丈夫正在隔壁房间将猫、狗和老鼠切成

---

[1]　大自然的创新永无止境，当涉及性结构时尤为多样。例如，章鱼完全没有阴茎（尽管它有三颗心脏）；蛇有两个阴茎，它们一次使用一个，在连续交配中交替着使用；还有几种海洋扁形虫有几十个阴茎。

块。）多年后，哈维回忆道，这只鸟"不知得了什么病，不停痉挛，我们只好把它放在女主人膝上，让它躺在最爱的地方死去，我们都感到非常难过"。哈维确信只有雄性鹦鹉会说话和唱歌。他解剖了这只宠物鹦鹉想查明死因，却惊奇地发现，"它的输卵管里有一颗几乎完好的蛋"。

在皇家动物园获得了数量众多又令人困惑的发现后，哈维需要找到一种更好的方式来向全世界证明哺乳动物确实有卵，就像他一直相信的那样。这正是他与国王一起狩猎的原因。

国王的鹿年复一年在相同的时期交配并孕育下一代，似乎正是理想的研究对象。哈维是亚里士多德的忠实崇拜者，他确信自己会证实前辈的教诲：在检查刚怀孕的母鹿尸体时，他一定能在子宫中发现一个由母鹿的经血通过公鹿的精液塑成的卵形小胚胎。①

可他什么也没找到。他再度仔细观察，依旧什么也没找到。他观察怀孕的狗，没有任何发现。兔子身上也没有。哈维从所有能够接触到的线索中寻找精液、经血或胚胎，却陷入一无所获的困境。于是他得出了唯一可能的结论，女性是通过"类似感染"的方式怀孕的。

在饱受瘟疫蹂躏的世界，这也许是个自然而然的想法。哈维并未诉诸魔法。他指出"流行病、传染病和瘟疫能散播它们的种子，通过空气传播到很远的地方"。如果瘟疫能席卷整个城市，以无形的、无法描述的方式从一个人传播到另一个人身上，没有叮咬也没

---

① 博物学家后来将发现，鹿并没有月经。在非人类的雌性动物中，几乎只有灵长类（和蝙蝠）才会来月经。

有伤口，那么为什么精液不能在没有身体接触的情况下远远地完成受精工作呢？

精液显然远距离发挥了作用，仿佛指挥家在一旁指挥管弦乐队。精液在女性体内的缺席证明了它的力量。哈维写道，这种强大的液体蕴含着某种"类似恒星本质"的东西。

哈维还援引了其他类比。17世纪，磁铁正当流行，它们产生了一种既不可否认又无法解释的力量。既然磁铁可以隔着一定空间吸起铁屑，那么为什么精液不能像磁铁一样隔着距离起作用呢？

也许最重要的是，哈维比较了子宫和大脑。大脑产生思想，一个念头经常被描述为大脑的"构想"①。哈维声称，我们用同样的词语谈论新生命的孕育，这很能说明问题。胚胎是子宫的"构想"。两种情况中的对象都不是实体。难怪无论多么仔细地检查剖开的子宫，却都什么也找不到。

\* \* \*

教科书中对科学的表述是，当你通过做实验来检验一个理论时，如果实验结果与理论背道而驰，你就丢掉旧理论，再想一个新的。但实际情况很少如此。哈维在剖开他的鹿时，满心期待能看到一个小小的胚胎，然后用刀尖将它挑起，置于阳光之下。然而他没有找到，他困惑地挠着头，却仍然坚持原先的理论：这必须是对的，他相信自己迟早会明白其中的原理。

---

① 英文conception，同时有"构想"和"怀孕"两重含义。——编者注

现代科学家同样如此，即使是在最令人气馁的情况下也不愿放弃坚信的理论。当《纽约时报》头版头条报道"天文学家发现宇宙的 90% 都'失踪'了"时，科学家仍像往常一样继续工作，不以为意。《纽约时报》注意到只有这个领域的伟大人物，普林斯顿的物理学家马丁·史瓦西（Martin Schwarzschild），"希望能定位宇宙中失踪的物质"。

当哈维窥视他的鹿时，也许更审慎的结论应该是："我看不见任何东西，因此我不能得出任何结论。"但是哈维最大胆的尝试之一就是采取完全相反的策略。当追踪血液在体内的流动时，他也同样跟丢了自己的对象：他知道心脏将血液泵入动脉中，以此滋养着人体组织，而他确信血液最终会回到静脉，由静脉带回心脏；但是，受那个时代技术的限制，他无法看到血液是如何从动脉流向静脉的。

他准确而聪明地推断出了一个细小到肉眼无法看见的血管网络的存在。如今它被称为毛细血管，直到哈维去世后才被首次发现。"我什么也看不见，"他推论说，"但我完全知道应该从中得出什么结论。"

同样，在性和怀孕的相关研究中，哈维的观察对象再次消失，但他毫不畏惧。现在我们知道哈维是如何被鹿的实验误导的。但哈维再也不可能知道其中原委，鹿可能就是为了欺骗科学家而诞生的物种。鹿的胚胎不是兔子和狗的胚胎那种熟悉的圆形，它们又长又细，呈线状，即使你知道要找什么也很容易遗漏。

更糟的是，每头母鹿通常只有一个胚胎，并且在怀孕后的十天内几乎没有生长。哈维确实注意到"像蜘蛛线一样的黏液细丝"，但他没有特别留意。如果国王的狩猎目标是兔子而不是鹿，又如果哈维能在剖开怀孕的兔子之前稍等一段时间，那么虽然皇家木屋里的战利品看上去会很奇怪，但哈维或许已经找到了他渴望看到的东西。

晚年的哈维发表了第二部伟大作品《论动物的生殖》（*Disputations Touching the Generation of Animals*）。那时，他已73岁高龄，虽然享誉盛名，但健康和精神状况不佳。他饱受痛风的折磨，试图将双腿浸入冰水桶中以缓解疼痛，用一位熟人的话说："一直泡到他几乎冻死"，然后他会尽快跌跌撞撞地走到炉子前解冻。

这是哈维最艰难的时期。他敬爱的国王被处决，写的许多研究论文在内战期间被毁，他本想选择离开这个世界。（有一种说法提到，他试图通过吞食鸦片自杀。）直到一个朋友说服他，几十年的研究心血不应该不为人知，于是哈维交出了《论动物的生殖》的手稿。

这想必需要相当多的哄骗，因为当哈维回忆起那本《血液循环论》遭受的轻蔑时，他仍然感到愤怒。十几年前，批评声渐渐消退，大众转而开始奉承这本书，但哈维并不为所动。最让人恼火的是，他的崇拜者都误读了《血液循环论》的信息，把哈维视为他自己鄙视的阵营的首领。

全世界都称赞他是那个证明身体是机器的人。这简直胡说八道，哈维暴跳如雷。他不想自己的大名和那些人联系在一起，那些人推崇无灵魂的管道和阀门，而把上帝和灵魂驱逐出这个世界。那些将生活世界简化为机械的人就是"狗屎"。

曾经的哈维大胆地跳出证据不足的桎梏，提出人体有毛细血管，在新书中，他又这样做了。他声称所有的生命都来自卵，这注定要留名青史。这个断言涉及面极宽，包括卵生动物如鸟类，以及胎生哺乳动物如狗、猫和人类。"所有的动物……不，包括人类自己，都是由卵产生的。"哈维写道。

有位哈维的崇拜者为这本书献诗一首,里面对这一主张的提法更加大胆。在历史悠久的类比之争(*女人是像男人一样,还是像其他雌性动物一样?*)中,这首诗不假思索地支持了哈维的观点:

> 母鸡主妇质本同,
> 生儿孵蛋可相通。

书名页上的一幅图描绘了宙斯坐在宝座上,手拿一颗巨卵,一只手各持一半。一大群活生生的生物从卵中涌出:一只鸟、一个婴儿、一只蜘蛛、一只蝴蝶、一条鱼,甚至一只国王的鹿(尽管它的胚胎怎么也看不到)。"宙斯之卵"上有一句拉丁文格言,从今往后将永久地与哈维联系起来,这句话是:*Ex ovo omnia*。万物都来自卵。

这句格言使哈维听起来格外现代。不过他并不是说,这个卵是女性对创造新生命的贡献,是男性精液的对应物。他的理论核心是人类和所有其他哺乳动物一样,生命开始时都是脆弱的组织,就像在母亲体内生长的微小而裸露的卵一样。(哈维及同期学者混淆了"卵"这个词的不同含义,不仅他们感到困惑,也使现代读者感到迷惑。今天当我们谈论女性的卵时,我们想到的是与精细胞结合形成胚胎的性细胞卵子。哈维不知道性细胞。对他来说,"卵"意味着"微小的胚胎"。除了这一概念和语言上的混乱之外,哈维还犯了一个重大的解剖学错误:他忽视了卵巢的作用,认为卵产生于子宫。)

哈维承认,他还没有找到女性对怀孕的贡献。他的类比——怀孕就像感染、磁力或思想——"只是把一个谜题换成了另一个"。他一如既往地坦率，用朴素的语言阐明了自己的失败。"性交后在子宫里找不到任何可观测之物，"他气愤地写道，"但那儿一定有什么东西。"他勃然大怒了一会儿，因为没人找到过答案，"哪怕在梦里"，但接着他承认自己也没能找到。他别无选择，"只能坦言自己陷入了僵局"。

但在某些方面，哈维确实推动了这个问题的重要进展。首先，凭借他当时的声望和影响力，他已经扭转了辩论的方向。通过如此专注地关注卵——即使他对卵的概念运用得很模糊——他相当于指导了下一代科学家要不惜一切代价去找到那些卵。

其次，哈维推翻了偶像亚里士多德的主导地位。不管最终结果如何，精液和经血理论都是错误的。在探案室里，亚里士多德的照片上现在是个大大的叉。

哈维的最后一课是最重要的。揭开谜团最好的方法就是停止空谈，开始实验。

## 第八章　鲨鱼牙齿和牛卵

1669 年 7 月 15 日，就在哈维去世十年之后，一个神秘的包裹寄到了伦敦的皇家学会总部。一个小玻璃罐里盛满了透明的液体，一堆缠结松软的管子漂浮其中，像一团迷你意大利面。一条注解骄傲地揭开了罐中之物的神秘面纱。根据瑞格尼尔·德·格拉夫（Regnier de Graaf）的注解，摆在皇家学会面前的是"睡鼠的睾丸，用我的方法拆下"。

这罐睡鼠制剂听起来像是一次不大可能的冒险的纪念品，好像有人从独角兽的角上收集了削屑。事实上，它解决了解剖学上的一个基本问题，也显示了德·格拉夫在解决这类谜题方面的高超水准。当时，当德·格拉夫把这份礼物献给皇家学会时，他才 28 岁。这位年轻自信的荷兰人，是一位对解剖学和生殖奥秘有浓厚兴趣的医生。德·格拉夫出生时，哈维已日暮西山，德·格拉夫及其对手将在性和生殖的故事中开启一个新篇章。

哈维猜对了卵的重要性，但他没能证实。这个艰巨的任务仍摆在那里。还有诸多关于性解剖学的基本问题也悬而未决。而德·格拉夫及其友敌的使命就是继续攻克这些未解之谜。他们会从哈维手中夺过接力棒，跑在前面，兴致勃勃地开辟新领域，解开旧谜题，时不时嘲笑一下那些同时期的愚蠢同行。

德·格拉夫眉宇俊朗，下巴刚毅，性格外向，颠覆了人们对害羞笨拙的学究的刻板印象。尽管他大学时代成绩单很漂亮，但从未担任过学术职位，大概是因为信奉天主教的他在新教荷兰遭遇了偏见。于是他转而在代尔夫特（Delft）行医。他的行医生涯很成功，但直到把最后一个病人送走那天，他才迎来了真正的生活。此后他转向自主研究。

在德·格拉夫研究睡鼠之前，没有人真正了解睾丸的结构。它们是固态的豆状腺体吗？德·格拉夫展示的答案是，睾丸由无数缠结的小管组成。他把这些小管从狗之类的动物身上取出，试着解开它们，结果得到一片狼藉。

但是用睡鼠做同样的实验，[①] "你会看到惊喜神奇的景象"。把小管放在一锅水中，它们就会自行分离并解开。"我经常向这个城市的内外科医生展示这个。"德·格拉夫吹嘘道。他的观众兴奋地讨论着他所展示的东西，他接着说，在还没有机会发表这一发现之前，"我害怕，因为雕刻师的懒惰，会有别人从我这里夺走这一伟大发现的荣耀"。

德·格拉夫把他的解剖学发现分为两卷，一卷关于男性，另一卷关于女性。两卷都很简明朴实，尤其是与哈维时常晦涩难懂的散文相比。哈维在一篇密密麻麻的文章中以典型的晦涩手法写道："任

---

① 德·格拉夫研究的是食用睡鼠，它长得像松鼠一样。（比《爱丽丝漫游奇境记》里在疯帽子的茶话会上客串的睡鼠要大。）它的名字反映了罗马人烤制睡鼠并蘸蜂蜜吃的习俗。

图8.1 德·格拉夫的"伟大发现":解开睡鼠睾丸的结构之谜

何精液所产生之物，被称为起源，并在同一个地方或不同的地方被完善。"德·格拉夫的解释简单易懂得多。男性生殖器的组成包括"进入阴道的部分和保持在外面像袋子一样垂下来的部分"①。

那种直白的语气特色鲜明。"交配的乐趣不可名状。"德·格拉夫说道，并且接受了自己的建议，立即转向其他事情。同样，他在考虑历史悠久但"荒谬"的学说时语气也很轻快，比如希波克拉底声称从右睾丸产生的精子形成男性，从左睾丸产生的精子形成女性。

---

① 尽管人类对其阴茎有着强烈的兴趣，但它的设计却比动物世界中的许多其他动物的阴茎简单得多。例如，当藤壶黏在岩石上时，它那包裹着鬃毛、能够化学感应的阴茎可以伸展开，以便在附近寻找伴侣。藤壶阴茎的长度是它自身的八到九倍。按比例来算，它是自然界中阴茎最大的动物，达尔文都对此感到惊奇。人类的阴茎本质上是输送精液的管子。(它排泄尿液的作用显然是一种事后补救式进化，一种胡拼乱凑的买一赠一活动，这在自然界中经常出现。)

德·格拉夫便说"一个代尔夫特公民只拥有一个右睾丸，却和妻子生下了许多个女儿"。

亚里士多德声称睾丸只是作为平衡配重物来保持输精管畅通的，对此，德·格拉夫全盘否认。德·格拉夫曾经见过很多睾丸的疾病和损伤使得男性不育；那些男人仍然有平衡物，却不能再生育孩子。还有，鸟类和其他睾丸在腹腔内部的动物又怎么解释呢？按照亚里士多德的观点，它们的睾丸"不可能充当平衡配重"，然而这些动物的世代繁衍一切正常。

德·格拉夫好斗又毒舌，抨击起敌人格外来劲。"我很惊讶，如此有才能的人在这样显而易见的事情上仍然会被误导，"或者，更直白地说，"你的书是从屁股里而不是脑袋里出来的。"有时他愤怒地咆哮："某些人想知道，精液是如何从红色的血液中产生，却又变成乳白色的。"哪个有空回答这种问题？"牛奶是白色的，尽管它来自牛吃下的绿色植物，这岂不更令人惊讶。"

比批评家更糟糕的是偷猎者，他们的冒险太过接近德·格拉夫自己的发现。于是，德·格拉夫率先把他的睡鼠寄到了皇家学会，因为他听到了些"异乎寻常"的消息，英国科学家声称他们早已发现了睾丸的结构。事实上并没有。他们所谓的发现"像蜡质的鼻子一样扭曲"，没人能从他们的表述中找到任何逻辑。他们模棱两可的表述与这玻璃罐中了不起的东西不堪一比！

＊　　＊　　＊

敌意源自竞争。性的秘密悬而未决，迟早有人将以此成名。

德·格拉夫有很多的竞争对手，其中最有成就的是他在荷兰莱顿大学（Leiden University）认识的两位年龄稍长的同辈人。这两位注定要为科学做出重大贡献，又注定要在职业生涯的巅峰时期放弃科学，献身上帝，英年早逝。

尼古拉斯·斯泰诺（Nicolaus Steno）是丹麦人，他是一位专业的内科医生。他这个人兴趣广泛而多变，以至曾向上帝祷告，渴望能够拥有坚定不移的心性。他在日记中写道："上帝啊，我祈求，使我免受这种折磨，将我的灵魂从所有分心之事中解放，让我专心地完成一件事吧。"然而，上帝并没有理会。斯泰诺在医学上的注意力主要被地质学分散了。他最早解释了为什么化石贝壳出现在山顶，还证明了地球是古老的（尽管他从未直接指出由《圣经》推断出地球仅有六千年历史是不正确的）。他几乎同时从事着医学和地质学研究，在两者之间徘徊。他的解剖技巧也十分精妙，曾有一个观众看他摆弄马的眼睛看到头晕眼花，惊呼："如果跳蚤有骨头，他能数出每一根来。"

1666 年，斯泰诺的各种兴趣终于融合在了一起。意大利海岸有一艘渔船拖回了一条大白鲨。当时 28 岁的斯泰诺在佛罗伦萨的美第奇宫工作，大公在那儿资助了一所非正式的科学学院。如此迷人的战利品一定得在佛罗伦萨进行研究。于是，斯泰诺解剖了这头近 1.2 吨重的怪物的头部。

他的关注点主要放在了巨兽的牙齿上。它们与众所周知的、据传是魔法石的"舌石"（tongue stones）有着惊人的相似之处。民间智慧认为，在无月之夜（这就解释了为什么从没有人见过），这种石头会从天上掉下来。不过，斯泰诺对老掉牙的神话不感兴趣。

图8.2 斯泰诺所绘的鲨鱼颌部，以及一颗鲨鱼牙齿的正面及背面

他拿着鲨鱼牙齿和一块舌石比较，发现它们彼此相似度之高，就像"两颗鸡蛋那样相似"。舌石，据斯泰诺的解释，就是鲨鱼牙齿化石。

更重要的是，斯泰诺解释了为何在距离海洋很远的地方耕作的农民会发现古代海洋中的生命迹象。"地球是不稳定的。"斯泰诺写道。只要等上足够长的时间，海洋可能会上升，山脉可能会崩塌。

斯泰诺把自己的发现记录下来呈给大公，并把这些记录以类似后记的形式收录进了一篇更长的肌肉解剖学作品之中。斯泰诺又额外补充了几页事后的想法，尽管再度讨论到鲨鱼，但这部分又一次偏离了之前的主题。这次，他关注的重点是生殖解剖学，研究的基础是对另一种鲨鱼即角鲨的解剖和对黄貂鱼的解剖。

鲨鱼直接生出幼胎，而鳐鱼却是产卵。即便如此，斯泰诺还是对二者生殖系统的相似性感到震惊。接着他回想了女性相应的身体结构的外观。

"我看到胎生动物的'睾丸'中含有卵，注意到它们的子宫像输卵管一样朝腹部开放，"斯泰诺写道，"我毫不怀疑女性睾丸与卵巢类似。"这堪称精彩又大胆的飞跃，但是正如斯泰诺提到的，这个观点完全依赖于类比。人类和其他动物具有看上去相似的结构，所以这些结构事实上就是相似的。

斯泰诺"无疑"认为女人有卵，但他或其他任何人都没见过。他也没有试图解释卵是如何从卵巢到子宫的。但他已经率先用书面形式做出了断言。斯泰诺先赢下一局。

扬·施旺麦丹（Jan Swammerdam）是另一位杰出的解剖学家，也是斯泰诺的同龄朋友。他可能比斯泰诺更虔诚，更受到内疚的折磨。他和德·格拉夫同为荷兰人，有着和他老乡一样的雄心壮志和竞争力，但没那么爱吵嚷。

和德·格拉夫与斯泰诺一样，施旺麦丹取得了医学学位。但他实际上并未从事这份工作。相反，在父亲勉为其难的经济支持下，他执着地进行着自己的解剖学调研。在解剖台的漫漫考验中，施旺麦丹忘却了自己的祈祷。然而一旦忆起自己的罪行，他就会崩溃大哭。"因为我的灵魂之主似乎充满矛盾和冲突，一方面强迫我依附上帝，另一方面给出各种各样的理由让我去追随自己的好奇心。"

1667 年，在斯泰诺思考鲨鱼牙齿和人类卵巢的同一时间，施旺麦丹大学时代的一位解剖学教授雇他来帮忙解剖。二人开始解剖一具女性尸体，尤其关注其子宫和输卵管。像斯泰诺一样，他们发现了人类卵巢和卵生动物之间的极端相似性。像德·格拉夫一样（虽然比他提前几年），他们观察并解剖了卵巢内的小突起，认为这些突起就是人们长期寻找的卵（或者可能是包含卵的结构）。

施旺麦丹不但拥有强大的解剖学天赋，更有同等惊人的绘画技巧，还准备了图解。他掌握了一种比绘画更厉害的技术，将器官浸泡在酒精中保存，将红色或黄色的蜡注入血管，形成了一道道线条，就像地图上的道路。一份精心保存的子宫就这样寄到了皇家学会，在那里占据了一席荣耀之地。

德·格拉夫、斯泰诺和施旺麦丹曾经的友谊在他们争夺优先权时不可避免地变成了仇恨和嫉妒。他们争先恐后地发表东西，来回地辱骂和指责彼此。在后人看来，似乎没那么多可争的。这三人都掌握了同样的真理：女性拥有卵子。但是只有瑞格尼尔·德·格拉夫不仅发现了真相，而且设计了实验来呈现。

## 第九章　终于发现卵

尽管德·格拉夫对自己在男性解剖学相关著作中发表的发现深感自豪，但他知道，真正使他声名鹊起的将是这本书的姊妹卷——关于女性解剖学的那本。1672 年，在男性解剖学著作出版四年后，《女性生殖器官新论》（*A New Treatise Concerning the Generative Organs of Women*）问世。德·格拉夫把这部新作献给了托斯卡纳大公科西莫三世（Cosimo III）。这种对权贵的谄媚属于惯常行为，但德·格拉夫同样打算以此宣告自己在令人敬仰的阵容中占据一席之地。

伽利略曾把伟大著作《星际信使》（*The Starry Messenger*）献给了科西莫二世，他是科西莫三世的祖父，也是托斯卡纳大公。《星际信使》记录了一项新发明即望远镜，并公布了一幅令人震惊的天空图片。与伽利略不同，德·格拉夫在给大公的献词中写道，他并不关注遥远的星辰，但同样做出了伟大的举动。他"大胆地褪去了大自然的长袍"——很难不去想象那个画面，大自然母亲蜷着身子试图用手遮掩裸体——从而揭示了"整间人类制造工坊及其设备工具"。

献词反映出写作这本新书的雄心壮志。首先，德·格拉夫大刀阔斧地否定了传统智慧。他对单性别—双精液模型嗤之以鼻："有些人认为阴道与男性的阴茎相对应，唯一的区别只是一个在体内，一个在体外。我们认为这是荒谬的。阴道与阴茎毫无相似之处。"

两性产生的液体也没有可比性。德·格拉夫以一贯的言简意赅指出"某些女性……凭借淫荡的思想、灵巧的手指，或者违背道德而设计出的工具，邪恶地挑拨自己高涨的欲望，以至排出大量的该类物质"。（"至于好色的女人，"他补充道，"只要看一眼英俊的男人就足够了。"）但这种液体不是精液，德·格拉夫坚持强调，随后切入正题。

作为开始，他简明扼要地总结了性学入门知识。首先是向设计师上帝致敬。"女人的阴道构造非常巧妙，能适配任何一个阴茎；它能伸长去迎合短的，也能退后来适应长的，能为粗的而扩张，也能为细的而收缩。大自然考虑到了各种各样的阴茎，如此便不必费心去为你的刀寻找尺寸匹配的刀鞘。借着造物主的恩赐，你随时随地都能找到。"

他还拆穿了一些民间观念。经血不会令庄稼绝产或造成其他伤害："经血本质上是一种良性液体。"鼻子的大小与阴茎的大小无关。像哥伦布和法洛皮奥（Falloppius）这样的现代解剖学家都"宣称"自己发现了阴蒂，但事实并非如此。德·格拉夫表示，阴蒂实际上不是新发现，尽管它被误解了两千年。希波克拉底和其他古代作家都了解到它的存在，而妇女自始至终就知道这一点。

德·格拉夫接着谈到与怀孕和妊娠直接相关的器官。他对子宫的探讨几乎与 20 世纪解剖学家弗兰克·冈萨雷斯 - 克鲁斯（Frank

Gonzalez-Crussi）的观点不谋而合，后者哀叹人类最初的家园占据了"最不幸的地理位置：前有一袋尿，后有一堆粪"。德·格拉夫的说法更具哲学意味。子宫"位于膀胱和直肠之间，就像夹在两个枕头之间"，他指出，"有些人认为这样安排的目的在于，人类最初由脆弱不堪的物质构成，出生于粪尿之间，而注定将分解成泥土和灰烬，每当人们想到这种低劣可悲的处境时，就应收起自己骄傲的翅膀"。

子宫本身就充满谜题，足以使任何潜在的研究者自尊心受挫。这个器官形状"像被轻微压扁的梨子"，它是如何起到孕育作用的？它怎么知道什么时候该生出里面的孩子？"再聪明的学者……都无法理解它，"德·格拉夫承认，"如此说来，它曾容纳过这些学者，但不允许他们理解它。"①

所有这些将德·格拉夫带到了最重要的一点，使他超越伟大的威廉·哈维，向前方迈出了至关重要的一步。哈维相信哺乳动物也有卵，而德·格拉夫亲眼见到了它们。他观察过各种各样的动物，卵生和胎生都有，而所有的动物"卵巢里都有卵，哺乳动物的卵也受精并最终抵达子宫，像鸟类一样"。（值得一提的是，德·格拉夫所说的"卵"指的就是名副其实的、生物学意义上的概念，即卵细胞。）

德·格拉夫进一步确保没有人会误解他的观点：其他雌性动物的情况也同样适用于女性。"我解剖过大量的奶牛、母羊和其他动物，在它们身上都能观察到这一点，而女人的'睾丸'中也有卵，

① "容纳"和"理解"两个动词采用的是同一个英文单词comprehend，使原句有文字游戏的效果。——编者注

也有附在子宫外的输卵管，所有人都将承认，就像动物一样，人也是以同样的方式生殖的。"

即使用哈维做挡箭牌，这些观点也是极其大胆的。德·格拉夫知道，单是提到女人和卵，批判者就会哄堂大笑，但他告诫说，如果不把这些放在眼里，那么他们终将证明自己的"轻浮和愚蠢"。

他又将矛头指向了一些学者，这些人认为女性是不完整的、次等的男性，单纯起到美化世界的装饰作用，"就像孔雀的尾巴"。这是"荒谬的"，无论对女性还是对上帝都是一种侮辱。德·格拉夫疾呼道："大自然创造女性的时候和创造男性时同样专心。"

这种维护女性的立场很不寻常。[①] 在早期现代，妇女通常因好色和反复无常的天性而受到谴责。男人的思想被认为更加高尚。当然，这是罗伯特·波义耳的观点，他是英国皇家学会的创始人之一，也是艾萨克·牛顿上一辈当中最重要的英国科学家。波义耳在漫长的一生中始终独身，他害怕女人的放荡和诡计，她们是夏娃一样的诱惑者："我很确定她们之中有成千上万会成为淫妇，而且还能让人意识不到。"男人的最高使命是研究上帝的作品，但女人会引诱软弱和大意的男人，使他们无法完成神圣的使命。当有机会盯着女士的乳沟时，波义耳问道，哪个男人还会盯着显微镜？

这类攻击对德·格拉夫并没有什么影响。他专注于自己的工作，第一步便是呼吁解剖学家修正他们的语言："女性'睾丸'的通常功能是产生卵子，培育它们，使它们成熟。因此，女性'睾丸'与鸟

---

① 对女性的偏见出现在最不可能的背景下。跨越18个世纪，从亚里士多德到达·芬奇的众多观察者都声称发现了一个惊人模式：孵化小公鸡的蛋都是近乎完美的圆形，而孵化小母鸡的蛋则长而尖，因此是劣等的。

类的卵巢担负着相同的任务。所以它们应该被称为女人的'卵巢'，而非'睾丸'，尤其是它们无论在形状还是内容上都与男性睾丸没有任何相似性。"

德·格拉夫停下来喘了口气，然后加速冲向终点线："基于这种不存在的相似性，许多人认为它们是没有功能的器官；大错特错，它们对繁殖后代绝对是至关重要的。"

* * *

德·格拉夫看到了重点：卵巢内有卵子，这些卵子与精液进行了某种神秘结合，形成了胚胎。然而，德·格拉夫看到的不是卵子。并不完全是。尽管他真诚地相信自己看到了。他看到的实际上是包含卵细胞的卵泡。如今，那些嵌在卵巢内的小而凹凸不平的结构被称为格拉夫卵泡。卵泡破裂并释放其中的卵细胞，卵细胞穿过输卵管。（"解剖学之父"维萨里在一百年前就观察到了这些卵泡，但他判定这是感染的症状，与受孕无关。在我们的故事中会看到很多这类情况。就好比某位杰出的侦探发现了一把冒烟的枪，捡起来，思忖一番，然后将它当作无关紧要之物扔到一边。）

通过一系列简洁大胆的实验，德·格拉夫几下就拼凑出了卵的完整故事。首先，他开始做实验，类似于哈维对鹿的解剖，尽管他用兔子代替了鹿。哈维没有看到卵巢的任何变化，从而认为它们无关紧要，但与之不同的是，德·格拉夫看到了大量的变化。

在交配后的最初几天，卵巢中的卵泡变红、肿胀，然后破裂。德·格拉夫专注地观察着，渐渐开始怀疑卵泡内有某些东西"被中断或排出了"。(理论上，德·格拉夫可能用肉眼看到了卵细胞，但实际上，科学家真正观察到卵细胞是在150年之后配备了显微镜的情况下。我们认为卵子很容易观察到，因为联想到的是鸡蛋的样子。由于需要提供发育中的小鸡所需的全部营养，鸡蛋是巨大的。)

尽管德·格拉夫没有看到排卵的过程，但他继续坚持观察。现在，他还密切地观察子宫。他能用的工具就只有锐利的眼睛和数数的能力。他在兔子交配之后好几天才解剖它们，而不是像哈维一样，在交配后几小时或一两天就下手。目前他已经发现了卵巢中破裂的卵泡和子宫里微小的胚胎。德·格拉夫提出了一个关键问题：*卵泡和胚胎各有多少个？*

令他欢欣鼓舞的是，破裂的卵泡数量与胚胎数量相符！追踪凶手的侦探很难找到比这更容易破解的案子了。就好像警察一直在跟踪一个善用毒药的凶手。一天晚上，警察发现了两位受害者，而在犯罪嫌疑人大衣口袋里正好发现两个空瓶子。另一天晚上，三个受害者，三个空瓶子。

接着麻烦来了。德·格拉夫剖开了一只六天前交配的兔子。他数了数，十个破裂的卵泡，但只有六个胚胎！德·格拉夫坚称这不是问题。核心在于他从未见过胚胎数量多于破裂的卵泡。德·格拉夫提出，很可能只是因为事情难免出现不测，某种厄运使失踪的胚胎"走到了险恶的尽头"。这一论述很有分量。每个人都知道人类的怀孕有时会以流产告终。危机解除。

德·格拉夫已经远远超越了哈维。他最大的进步是概念上的革新。当哈维谈到卵时，他想到的是一个处于早期阶段的生物有机体，而不是女性对新生命的贡献。他混淆了"胚胎"和"卵"的概念，也扰乱了整体思路。德·格拉夫则把事情梳理得明明白白，说服世人转移关注点。在他的思路中，卵从女性的卵巢中出现，并以某种方式与男性的精液结合，形成一个新的有机体。

这是一个尤为大胆的主张，德·格拉夫并不算是成功地观察到了卵子。他能得出这一洞察，部分源自知识分子的胆识，部分则源自好运气。正如我们所见，哈维选择用鹿来做实验带来了麻烦，德·格拉夫选择兔子使得事情变得明朗，有时甚至是一种误导性的明朗。因为兔子的每次交配行为恰好都会刺激母兔排卵，[①]德·格拉夫观察他的兔子时，便能目睹一系列直截了当的事件：母兔交配，卵巢内的卵泡发生变化，卵泡破裂，胚胎发育，且胚胎数量（通常）与破裂的卵泡数量相匹配。

但对大多数哺乳动物来说，交配并不能诱发排卵。如果德·格拉夫碰巧选择了另一种动物来研究，比方说如果他以某种方式成功观察了人类，就会发现排卵与否和交配行为并无关联。女人排卵的模式可不像兔子那样简单——处女每月排一次卵，有性伴侣的女性也是每月排一次卵——那么德·格拉夫可能也会加入困惑的科学家大军之中，怎么也无法确定卵子和怀孕之间究竟有何关系。

事实上，德·格拉夫就犯了很多错误。其中最大的错误是在考虑精液的作用时听信了哈维的观点。对于这两位科学家来说，精液仍然是一个谜，在解剖过的所有雌性动物体内都找不到精液，即使他们确信它一定在那儿。于是他们转而使用"精液蒸气"和"能量

---

① 母兔生下一窝幼崽后可以在24小时内再次怀孕。所以才有这种说法："像兔子一样能生。"

散发"等说法，想象着精液以某种方式操纵着受孕过程，就像魔术师挥动手指，操纵着一条丝质手帕在房间里翩翩飞舞一样。

* * *

德·格拉夫关于女性解剖学的书问世于 1672 年 3 月，无论对于他个人还是对他的国家而言，这都是一段忙碌而紧张的时期。他知道自己写出了一部杰作。三个月后的 6 月，他结婚了。他的妻子紧接着就怀了孕。同样在 1672 年 6 月，战争爆发，法国入侵荷兰。德·格拉夫深受战争和骚乱的困扰，于 1672 年 7 月致信英国皇家学会，哀叹"灾难降临到了我的整个祖国"。（一个月后，一名荷兰暴徒杀死了大议长约翰·德·维特及其兄弟，将尸体倒挂，毁得面目全非。）

与此同时，德·格拉夫从前的朋友施旺麦丹从半路杀出。首先，他写了一封愤怒的信，攻击德·格拉夫的书，指控他知识剽窃。他坚称，发现卵的功劳属于他施旺麦丹以及其他几人。他在信后附上了自己的著作全本，《自然奇迹，或女性子宫结构》（*The Miracle of Nature, or the Structure of the Female Uterus*）。这部作品在德·格拉夫的书问世几周后便出版，阐述了施旺麦丹对怀孕的观点，也使得他对德·格拉夫的攻击公开化。

1673 年 3 月，玛丽亚·德·格拉夫生下了一个儿子。父母为他取名弗雷德里克。然而，出生一个月后他便夭折了。同年 8 月，德·格拉夫本人也去世了，死因可能是瘟疫，时年 32 岁。

在他短暂一生的最后一两年里，德·格拉夫写了一本重要的书，而在他去世前四个月，即 1673 年春天，他写了一封重要的信。德·格拉夫告知英国皇家学会秘书，他想推荐一位代尔夫特的老乡。"我写信是想向你介绍一位极富创造力的天才——列文虎克。他发明的显微镜远超我们迄今所见的任何显微镜。"

德·格拉夫自己也曾透过其中一个显微镜观察过，他相信自己知道它们将揭示什么。

他并不知道。

## 第十章　一滴水一世界

安东尼·范·列文虎克（Antony Van Leeuwenhoek）不太像个探险家。他四十出头，是个傲慢而尖酸的商贩，向代尔夫特的富裕市民兜售些布料、纽扣和丝带。列文虎克没有受过科学训练，中等文化程度，但他有十足的耐心和无止境的好奇心。他无意中撞见了一个无人见过的世界。不仅如此，他发现自己独自置身于一个从未有人设想过的惊人世界。

1674年9月，也就是德·格拉夫寄出推荐信的一年后，列文虎克给皇家学会寄了一封长信。他以前就记录过一些常见的事物，比如近距离观察蜜蜂的小刺（他给德·格拉夫看的也是这些）。但这次不同。列文虎克解释说，距他家两小时的路程外，有一大片浑浊的湖。他从岸边无意中收集了一小瓶绿色黏稠的水。第二天他用显微镜检查了其中的一滴水。令他大吃一惊的是"许多微型动物"游入了他的视野。

和其他人一样，列文虎克见过跳蚤、螨虫和其他小虫。但是就体型而言，一只狗之于一只跳蚤的大小，就相当于一只跳蚤之于列文虎克所说的"微型动物"的大小。〔列文虎克用荷兰语写作，德意志自然哲学家亨利·奥尔登贝格（Henry Oldenburg）最初将列文虎克的发现尽力翻译为英语的"微型动物"（animalcules）一词，其他译者更喜欢使用"小动物"（little animals）一词。］从没有人怀疑生命的尺寸竟会超出肉眼能见的范围。如果世界真是为人类的利益而建造的，那为什么会有这些微型动物的存在呢？

列文虎克目瞪口呆地看着这一切。"大部分微型动物在水中的运动是如此迅速，如此多样，忽上忽下还会转圈，真是令人称奇。我认为，我在奶酪皮、面粉、霉菌等地方见到的最小的生物也要比它们大一千倍以上。"

列文虎克不是第一个通过显微镜观察事物的人。半个世纪以前，伽利略看到"苍蝇像羊羔一样大"时也曾激动不已，然后便漠不关心地朝反方向研究去了。十年前，皇家学会最有才华的人之一罗伯特·胡克（Robert Hooke）用显微镜观察了跳蚤、软木片和纸上印刷的墨点。胡克对镜头揭示的世界感到惊讶。完美抛光的针尖被发现是锯齿状的、不规则的，"就像铁条经过长时间锈蚀的磨损"。不起眼的跳蚤实则装备了一套完美的"做工精细的貂皮盔甲"。

但是这些冒险只是列文虎克的热身活动。像胡克这样的先驱已经占领了已知的世界，基本上用放大镜观察遍了他们熟悉的每个场景。而列文虎克用比以往更强大的镜头，侦察到了一片崭新的、未曾想象的大陆，然后停靠岸边，进入了森林。在那里，每棵树上的每片叶子都充满了奇异的生命形态。

列文虎克几乎立刻确定，他所发现的生物并非那片浑浊的湖所特有的。在一份雨水样本中，他发现了"比千分之一个成年虱子的眼睛还要小的小动物"。这些并不是固定在某个位置上静止的点，而是充满能量、快速移动和徘徊的生物。一些微型动物"高速地旋转，就像俯瞰一个陀螺在你眼前旋转一样"。

出于疯狂的热爱——这份热爱将持续五十年之久——列文虎克开始把整个世界置于镜头下。每次观察都是全新的，这位荷兰布料商要绞尽脑汁去给无数不熟悉的景象命名，堪比伊甸园里的亚当。他的方法完全没有系统性，全凭好奇心和偶然性在各个观察项目之间穿行。

他没有立刻转向怀孕之谜，但几乎可以肯定，用不了多久他就会着手于此。在那封有关蜜蜂小刺的信件寄出后不久，英国皇家学会的秘书就回信并提出请求：请问列文虎克先生是否能用显微镜观察一下"唾液、乳糜、汗水等"呢？

列文虎克畏缩了。唾液和汗水不是问题，乳糜也不是问题，那只是食物在消化过程中转化成的形式。问题在于这个"等"字，列文虎克认为这是委婉地建议他观察精液。他后来写道："我对进一步的观察感到厌恶，更不用说去写相关的文章。所以那时我什么也没做。"

"什么也没做"仅限于精液。世界上几乎所有其他东西都被痴迷观察的列文虎克看了个遍。他的一个仆人负责收集跳蚤供主人研究。他还唠叨着找仆人取血样，然后对比仆人的血与自己的血，也收集任何闯进他视野的生物的血样。他缠着商店店主要那些可能藏有小害虫的腐烂食物，还拜托邻居带回他们在理发店剃下的胡茬。

在雨水实验后不久，列文虎克又开始思考是什么让胡椒有刺激的味道。会不会是胡椒粒上有一些能刺伤舌头的小刺？于是他把一些胡椒浸在一碗水中，使之软化。然后，出于某种原因，他用显微镜观察了浸泡的水。他看到其中有四种"小动物",最小的"小到我判定即使一百只这样小的动物伸展开来,首尾相连,它们也达不到一粒粗沙的长度;如果这是真的,那么一百万只这种生物加起来也抵不上一粒粗沙的体积"。

胡椒之谜暂告一段落。列文虎克得到了一个重要的启示——湖水或者一杯雨水没什么特别的。微小的、隐蔽的生命似乎无处不在,并不只存在于一两处稀有的地方。列文虎克不只发现了一些生活在未知世界的新生物,更重要的是他发现了微型世界无处不在,各种小到难以发现的生命形态到处游来游去、上下翻滚。它们是干什么用的?上帝为什么创造它们?

* * *

英国皇家学会对列文虎克的报告感到震惊,但不确定是否该相信这些内容,于是他们开始自己查证。〔皇家学会成员、哲学家约翰·洛克(John Locke)回忆道:"荷兰那边居然有人写了这样的故事,我们嘲笑了一番。"〕查证工作落到了罗伯特·胡克头上。胡克有些生不逢时——他很不幸地活在艾萨克·牛顿的阴影下,再没有比牛顿更有才华、脾气更暴的对手了——但是胡克确实才华横溢。他在多个领域都具备高超的技术,一位传记作者曾称他为"英国的达·芬奇"。

胡克身兼建筑师、天文学家及工程师等身份。首先,胡克可以设计任何东西,从教堂到捕鼠器。不仅如此,他还对透镜了如指掌。他撰写(并亲自配图)过一本畅销书《显微图谱》(*Micrographia*),

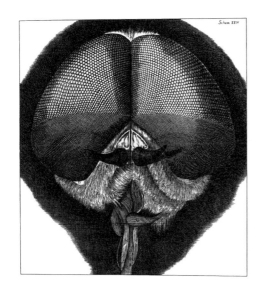

图10.1　胡克惊叹于苍蝇眼睛的
复杂设计。他的画显示了苍蝇眼有
"近14 000个"组成部分，排成"可
爱的行列"

书中描绘了大自然各种奇观的华丽图画，如放大了许多倍的苍蝇眼。
没有人比他更适合去查证列文虎克的惊人报告了。

透镜本身并不新奇。放大镜在古代就已为人所知，眼镜也早在
1300 年左右便出现。多年以来，只有少数人——裁缝、金匠、抄
写手稿的僧侣或研究手稿的学者——受视力问题困扰，无法看清细
节。[1]1453 年印刷机的发明，使得书籍数量呈爆炸式增长。许多人第

一次意识到自己的视力不佳。这引发了一系列关于不同透镜的实验，眼镜首先被发明出来，然后顺其自然地有了望远镜和显微镜。事后看来，从阅读印刷品到探索宇宙和微观世界的道路几乎一脉相承。

列文虎克第一次接触透镜很可能是通过放大镜检查布料样品。但那种古老的发明与 17 世纪的技术奇迹相比显得微不足道。眼镜和放大镜让人们用肉眼就能看到的图景更加清晰；而望远镜和显微镜将从未设想过的景象带入人们的视野。这种区别堪比铅笔和魔杖之别。

1677 年 11 月 1 日，胡克第一次尝试去寻找列文虎克所谓的"微型动物"。列文虎克把自己的技术看成机密，没有提供多少帮助。他没有透露自己是如何制作显微镜的，而是邮寄了一些赞美他显微镜的证明信。在信中，八位杰出公民，包括两名官员在内，都解释说，列文虎克让他们透过他的显微镜来观察，他们也都看到了他所描述的奇迹。

这绝不可以。胡克开始工作，摊开一排排玻璃和黄铜制成的装置。他特别费心地弄了一套玻璃管，尺寸从比头发丝粗十倍的到只有头发十分之一细的都有。胡克有一个理论，在显微镜下观察一滴玻璃管内的水能比观察一滴外置的水揭示更多信息。胡克埋头操作，皇家学会成员全体瞩目，但是……什么都没有。"没有任何发现。"

一周后，11 月 7 日，胡克开始第二次尝试。他已经找到了一种能够制造出更细的管子的方法，他还改变了显微镜的设计，以便透入更多的光线。他把胡椒在水中浸泡了整整三天，制成了浓郁版胡椒水混合物。"尽管显微镜比上次会议上展示的要好得多，"皇家学会的记录写道，"但是根本没有看到列文虎克先生所谓的动物。"或许那个容易兴奋的荷兰人哪里弄错了?

在 11 月 15 日的第三次尝试中,胡克终于取得了胜利。整整一个星期,他都在忙乱地调整实验,还把胡椒浸泡了十天。在会议前几天,他反复看到过那些微型动物,现在由他向大家展示。它们在那儿!"不可能有误,"皇家学会一致同意,"它们比一只螨虫小了近十万倍⋯⋯在水里来回地游动、旋转,凡是看见它们的人都相信它们一定是某种动物。"

皇家学会仔细地记录了见证这次奇妙景象的人员名单。名列首位的就是克里斯托弗·雷恩(Christopher Wren),他设计过圣保罗大教堂,在天文学方面也做了许多开创性工作。放到今天,这就好比国家科学基金会报告说,在太平洋一个偏远的岛屿上发现了恐龙,并请斯蒂芬·霍金(Stephen Hawking)和其他杰出人士来为这一发现做担保一样。

\*　\*　\*

英国皇家学会现在相信了列文虎克的发现。但是任何人,甚至连胡克都比不上列文虎克使用显微镜的杰出才能。列文虎克一马当先,将其他人远远地甩在身后。在一篇篇冗长啰唆的报告中,列文虎克就各种各样的主题详细地描述了微观世界的旅程。对于仓促的读者来说,他的来信就像每位编辑桌上会出现的强迫性长篇大论,但是只要读上几分钟,就会发现其中充满了重要的启示。

列文虎克用荷兰语写作,这是他唯一掌握的语言。这对他而言算是一种打击,就好比如今的作者给学术期刊投稿,发去的不是电子文档，而是手写的纸质文档。（对于 17 世纪的读者来说，列文虎克的信件用语明显很不入流。例如"睾丸"一词荷兰语写作 zaad-ballen，直译就是"种子球"。）所有正统的学者都用拉丁文写作。由于无法阅读他们的作品，列文虎克发现自己被局限在荷兰语圈子里。

　　这种独立性也许正合他意。他渴望得到赞美，但对合作者却又很警惕，因此，他独来独往。① 在迷恋和挫折相交织中，皇家学会跟随着他笨拙的进程。列文虎克对一切都感兴趣。他向皇家学会描述了一只蜘蛛，身上长的毛"浓密得像猪背上的鬃毛"。他为了看看火药爆炸时发生了什么，差点弄瞎眼睛。他还撺掇刚返港的捕鲸者给他提供鲸脂样品。（那块肉"闻起来很恶心，因为已经腐坏了"，但列文虎克不是个有洁癖的人。）

　　他专心地看着"一个小饿鬼"趴在自己手上，"观察它吸血的样子"。家人和仆人也积极参与进来，或许他们别无选择。当列文虎克对蚕卵及其孵化方式感到好奇时，他让妻子科妮莉亚帮他保持蚕卵的温度。连续六周，无论走到哪，她都将一小盒蚕卵"日夜揣在怀里"。在另一项调查中，列文虎克让母亲和女儿张大嘴巴站着，而他则用牙签在她们的牙齿间刮来刮去，寻找样本。

---

① 令人沮丧的是，我们对列文虎克的私生活知之甚少。例如，我们知道列文虎克和约翰内斯·维米尔（Johannes Vermeer）1632年10月同出生于代尔夫特（二人在代尔夫特老教堂的洗礼仪式被记录在同一页上），我们知道他们住的地方相距不足150米。尽管代尔夫特很小，但并没有证据表明这两位天才曾相遇。如果真的有过，那想必是一次非凡的顶级相遇：很少有别人对透镜和光有如此浓厚的兴趣。

　　维米尔去世后，列文虎克被任命为他的遗产执行人。维米尔事业上小有名气，但是去世时却负债累累。为了还清面包师的债，维米尔的遗孀将《写信的女子与她的女仆》和《吉他手》两幅画抵给了他。今天，这两幅画的价值已达到几千万美元甚至更高。但以现在的币值衡量，维米尔当时欠面包师不过80美元。

他发现嘴巴里的猎物异常丰富。他开始刮自己看上去洁白干净的牙齿。他把刮下来的"像面糊一样稠稠的小团白色物质"放到显微镜下观察。在那里面,列文虎克看到无数小动物"优美地移动着",一些生物像"水中的梭鱼一样"飞速穿行。这是一项重大发现,人类最早观察到了活体细菌。

列文虎克很乐意向拜访者展示这些奇迹,尽管有些拜访者会在主人的盛情面前退缩。一群紧张的人用醋清洁口腔并反复漱口,以确保列文虎克不会在自己牙齿上发现生物。这是徒劳,因为醋本身就充满了游动的微小蠕虫。"有些人觉得自己看到的景象十分恶心,"列文虎克轻快地说道,"他们决定再也不吃醋了。"

列文虎克一向青睐疯狂的数学计算。他指出,尽管他有良好的卫生习惯,但是"居住在整个荷兰的人都没有我今天口中携带的动物数量多"。〔他对自己观察到的生物数量及其微小尺寸的估计惊人地准确,尽管他用的是自制的、简易的测量标尺。例如,列文虎克测量苍蝇血管直径的方式是与"自己最粗的一根胡须(在黄铜尺上)所覆盖的尺寸"进行对比。〕

许多挑战听他形容起来就像大力神才能完成的工作——如果大力神只有拇指汤姆那样的体型。"我费了很大的劲才取出跳蚤的睾丸,放到我的显微镜下。"列文虎克对皇家学会写道。几句话后,他又记录道:"我也从小蟑螂的脚上取了一些肉。"看到毛细血管里的血液令他激动不已——列文虎克是第一个看到毛细血管的人,也是第一个看到血细胞的人——他目不转睛盯着的这一切,是哈维只能想象的。在一只蝌蚪尾巴上的细小血管中,列文虎克清楚地看到血液在流动,"就像我们用肉眼看到水从喷泉里喷上来又落下去一样"。

　　他怀着无法抑制的兴奋之情写作，就像一位热情越来越高涨的向导，尽管他收集的样品越来越没有吸引力。黑头也能把他迷住，还有耳垢、脓液以及他自己腹泻后的秽物（在其中他发现了"灵活移动的微型动物"，它们身体很长，腹部扁平，还有"各种各样的小爪子"）。

　　列文虎克还很好奇老茧从近距离观察是什么样子，于是他脱掉了鞋袜，脚踩在一张蓝纸上，并叫来了他的仆人。这个倒霉的仆人"又用指甲，又用钢笔刀"，千辛万苦弄下了一块老茧。列文虎克一看到这种"坚硬的皮肤"就感到很好奇，于是他又请来泥瓦匠、木匠，还有农夫，从他们因劳动而变得粗糙的手掌上取下皮肤样本。

　　在科学发展早期，像开普勒、伽利略和牛顿这样虔诚又聪明的思想家，灵感都源自上帝塑造的宇宙星空。但安东尼·范·列文虎克，这个自成一派的巨人，走上了一条不同的道路。他热切地相信，要想领会上帝创造的辉煌，我们不仅可以研究光芒万丈的太阳和庄严有序的行星，也可以研究绿藻、唾液、血液、跳蚤和蠕虫。

# 第十一章 "精液中的动物"

1677 年一个秋日的夜晚，列文虎克和妻子正在做爱。他"高潮射精后不足几秒便立刻"跳起身来，带着精液样本直奔自己的显微镜。在显微镜下列文虎克看到"数以千计沙粒般大小的活体微型动物正在游动"。他并没有告知英国皇家学会他的妻子对这项惊人发现做何感想。

这次发现最终会成为科学史上的里程碑。一向高调发布研究成果的列文虎克，这次却选择低调行事。他提醒皇家学会这是他们的授意，而非他自己的本意。他还很反常地专门指出，这次实验样本是通过"正常夫妻性交"而非"不道德的自慰"获得的。他甚至不嫌麻烦地设法将信件翻译成拉丁文，或许是为了回避敏感的读者。除了这些预防措施，列文虎克在信中写道，他承认自己的观察可能会让人感到"恶心或伤风败俗"。他让皇家学会全权决定是公布还是销毁这次研究结果。

多年前的那个夜晚，列文虎克跳下床后的发现并没有错误。显微镜下，那些微小的生物"长着比自己身体长五六倍的细尾巴"。它们蜿蜒前行，"靠尾巴的摆动来推进，就像是蛇或鳝鱼在水中游"，仿佛在向某个重要的目的地冲刺。

列文虎克观察到的景象的确无误，但是他误解了观察结果。历史学家称列文虎克是观察到精细胞的第一人，事实上这并不完全正确。列文虎克确实看到精液中有微小的"鳝鱼"游动，但他并没有意识到这与人类的繁衍有何关系。相反，他以为自己发现了碰巧生活在精液中的微型动物。毕竟，成群结队的微观生物似乎无处不在——水滴、树的汁液、牙齿、趾间都有。精液中为什么不能有？

六年间，列文虎克一直坚持这个观点。正如哥伦布"发现"新大陆时坚称自己找到的是印度，列文虎克也深深地误解了自己的发现。同样，正如哥伦布用"印第安人"的称谓错误地命名了新大陆，列文虎克也将精细胞错称为"小动物"。

当时，大多数科学家赞同他的观点。更奇怪的是，在列文虎克本人都改变想法之后的很长时间，这些科学家还坚持认为精细胞是一些与性或生殖毫无关系的微型动物。在列文虎克第一次观察到精细胞150年后的19世纪，动物论依旧是普遍观点。生物学刊物中的插图会精心绘制精细胞，并熟练地为其标注嘴、膀胱和其他器官，或者像对比不同的微型动物一般将精细胞和绦虫并列排放。

1830年，权威医学期刊《柳叶刀》（Lancet）将精虫归类为肠道蠕虫。"精液中常能发现微型生物，显然，这里是它们天然的寄居地，"《柳叶刀》解释道，"它们对人体无害，毫无疑问起到了某种未知的重要作用。"甚至"精虫"一词都反映出这种存在已久的错误。该词于1827年由一位科学家创造出来，他认为精细胞是尾蚴属的虫形生物。"精虫"（spermatozoa）意为"精液中的动物"。

一些科学家对列文虎克的发现持另一种误解。他们认为精细胞

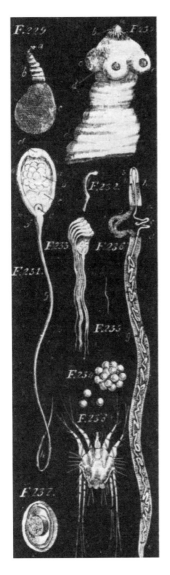

图11.1 1840年医学文献中的一幅插图描绘了多种寄生虫,图中展示了一个精细胞(左),与绦虫等不具吸引力的生物并列

不是小动物,而是搅拌棒!这种观点同样延续到了19世纪。在他们看来,精液很重要,精细胞则不然,后者只是为了防止精液凝固。在生物学家眼中,与持续流动的血液相比,精液只是待在那儿,坐等派上用场的一天。他们将二者之间的差别视作奔腾的河流与凝滞的池塘。所以列文虎克发现的那些扭来扭去、游动不停的微型动物不过是些会动的"搅拌棒",这不是显而易见的吗?

这些都是巨大的失误。科学家本已掌握了解开婴儿之谜的重要线索,却白白浪费了它。好比侦探捡起一把冒烟的枪,不仅没能辨认出是什么,甚至还望着枪口冒出的烟喃喃自语:"好奇怪的一只茶壶!"然后把枪放到一边。

\* \* \*

为什么所有人都错得如此离谱?部分原因是列文虎克和同时代的人还没有找到与这个发现相对应的术语。

如今，我们认为细胞是生命的基础。细胞之于生物就如原子之于化学，每本生物书的第一页都指出所有生命有机体由细胞构成。我们谈论精细胞和卵细胞，就像谈论生活中常见的绿树和小鸟一样自然。但是细胞理论在 19 世纪早期才形成，比列文虎克要晚一个世纪。（我有时会在行文中提到"精细胞"，这个术语几乎不可避免，但这实际上是不合时宜的。）

17 和 18 世纪，每当科学家发现任何小型的、活动的东西，他们都会想当然地认为是某种小虫或蠕虫。所以当列文虎克通过显微镜观察精液，看到这些微型动物既不像随水流漂走的树枝，也不像飘摇浮动的海草，而是按照一定方向游动时，他便立即将其归为动物。不然还能是什么呢？

（如果先发现的是卵子，可能不会导致这样的方向性错误。在早期科学家的印象中，卵子就是不会移动的、平静的、休眠的。精细胞带着长长的尾巴，数量庞大，让人联想起骚动、混乱、活跃，简而言之，联想到生命体。）

即使如此，将睾丸类比作池塘、将精虫类比作蝌蚪是有问题的。最大的谜题说来简单：如果它们是动物，那么它们从何而来？它们来到了一个最不适合生存的地方安家落户（"位置偏僻、潮湿阴冷、视野狭窄"），而且它们不可能是随风飘来或搭着食物的顺风车抵达这里的。这些闯入者究竟是谁？

最终，这将成为至关重要的问题。然而此时，它被搁置一边，另有亟待解决的工作，例如弄明白是否所有雄性动物身上及其在生命各个阶段都存在这种"微型动物"。

\* \* \*

列文虎克坚信自己在精液中发现了比微小的、游动的生物更重要的东西。尽管这一观察实际上完全被误解了，但使他对生殖的奥秘充满了"好奇"，而他观察到那些微型动物才是真正划时代的突破，虽然他当时并没有产生这样的想法。列文虎克报告说，在精液中——而非在游动的微型动物体内——他看到了"各种各样大大小小的血管"。他在 1677 年 11 月告诉皇家学会："毫无疑问，它们是神经、动脉和静脉。"

列文虎克确信自己有了一个巨大的发现，几个月后，他在给英国皇家学会的另一封信中又回到了同一个主题。他提出，他所看到的"神经"和"血管"以某种方式造就了发育胚胎之中的所有部分。"形成胎儿的只有男性精液，而女性的一切贡献不过是接受精液并供养它。"

这是匪夷所思的，原因如下：一方面，列文虎克原本已经有了一项重大发现，他却未予理会；另一方面，激发他求知欲的"血管"实际上并不存在，没人知道这位杰出的观察者到底看到了什么。最后，列文虎克凭空断言，精液对受孕至关重要，而卵子则毫无作用。他轻蔑地否定了卵子的作用，但是没有提供任何论据来支持自己的说法。

皇家学会秘书、医生兼植物学家尼希米·格鲁（Nehemiah Grew）并不买账。他向列文虎克发去一封挑战信："我们的哈维和你们的德·格拉夫"——著名的英国人和成功的荷兰人——描述的是截然不同的受孕情景。格鲁提醒列文虎克，那些知名科学家几乎完全专注于研究卵子的作用。在他们看来，精液明显扮演了次要角色，它仅仅开启了卵子的发育进程，且唤醒卵子的方式极为轻快、空灵。精液并没有实际接触到卵子，格鲁写道，只是在一定的距离内用"特定的气息"将其唤醒。这种温柔的空气之吻的画面，怎么可能契合列文虎克描述的神经和动脉缠结、游动的鳗鱼互相赛跑的混乱场景？

每当受到挑战，列文虎克就会暴跳如雷，这次他同样发出了猛烈的抨击。他告诉皇家学会，听说有位作者引用了 70 位科学家的话，这些人都与哈维及德·格拉夫观点一致。那又如何？即便"有 70×70 个人"众口一词，他仍然"坚持认为他们每个人都错了"。

但列文虎克不是只会表现得气急败坏。在格鲁的刺激下，他仔细研究了德·格拉夫和哈维关于怀孕的描述。通过这种迂回的方式，他终于认识到七年前在自己精液中游泳的"小动物"的重要性。

列文虎克在 1684 年 12 月 31 日做了一个重要的实验。当天早上 8 点和下午 2 点，他观察了一条公狗与一条发情的母狗交配。然后，他杀死了这条母狗（用锥子刺入脊柱），并将其解剖。他用肉眼看不到任何精液的痕迹。到目前为止，情况与哈维和德·格拉夫说的并无出入。（从我们的角度来看，找不到精液是有道理的。精液几乎不可能被看到，因为它会分散在刚剖开的湿漉漉的动物身体中。）

现在列文虎克要用显微镜观察。哈维和德·格拉夫都没有做过这样的事。他得意扬扬地写道："我非常满意地发现了大量活的微型动物，也就是公狗的精液。"小动物的数量如此之多，"据我估计，数以亿计都不在话下"。

列文虎克早先就曾宣布他设想的真实怀孕过程。当时他还没有证据。现在他觉得已经非常清楚地证明了自己的观点，只有"顽固不化的人"才会否认这一点。重点不是他剖开了那条狗，狗只是一个路标，向人们展示通向真理的道路。"人不是源自卵，而是源自男性精液中的微型动物。"

一开始，列文虎克就坚信精液扮演的角色最重要，且从未动摇。新的情况是，列文虎克转移了焦点。现在他不再提及神秘的"血管"和"神经"，他曾认为这些才是解开生育之谜的关键所在。相反，他开始把注意力集中在精液中数以亿计的微小的、游动的"小动物"上。你看到了吗？看那儿！生命的秘密就隐藏在那些用显微镜才能看到的、蠕动的身体里。

鉴于微型动物现在成了主角，列文虎克便让剧中的其他角色退场了。不管哈维和德·格拉夫如何坚持，卵子在受孕的故事中仍然没有位置。在列文虎克的描述中，男性把这些微型动物交给女性，它们会钻入子宫，并在其中得到滋养。

列文虎克的观点很大程度上是基于男性精液和树的种子之间的古老类比。他解释说，就像苹果的种子能够长成苹果树，这些微型动物将长成动物。这个类比源自很深的误解。植物的种子是胚胎，已完成受精的过程，而不是雄性的性细胞。但直到大约 1700 年，科学家才开始梳理复杂的"植物的性"。（人人都知道植物是从种子中生长出来的，但没有人知道这些种子是从哪里来的。）列文虎克还匆匆略过了其他疑难点。他草率地宣称是微型动物形成了胚胎，却没有解释这种情况是如何发生的。他也没有解释为什么男人在一个精子就足够的情况下，却要产生数百万个精细胞。

相反，他把精力用在抨击对手上。他们声称卵子是从卵巢进入子宫的。列文虎克要求知道这是如何发生的。难道要我们相信，"卵是从卵巢里"被松软的输卵管"吸出"，就像水手被某种长触手的海怪从奥德修斯之船的甲板上掳走一样？

更滑稽的是，德·格拉夫假定卵子很大（正如我们所知，德·格拉夫混淆了卵泡和其中小得多的卵子），而它们据说要通过的输卵管却很细。那是怎么实现的？如果卵子在怀孕这件事上起着关键作用，那为什么列文虎克用显微镜观察母狗时没有看到它们？毕竟，他发现了小得多的精细胞。1684年12月和来年1月，列文虎克观察了刚刚交配过的母狗的输卵管。除了一些肯定不是卵子的"球状物"，他什么也没看到。"但凡有一个不及沙粒百分之一大的颗粒，虽然我估计不可能，但即使有，我也应该已经找到了。"

他为什么没有找到，这真是个谜。列文虎克的诚实是毋庸置疑的。不管是侥幸还是不幸，他本可能看到的卵子不知怎么就逃过了他的眼睛。也许他在观察过程中无意识地将其忽略了。

列文虎克向来不善于发表得体的言论，他谴责卵子理论为"胡乱拼凑""异想天开"和"完全错误"。他研究过"所谓的卵巢"，他可以宣布，本应包含其中的"所谓的卵"是不存在的。列文虎克就这样下了定论，并用尽余生为之辩护。

不仅如此，他还在1685年告诉英国皇家学会，他可能看到了某种东西，可以揭开怀孕的神秘面纱。"我有时会想象，观察雄性种子中的微型动物时，也许我可以指出，它的头在那儿，肩膀在那儿，臀部在那儿。"列文虎克努力在人类感知的极限下找出微小的细节，他是真诚的，却判断错了。

　　他随即补充道，他还不确定自己是否真的看到了这奇异的景象。"完全无法对此做出确切的判断，因此，我不会肯定地说这就是事实，但我希望在某个时候，我们能有幸遇到一种雄性'种子'很大的动物，大到我们能从中辨认出它所属的生物的形象。"

　　他继续寻找。15 年后，在 1700 年的圣诞节，他写信给英国皇家学会，描述了他在公羊精液中看到的微型生物。他承认，"这种微型动物的内部形态并不像一只羊羔，然而，它们在子宫里获取营养之后，就能在短时间由内部形成羊羔的形状"。

　　列文虎克进一步强调，可以肯定动物的雏形一定隐藏在精细胞内。这是一个逻辑问题。如果一棵树的枝条本身不存在于种子中，它怎么可能抽枝发芽呢？事物不可能无中生有。

　　他发誓要更努力地去观察。

# PART THREE

# RUSSIAN DOLLS

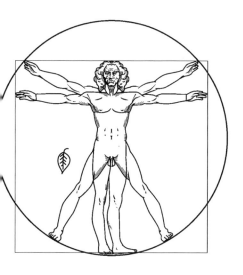

第三部分
俄罗斯套娃

理论啊，极其危险的东西。

—— 多萝西·塞耶斯
《贝罗那俱乐部的不快事件》
Dorothy Sayers
*The Unpleasantness at the Bellona Club*

## 第十二章　套娃中的套娃

为巨大突破做的铺垫似已就绪。以德·格拉夫为首的解剖学家已经有了重大发现——女性有卵子，这就是她们在生命孕育中发挥的作用。以列文虎克为首的用显微镜观察的科学家也有他们引以为傲的发现——真正至关重要的是精液中游动的微型动物，而非精液本身。这些微型动物的发现让列文虎克一派欣喜若狂，根本没工夫听别人谈论卵子。

按照我们的猜测，接下来的任务应该是两派科学家停止争斗，就卵子和精子各扮演何种角色达成一致。然而事实并非如此。相反，科学家分裂为两大对立阵营，即卵源论者和精源论者。双方各执一词，都认为己方支持的才真正至关重要，对方的或许也有一定意义，但明显只能是次要的。

更糟糕的是，双方确实在一个关键问题上达成了一致，但是这一共识未推动认识进一步发展，反而让双方严重偏离了正轨。这个令人瞠目结舌的错误理论就是"先在论"，它误导了一代又一代的科学家。

这一问题源于卵源论者和精源论者之间的争论。我们已经见识了列文虎克如何对对手冷嘲热讽，称其潜心研究卵子实属"头脑混乱"。卵源论者也发起了反击。这类中伤行为远不只是传统意义上竞争对手为争夺认同展开的小打小闹。事实上，双方阵营都犯了致命的错误，误以为可以离开对方只身前行。

卵源论者坚持认为，胚胎隐藏在女性的卵子之中，早在接触男性之前，它就已经在那里了。卵源论者表示，精液的作用好比钥匙，只是让现有的发条装置开始运转。精源论者同样满怀热情地指出，胚胎隐藏在精子之中，它一直在那里等待着。当一对男女性交时，男人的精子携带胚胎进入女人的身体，在此生长。精源论者认为，要么根本不存在卵子（这是列文虎克的观点），要么卵子和子宫只是精子的营养源和孵化箱。

从现代人的视角会发现有一点引人注意：双方从一开始就否认对方的发现在胚胎形成中有任何作用。他们提出了非同寻常的观点，即孩子不是由父母双方形塑的，而是在父母见到彼此之前就预先成形了。在这一点上，也只有在这一点上，双方达成了共识。预先造就孩子的工作由上帝完成，而且根据该理论最流行的版本，上帝在黎明时分造出了孩子。

这种理论极具误导性，听着就更古怪了。然而值得注意的是，该理论并非边缘学说，而是当时的主流学说，欧洲最杰出的思想家皆表示认同。自 17 世纪晚期至 18 世纪末，先在论占据主导地位长达一个多世纪。事后看来，一个错误的理论在百年间占据主导地位可谓极其荒谬，但这么多年来绝大多数科学家都没有意识到自己偏离了正轨。

那时候，新的理论似乎令人难以抗拒。科学家之所以如此热忱地接受新理论，部分原因是他们已开始摈弃自古希腊以来的先驱们坚持的信仰。从亚里士多德到哈维，科学家们理所当然地认为某种无形的力量在指引胚胎成长。这种元气几乎无法用言语描述，却以这样或那样的方式引导着动植物生长。正是这种生命力量引导植物生根发芽，让断骨复原，让伤口愈合。最重要的是，这种鲜活的气力指引胚胎按照宿命成形。

在全新的机械化思维的时代，这种观念似乎很快淡化，甚至已经荡然无存。如果再说胚胎"自己知道"该怎样从一团平淡无奇的东西变为有手有脚或有翼有喙的成熟有机体，就相当于诉诸魔法或超自然力量。这不是在给出解释，分明是在胡言乱语！

有科学的、条理清晰的理论可供选择，谁还会继续坚持过时的教条呢？

\* \* \*

通向新理论之路是一段奇妙的旅程。如我们所料，它在某种程度上依赖于实验和观察，却在更大程度上依赖于信念。信念有很多形式：对理性力量的信念、对自然规律的信念，以及更重要的——对上帝的信念。秉承着坚定不移的宗教信仰，科学时代的物理学家已解释了天体的运行；同样秉承着坚定不移的宗教信仰，科学时代的生物学家冲进了一片沼泽，在此摸索、迷失、绝望，长达一个世纪。

宗教之所以能引导物理学家取得一个又一个发现，或许因为上帝真的是位数学家。虽然没人能给出解释，但若要求证，只需仰望天空。以哈雷彗星为例，成千上万年以来，它每 75 年便掠过苍穹一次，画出长长的椭圆形轨迹。在这漫长的岁月里，从未有人设想过彗星的轨迹是椭圆形的。直到 1705 年，埃德蒙·哈雷（Edmond Halley）才证明，自人类依洞穴而居、靠手指勉强计数起，世世代代，这颗如今以他的名字命名的彗星就一直在完美的椭圆形轨道上运行。

很容易设想一个万物皆随其性的宇宙。其间，日月星辰的明暗毫无规律，彗星和行星并非沿着完美平滑的曲线运行，而是像醉汉般跟跟跄跄，曲折前行。然而，我们的世界绝非如此。石块下落会遵循数学定律加速；抛向废纸篓的纸团也会画出抛物线；彩虹会有精准的弧形；鸭子入水后泛起的涟漪会呈完美的圆形，以特定定律所限的速率层层扩散；而鸭子咕咕嘎嘎的叫声则会遵循另外一套数学定律传播。

诺贝尔奖获得者、物理学家尤金·维格纳（Eugene Wigner）曾在 1960 年撰文解释为何宇宙遵循如此缜密的法则，时至今日，它仍然是这方面的最佳解释。然而，即使是这篇里程碑式的文章，也仿佛在以雄辩的语言坦陈自身的无知。维格纳将自己的困惑直接体现在了文章标题中：《数学在自然科学中不可思议的有效性》（*The Unreasonable Effectiveness of Mathematics in the Physical Sciences*）。他谦逊地总结道："数学语言可奇迹般地用于准确阐述物理定律，这是一份精美的礼物，我们百思莫解，亦受之有愧。"所有物理学家都和维格纳一样困惑不解，但心存感恩。

然而，对于 17 世纪晚期和 18 世纪的生物学家而言，宗教带来的并非启蒙，而是迷惑。这些早期科学家面临一个重大而高深的难题，就是解释复杂生物体是如何形成的。他们只能设想出两种可能。

　　姑且举某物体为例，无论是巨石还是豹子，其形成要么依照计划，要么出于偶然。而一旦该物体是生物有机体，便没有任何怀疑的余地。观察一下某个生命体，你会发现它由无数不同的部分组成，每部分都精妙绝伦而又各司其职，共同组成了一个完美、和谐的整体。越是近距离观察，就越感觉到设计师之手无处不在。科学家相信，那位手法无比娴熟、性格无比沉稳的设计师，除造物主之外别无他人。

　　艾萨克·牛顿或许是有史以来最杰出的科学家，但即使他也无法想象设计可以脱离设计师而存在。如此疯狂的概念实际上自相矛盾。为便于讨论，姑且假设宇宙完全由一个个微小的台球组成，这些球严格按照机械规律相互碰撞。设想这些极速运动的原子可以自动形成桌子或房子（更不用说老鼠或大象），听起来不仅滑稽可笑，而且有亵渎神明之嫌。混乱怎么可能产生秩序？

　　如果无神论者是对的，那么世界上会充满怪物，畸形野兽的腿会从背部或闪烁但无用的眼睛里长出来。牛顿曾戏称："如果人类和兽类由原子偶然混杂组成，那他们身上会有许多无用的部分——这儿长一个肉疙瘩，那儿有一部分发育过剩。"

　　后来的思想家以此展开论证。他们填充的细节越多，论述听起来越严密。博物学家兼牧师威廉·佩利（William Paley）曾写道，假设你碰巧踩到一块石头，你会说"那又如何？或许它一直躺在草丛里"。但是，假设你踩到一块表，你会注意到它的转盘和齿轮完美契合。你会观察到，任何部件哪怕大一丁点儿或小一丁点儿，整块表都不会正常运转。再看看钢质弹簧和玻璃表面，每种材料的使用都恰如其分。佩利问道，在这种情况下，谁会看不出这块表经过了精心设计？谁又能否认生命体远比世界上最精密的表还要复杂？

　　大约两个世纪以后，一位不善社交、面色苍白、数学知识匮乏的英国人指出牛顿和佩利都错了，并阐明了理由，他便是查尔斯·达尔文（Charles Darwin）。列文虎克及其同代人理所当然地认为，无论天上还是地下，一切事物，其所有细节均由上帝设计。这是无以复加的智能设计。

　　对于物理学家来说，有一位设计者操纵一切的观念完全没有带来难题。他们只需解释那唯一一次创造（创世），而他们讲的故事也最具权威性：上帝一劳永逸地创造了太阳和星空，接着便让机械装置开始运转。可生物学家却面临重重困难。既然一切生物皆由全知全能的造物主设计，那么方方面面都应该设计得尽善尽美。这便是麻烦所在。举个例子，有些婴儿天生失明或缺一只手臂，有些连体婴儿共用一颗脑袋，这些现象该如何解释？

　　对达尔文而言，这些悲剧都有简洁明了的解释：在复杂的发育过程中，很多地方可能会出错。但假设你就是坚信上帝设计的一切都尽善尽美，那接下来呢？

　　事实上，不仅仅是生物世界才充满灾难和不幸。即使事情按照预先的安排发展，地球上的生命依然混乱无序（与宇宙中的和谐状态形成鲜明对比），还遍布着相貌丑陋和行为恶劣的生物。为什么造物主会创造绦虫、老鼠和跳蚤？还有可怜的羔羊，为何任凭狼群撕扯？[①]这位世界上最优秀的设计者，虽然就技艺而言是无可争议的大师，但也有难以否认的古怪喜好。为什么骆驼不能好看一些？创造

---

① 无生命世界的重重危险（如地震和火山喷发）并不会造成神学之谜。毕竟上帝曾在他创造的世界降下洪水，而他随时可能再度惩罚罪恶的人类。对这一点，每个人都心知肚明。

苍蝇有什么好处？成千上万种甲虫真的有必要存在吗？[1]

在达尔文之前，这些都是令人困惑的难题。后来，进化论向人们描述了一个弱肉强食的世界，由此很容易理解为什么有些物种日渐强盛，有些日渐衰落。然而，这在 17 和 18 世纪是完全无法理解的，自然世界明明应该是一曲和谐的华尔兹，而不是一场争抢不休的球赛。

不过还有比这更重要、更令人费解的问题：时至今日，上帝在生命创造中扮演什么角色？《圣经》描述了最初创造生命的细节——上帝在第三日创造了花草树木，在第五日创造了飞鸟游鱼，在第六日创造了人和陆栖动物。然而，新的生命无时无刻不在诞生。上帝可曾亲自关照了这些新生的动植物和人类？

仅以婴儿为例。17 世纪的人很难将心目中神圣的上帝想象成一个无处不在的偷窥狂，到世界各地查看每个婴儿的孕育。

但若非如此，又该做何解释呢？

\* \* \*

另一种解释令人震惊。不过它关乎逻辑问题，一种不可抗拒的逻辑。上帝是一位技艺完美的设计师，他一视同仁，不会因地而异，也不会因时而异。毫无疑问，他首先创造了无生命的世界，一气呵成，接着又创造了有生命的世界，也是一气呵成。

---

[1] 约翰·伯顿·桑德森·霍尔丹（J. B. S. Haldane）是20世纪生物学界的重要人物。一位神学家曾问霍尔丹，研究上帝的创造能让我们知道什么，霍尔丹不假思索地回答："他一定格外钟情于甲虫。"

一切乍看起来并非如此，不过只因人们观察得不够细致。科学给人们上了新的一课：地球上生活的每一个人，直到时空尽头，都是同时被创造出来的。（当然，不仅包括每个人，还包括所有动物、植物和其他种类的生物，不过人是我们这里讨论的焦点。）上帝在创世之初创造了一切，自此之后便再未创造任何新生命。

这种解释是唯一与上帝本质相符的推测。不过，如果不计其数的生物一开始就被创造出来了，这么长时间都存放在哪里呢？特别是在开天辟地的第一周，上帝究竟做了什么才让人注定在 13 世纪、16 世纪或将来某个世纪诞生？他们被贮藏起来，藏于亚当的睾丸和夏娃的卵巢之中，就像一连串层层嵌套的俄罗斯套娃，耐心等待，一旦时机来临，每个都会依次登上舞台。[①]

世界与世界套在一起的景象，听起来好似吸毒引起的幻觉。然而，17 世纪的科学家或多或少都接受了这一图景。他们转而将主要精力用于争论一个问题：携带这一连串无穷无尽"套娃"的是亚当还是夏娃？

科学家时不时就会提到"套装说""先成论"和"先在论"。无独有偶，如今的我们对于那些完全摸不着头脑的概念，也会冠名曰"宇宙大爆炸"或"黑洞"，仿佛贴上标签就能帮助我们获得认知。1700 年，一位法国科学家尝试补充一些细节，他写道："一条精虫的体内可蕴含无数有组织的实体，可供在无限个世纪中培育胎儿，它们通常彼此关联，一个比一个小。"或许他感知到了读者的困惑，

---

① 扬·施旺麦丹从另一方面论证了"所有生命同时出现"这一理论的合理性：它解释了基督教的原罪理论，即人性本恶，这一问题根源于亚当的罪恶。

于是加了一句苛刻的评判："只有一部分人才会认为这种情形古怪，这些人仅凭自己的感觉和想象就来评判上帝创造的奇迹。"

事实上，这种理论几乎让每个人都晕头转向。亚当的身上有睾丸；睾丸中有精细胞；精细胞中隐藏着微型人类原型；在这些微型人类原型的睾丸中又隐藏着超微型人类原型，后者又有自己的睾丸，其中……无限循环，没有尽头。（如果这些极其微小的人类原型中碰巧有一位是女性，长大后她会跟男性生子；那名男子的精细胞中包含微型人类原型，这些人类原型的精细胞中又包含更加微小的人类原型，于是整个繁衍过程就在这棵家族树的新枝上继续下去。）

在现代人看来，这种理论牵强附会到令人难以置信的程度。在长达一个世纪的时间里，生物课本一直视该理论为笑柄，这颇具误导性。这种理论虽然听来荒谬，但是拥护它的人绝非愚蠢之辈。这些人全都认真严谨，其中很多还才华横溢。（值得注意的是，在 17 世纪，几乎每个人都相信地球只有六千年的历史。这意味着亚当和夏娃与我们只有几百代人之差，这一事实让人感觉终结这一系列俄罗斯套娃也没有那么可怕。）①

在 17 世纪，科学家认为这一牵强附会到极点的理论卓越非凡，极具启发意义。在后来的时代，有什么理论能达到这般高度呢？某种意义上来说，这种理论便是当今"弦理论"的对应物。弦理论是我们所说的"万有理论"，是物理学界许多赫赫有名的学者数十年来

---

①　每本生物史都会出现俄罗斯套娃的类比，这种类比抓住了套装说这一奇特概念的精髓，而后者正是先在论的重要特征。但从一个重要层面来看，这种类比具有误导性。挨个嵌套的套娃模型意味着某一特定家庭的每一代人只有一名成员。事实上，每个家长套娃都需要为体内的各个孩子分别提供一个套娃。

潜心研究的对象。两种理论都声称专注于解释现实世界的本质，都以理性严谨为特色，都深入挖掘抽象内容，其抽象程度足以令理论家眩晕，令实验家颤抖。

当今物理学家在谈及自己的工作时，视那些晦涩难懂的理论为稀松平常的事物。他们不认为这意味着麻烦，反而觉得世界的本质就是如此。爱德华·威滕（Edward Witten）有时被誉为当今世界最伟大的物理学家。在近期的一次采访中，有人对弦理论提出反对意见，认为它超出迄今为止人类所能想象、实验所能验证的极限——充斥着神秘概念，比如隐藏、弯曲、不可见的"额外维度"——更像诗歌而非科学。对于这些反对意见，威滕置之不理。在威滕看来，这些抱怨无关紧要，"弦理论的威严"才是关键。"宇宙不是为了我们的便利而存在。"他掷地有声。在 17 世纪，一些高深莫测的概念或许让思想家困惑不解，比如那些无限"套装"在一起、越来越小的生物，包含着未来无限个世纪的生命延续。那又如何？谁说能力有限的人类可以参透全知全能的造物主？一位早期科学家表示，对于这种理论，正确的做法是"敬之若神"。

即使配备最先进的显微镜，科学家也无法看见那些超微型"套娃"。不过，这一事实与先成论并不冲突。科学家不为所动，继续前行，就像 20 世纪的爱因斯坦和他的同行那样，在看不见原子的情况下推导出它的存在。先成论的伟大价值在于智识方面而非视觉方面，它的意义在于解释世界而非揭示世界。正如一位博物学家诗意地说：

　　　　　吾须信理性之所言

　　　　　理性之眼洞察一切

　　　　　能见感官不得见之真理

　　　　我们无法探索自己想象不到的东西。在 16 和 17 世纪，科学家无法想象没有上帝的世界。他们坚信上帝的安排，于是创造出一种从任何环节看都无可争议的理论。他们也会遇到困难，这并不是因为他们放任想象驰骋，而是因为他们坚信逻辑推理，无论相关推论把他们带往何处。这些心无旁骛的科学家深深地为理性的力量所吸引，和爱丽丝一起勇敢地冲入窥镜之中。①

　　　　　　　　　　　　　*　*　*

　　　　对全能的上帝的信仰，为新型理论提供了坚实的基础。不过，其他强有力的论据也能支撑这一理论。法国哲学家、神父尼古拉·马勒伯朗士（Nicolas Malebranche）在 1672 年指出，如果观察一下郁金香球茎，你会发现郁金香的结构已经呈现出微形态。这在今天仍是一项课堂教学活动。

　　　　1674 年，一位名叫马切洛·马尔皮基（Marcello Malpighi）的意大利著名生物学家声称有类似的发现，不过这次发现来源于鸡。同前辈亚里士多德和哈维一样，马尔皮基每天都对鸡蛋的发育情况进行观察。与前辈有所不同的是，他借助显微镜而非肉眼观察。马

---

① 该故事来自《爱丽丝镜中奇遇记》。——译者注

尔皮基向皇家学会汇报，他已经可以在新产的鸡蛋中识别胚胎的结构。这一事实完全与先成论相吻合。马尔皮基是显微镜观测方面最具权威的人物之一，他的判断也很有分量。（不过，他的判断也有偏差，他没有意识到胚胎在鸡蛋生出来前就已经开始生长了。他认为的胚胎最初阶段实际上只是后期形态。）

上述关于郁金香和鸡蛋的报告不只是分散的个例，还承载了科学家揭示整体的希望与期待。就像春天最先绽放的番红花一样，这不是偶然现象，而是预示着大批花朵将随后绽放。随着显微镜日渐改进，无数有机体内部隐藏的结构必将逐渐显现出来。

当然，在帮助我们获得有机体内部结构的认知之前，显微镜已经提供了一些线索，这些线索似乎让结果成为必然。任何生物的任何部位，无论多么微小、多么隐晦，但凡仔细观察，都会呈现出精美的构造。这并不能证明每个模糊不清的图像内部必然隐藏着清晰的图像，不过可以肯定，它的确暗示了这样的结论。乔纳森·斯威夫特（Jonathan Swift）曾对望远镜和显微镜痴迷不已，他在1733年以"跳蚤"为主题写下了名句：

　　　　于是，博物学家观察到，
　　　　跳蚤捕食更小的跳蚤，
　　　　而后者捕食的跳蚤还要再小；
　　　　以此类推，没有终了。

这里的"没有终了"不仅仅是抖机灵的押韵。斯威夫特和同代人理所当然地认为凡是生物皆可无限变小。一个世纪后，随着细胞理论的出现，生物学家意识到自然万物皆有其限。理论将表明，生物体均由细胞构成，任何生命体在尺寸上至少大于单个细胞。（虽然我们可以想象无限小的细胞，但是在现实中并不存在这种可能，因为即使单细胞有机体也有大小固定的构成部分，如水分子。）但在18世纪，显微镜学家发布的惊人报告似乎向我们讲述了全然不同的故事。

　　物理学家"军械库"中最新颖、最有力的武器也获得了类似耀眼的成功。它便是微积分，是艾萨克·牛顿及其后继者用来解析上帝所造万物的"概念显微镜"。牛顿的发现〔令其愤怒的是，对手戈特弗里德·莱布尼茨（Gottfried Leibniz）也取得了同样的突破〕完全建立在"无穷小量"的基础上，即无限小的距离和无限短的时间。

　　自芝诺在公元前5世纪提出饱受诟病的悖论以来，"无穷"一直是数学家和哲学家恐惧的概念。[1]思考"无穷"意味着与"疯狂"调情。17世纪晚期，牛顿和莱布尼茨在研究方面取得了巨大突破，这一突破曾让阿基米德及其后继者苦苦追寻了近两千年的时间。他们找到了一种途径来定格这个处于运动和变化中的世界——将其切割为无限多个静态图像。当现实就像显微镜下的载玻片一样被固定住时，他们就可以拉近镜头，近距离仔细观察每个片段。[2]

　　阿基米德和其他科学家都有可能取得这样的成就。数学所需的

---

① 芝诺悖论(Zeno's paradox)是古希腊哲学家芝诺提出的命题，意在支持其师巴门尼德的观点：存在是"一"和"不动"。芝诺提出了运动方面的四个悖论，用来驳斥时间与空间的无限可分性，从而论证运动是不可能发生的。其中最著名的两个悖论是"阿喀琉斯追乌龟"和"飞矢不动"。——编者注

② 牛顿和莱布尼茨都信奉先在论。牛顿是卵源论者，而莱布尼茨是精源论者。

设备无非纸和笔，而希腊人掌握了所有必要的智力工具。他们缺的是勇气。牛顿和莱布尼茨最不缺的便是勇气。他们掌握了"无穷"，彻底改变了世界。对于 17 和 18 世纪的科学家来说，道理似乎简单明了：如果以空前近的距离仔细观察是理解物质世界的关键，那么打开生命世界大门的为什么不可以是同一把钥匙呢？

*　*　*

安东尼·范·列文虎克丝毫没有耐心在哲学的丛林徜徉，他极少谈及俄罗斯套娃理论。他倾向于认为孕育的关键在于精子而非卵子。不过，无独有偶，他写给皇家协会的简短书信涉及这一领域。1688 年 8 月，他就像生物学界的欧几里得，在信中将自己的论点总结为一句格言："上帝、主和万能的造物主，没有创造新的生物。"这句话暗含了整套理论，就像亚当的性器官包含了整个人类史一样。

为了避免精源论招致批判，列文虎克煞费苦心。他提醒同行科学家，他们可能无法想象，"虽然精液中的微型动物小到令人难以置信，但是它们体内蕴藏着巨大的奥秘，包裹着人类躯体"。不过，显微镜无法揭示所有的微观奇迹。既然列文虎克已经在不足一粒沙大小的空间里看到了成百万微小复杂的生物，那么为何微型动物理论不能是真的？

当然，这听来惊人，列文虎克指出。确实如此！不过大声喊出"我不相信"在他看来没有任何意义。无论相信与否，事实很可能就是"任何雄性动物精液中的微型动物都包含着其后代与生俱来的肢体和器官"。（他从不解释这些胚胎如何生长，但给人的印象似乎是它们会按照固有的内在线条展开，就像幼儿玩具一样，一小块毫无特征的海绵体扔进水中后会慢慢伸展，最终变成小鸭子或小恐龙的模样。）

列文虎克特意强调，自己并不相信精液中的人类原型是体型微小却比例完美的人。他的观点只有一个，那就是这一人类原型包含人体的所有部分，终有一天会发育成人。在发育过程中，各部分会发生剧烈变化，可能出现任何形式的拉升或挪动。重点仅仅在于在此过程中不会有任何新部件凭空出现。

与此同时，支撑列文虎克观点的新证据如约而至。正如他所言，生命的出现绝非偶然，而是预先成形。

不过，这一证据来自最不可能的地方。

# 第十三章　微缩图里的上帝讯息

有史以来，人类几乎将所有注意力都放在昆虫界以外，极少关注嗡嗡作响、忙里忙外的昆虫。蝴蝶和蜜蜂也就罢了，但是谁不讨厌苍蝇和跳蚤？17 世纪后期，情况发生了变化，至少在科学界是如此。这一时期，科学家以饱满的热情和深深的敬畏专注于昆虫研究。科学家表示，这些微小、复杂的生物非常重要，不过这还不是重点。更重要的是，昆虫能揭示整个生命世界甚至人类世界的真相。

科学家关注昆虫的其中一个原因很现实：昆虫随处可见、寿命较短、易于研究。正如现代社会基因实验室中的果蝇一样，对于渴望探索性和成长奥秘的科学家而言，昆虫是理想的研究工具。然而，就 17 和 18 世纪的情况而言，研究昆虫的深层原因通常与宗教有关。

越是深入研究昆虫，科学家越是惊叹不已，无论是甲壳虫光泽亮丽的壳，还是苍蝇结构繁杂的复眼。于是他们得出自认为无可争议的结论：由此能得出对上帝设计宇宙的新见解。待研究完成之时，他们自信能够洞悉宇宙万物之谜。他们不仅能知道昆虫如何发育和生长，也能了解所有生命的生长历程。这些成果来源于他们对上帝的信息的潜心研究，尽管上帝选择将秘密交给了最不起眼的使者。

　　想想人们装饰房间的场景吧。人人都会对起居室里的桌椅和地毯关注有加，毕竟这是待客之地。如果能将别人极少参观的卧室收拾得整洁无瑕，那才是真正的细心和勤劳。科学家认为，昆虫也是一个道理。即使再粗心的创造者也会竭尽全力创造出几样值得炫耀的醒目作品，比如彗星、栗树和人类。然而，只有极富耐心、极其熟练的艺术家才会在自然界最微小、最隐蔽的地方同样施展全力。一位法国博物学家宣称："上帝的存在显而易见，大者可见于明媚的太阳，小者可见于苍蝇的脚爪。"

　　各种书籍开始传递这一信息，其中一个书名可以概括全部——《昆虫神学，或从昆虫学角度论上帝之完美》（*The Theology of Insects, or Demonstration of the Perfection of God in All That Concerns Insects*）。最低等的生物也能激发人们对神圣智慧的称颂。一位作家表示："我们对田野中百合花的赞美，也应给予姬蜂……所罗门的所有荣耀也无法媲美。"[1]

　　上帝精细的工艺展现了艺术大师的手笔，就如同玩偶屋中的纺车总比常规的纺车更具魅力。然而，上帝工艺品的涵盖范围之广更加令人印象深刻。单从昆虫来看，数量庞大、种类众多、个个造型

---

[1]　但正是这同一种姬蜂让达尔文深感恐惧，也让他进一步确信自然界并非由仁慈的上帝创造。一只雌蜂向一只毛虫体内插入毒刺使其瘫痪，接着它将卵产在毛虫体内。当蜂卵发育成幼虫时，它们开始一点一点地吞噬毛虫的身体（因为活体宿主比死了的更有营养）。为了延长享用盛宴的时间，它们将毛虫的心脏留到最后。达尔文写道，"我无法说服自己相信是仁慈、全能的上帝故意创造了"这些姬蜂。在另一封信中，他哀叹："这蹩脚、浪费、粗俗且残酷得可怕的大自然之作！"

图13.1　昆虫复杂的形体结构不仅让科学家惊叹不已，艺术家也一样。该图是一幅水彩画，是佛兰德斯艺术家约里斯·霍夫纳格尔（Joris Hoefnagel）于1575年前后在细致观察的基础上绘成的

精妙。一位早期科学家用诗句表达了敬畏之情：

> 上帝的伟大最见于渺小之物
> 我们在最小的微缩图前聚集
> 使世界读懂他全能的讯息

　　扬·施旺麦丹是一位虔诚的荷兰解剖学家，他在 17 世纪 60 年代和 70 年代声名鹊起，是将昆虫视为上帝信使的伟大科学家之一。《圣经》也告诉我们是上帝创造了鲸鱼。不过，施旺麦丹更喜欢从另一个极端进行研究。"我通过解剖虱子让你们看见上帝的全能之手",他高呼道,因为在那小小的躯体里,"你会发现一个又一个奇迹"。

我们将看到,施旺麦丹在昆虫奇特的生长过程中发现了人类发育的关键线索。尤为重要的是,他找到了支撑俄罗斯套娃理论的铁证,也是描述它的第一人。发现将为他带来盛赞,但不是满足。施旺麦丹天生聪慧却郁郁寡欢,野心勃勃又满心内疚,他为自己研究动机不纯而感到自责。"我夜以继日地研究,就是为了拼命赶超别人,凭借自己的独特发明和精妙技艺鹤立鸡群。"他坦言道。既然内心如此不纯,何以用自己的研究致敬上帝?

不过,他的工作永不停息。他可以连续几小时甚至几天通过显微镜观察蝴蝶的内脏或蜜蜂的生殖器。(施旺麦丹在 1668 年首次发现人们所说的"蜂王"实际上是蜂后,这一发现震惊了当时的科学界。)

为了拨开性和怀孕的迷雾,施旺麦丹漫游在动物王国。他表示,"上帝所造万物皆受制于同类法则",因此无论从何种角度研究都会有所发现。正如我们前面提到的,施旺麦丹是女性卵巢和子宫研究的先驱,他后来的研究对象远不止人类和解剖学。

为了揭开卵子内部结构的奥秘,施旺麦丹尝试解剖一颗受精不久的蛙卵。他是出色的艺术家和优秀的解剖学家,擅长最高要求的显微手术,不过他选择了一项不可能完成的任务。刚动手他就心灰意冷地发现自己将一团结构缜密的组织弄得七零八落,"破碎不堪,毁在了手里"。用刀和镊子解剖卵就好比戴着手套摘下蜘蛛网。

这种笨拙并不常有。施旺麦丹的鲜明特点是拥有灵巧的手和虔

图13.2　施旺麦丹所绘的交配中的蜗牛,中间呈螺旋状的为蜗牛的生殖器

诚的眼,他经常做一丝不苟的观察并从中获得满足。他专心致志地研究青蛙的交配行为,某种程度上以此为乐。"雄蛙纵身跳到雌蛙背上,坐在那儿……优美地将脚趾交合起来,就像人在祷告时做出的手势。"虔诚的施旺麦丹第一时间就想到了这样的情景。

蜗牛也引起了施旺麦丹的注意。在代表作《自然圣经》(The Book of Nature)一书中,施旺麦丹用一章专门描述了蜗牛神秘的交配行为。此外,他还用蜗牛交配图作为另一本书的封面图。蜗牛在交配时彼此间保持一只蜗牛的距离,原因可能是要进行一场大谈判。蜗牛雌雄同体,交配过程缓慢。在长达2~3小时的交配过程中,双方都想让对方受孕。

施旺麦丹记录的这种寻欢作乐缓慢而黏稠,其中"防守"取代了"进攻",读来可谓离奇有趣。两只蜗牛缠斗了一番,他解释道,"一切结束之后,因为肆意耗尽了所有精力,这种微小的生物变得迟钝而疲惫,慢慢缩回自己的壳中,养精蓄锐,直到强烈的繁衍欲望再次催生出新的能量"。交媾之后，所有蜗牛都郁寡欢。[①]

＊　　＊　　＊

　　施旺麦丹对很多动物都感兴趣，但最让他着迷的还是昆虫。自儿时起，他一直热衷利用陷阱和网兜捕捉昆虫或通过交易和购买获得昆虫，收藏了成千上万只珍品。他的父亲在家打造了一间有名的珍品收藏屋，里面的藏品琳琅满目，如罗马硬币、蟒蛇皮等，俨然一座微型博物馆。小施旺麦丹也打造了自己的收藏屋，不过几乎堆满了昆虫。

　　对昆虫的痴迷（"几乎无法控制的激情"，借用一位早期传记作者的话）一直持续到施旺麦丹的晚年。于他而言，昆虫研究完美地将解剖技艺和致敬上帝的使命结合在一起。到了1669年，他从医学院毕业已有两年。然而，他几乎将所有时间都用于收集昆虫而非医治病人。其父大失所望，和他断了联系。**谁会为了研究害虫而抛弃远大前程？**

　　施旺麦丹将世俗的疑问抛在脑后。当其他人读到他的发现时，他们将以全新的热忱崇拜上帝。他将击溃所有对手，不是像大力士参孙那样用驴腮骨当武器，而是用干酪蛆或锹甲虫的生殖器。"我的主啊，（这些）动物的内部器官具有无穷无尽的艺术性，试问什么样

---

① 原文为Omne snail post coitum triste est，化用了一句拉丁文俗语Post coitum omne animalium triste est（"交媾之后，所有动物都郁郁寡欢"），这句话来自名医盖伦，完整的原话是："交媾之后，所有动物都郁郁寡欢，除了公鸡和女人。"——译者注

的无神论者看到这些伟大发明后不会目瞪口呆、羞愧万分？"他高
呼道。

施旺麦丹喜欢观赏水虻幼虫体内的脂肪，微光闪烁有如初降之
雪。他将雄蜂的生殖器比喻为晶莹剔透的高脚杯。他探索黄蜂的排
泄物，从中发现刚吃下的苍蝇碎片此刻像金子一样闪闪发亮，他欣
喜若狂。上帝真是"艺术家中的艺术家"！

1669 年，科西莫·德·美第奇游历欧洲期间到访阿姆斯特丹。
这位佛罗伦萨僭主及其随从拜访了施旺麦丹，在家中见到了遐迩闻
名的珍奇藏品。或许最令他们惊奇的当属一条蚕幼虫，它并非藏品
之一，而是施旺麦丹的得力道具。长期以来，施旺麦丹总是喜欢展
示解剖绝技，让那些对科学感兴趣的人目瞪口呆。

此时正是 6 月，施旺麦丹拿起蚕，让贵宾近距离观察。看到
翅膀了吗？看到触须了吗？发现任何未来蛾子的特征了吗？众宾客
的回答皆为否定。施旺麦丹灵巧地用解剖刀划开一道缝隙，轻轻剥
去蚕的外皮。他不慌不忙、小心翼翼地观察蚕柔软的身体。毫无疑
问，他看到了翅膀、触须和腿。这些器官尚未完全成形，但是已经
存在了！

此次实验极具启发意义。首先，它解开了由来已久的关于毛虫
和蛾子的未解之谜——两者看起来迥然不同，人们一直认为它们是
两种生物，而非一种。传统观点认为，蛾子（或蝴蝶）并非由毛虫
转化而来，而是在毛虫死后从其尸体中生长起来的。该实验在当时
格外引人注目，毕竟这是个虔信上帝的时代，任何幸运或不幸，以
及每棵树上的每根枝条，在信徒看来都承载着神圣的信息。"显而易
见，"一位荷兰作家指出，"毛虫死后会有生物从其尸体中成长起来；

同样真实又堪称奇迹的是，我们死后腐烂的尸体会从坟墓中复生。"

　　施旺麦丹本人也有着坚定的信仰，但他蔑视这种言论。相信生命可以自动从死亡的躯体中产生，就意味着相信生命的随机性和偶然性。这是罪恶的无神论，与真正的宗教信仰相去甚远。

　　然而，对于施旺麦丹和后世科学家来说，此次桑蚕实验的意义绝不仅仅是解决了古老的谜题。生物学家从施旺麦丹华丽的表演中得出了两个关键结论。第一，生命的发育并非突然转变，而是逐渐演变的。昆虫皆是如此，这一点施旺麦丹已经证明。既然上帝是宇宙的主宰，那么所有生物皆是如此。上帝的法则适用于宇宙万物。

　　"将茧中的桑蚕与子宫中的胎儿做类比，意义非凡。"正如一位现代历史学家所言，毕竟动物王国中的所有成员在生命初期皆是虫子般的形态，被安置在保护层中。"由此可以很自然地推测，所有生命的成长历程都是如此——从肉眼不可见到肉眼可见。"

　　第二个结论意义更为深远。它充分证实了列文虎克的理论，即发育中的有机体不会凭空长出新器官，只是显露出预先存在的结构。施旺麦丹解释道："腿、翅膀及其他器官在初期处于收拢状态，就像被精心包装过一样。"他进一步强调，自己在昆虫界的发现适用于所有生命，当然也包括人类。

　　按照这一理论，成体自开始就一直存在于胚胎之中，只是在等待合适的时机首次亮相。接下来，施旺麦丹得出了一个结论：生物个体都是预先成形的，这一规律适用于该生物体的整个谱系，囊括古今和未来。（如果没有这一理论，对于"成长中的有机体如何知道以合适的形态发育"之谜，人们只会从它的上一代找原因。）这些祖先和后代自上帝创造万物以来就预先成形了，此后只是在等待合适的出场时间。这个结论实属一大飞跃，虽然在施旺麦丹及其同侪看来，这只是迈出了合乎逻辑的一小步。

　　一些顽固分子拒绝接受这套详尽的理论，不过他们采取守势。威廉·哈维是这些怀疑派的代表，他确信胚胎在成长过程中会以某种方式获得新的器官和结构，而非仅仅将巧妙包装好的既有部分伸展开来。哈维和同事认真研究了鸡胚：他们剖开新受精的鸡蛋，然后观察鸡胚每天的变化。整个研究过程极尽复杂，严格按照时刻表进行。在此期间，鸡胚逐渐发生变化，各个组织也逐一出现。

　　这种观点与现代生物学家的看法非常接近。今天，这种发育过程被称为"后成论"，大批科学家在绞尽脑汁研究有机体的 DNA 如何指引其生长。不过，由于没有 DNA 的线索，也缺乏有机体由细胞构成的概念，哈维的"解释"令同代人感到含糊不清、不足为信。**对于成长中的动物而言，其骨骼和肌腱由何种神秘力量塑造？生物的成长方案从哪里制定出来？又是谁在幕后操纵？**

　　哈维和同伴面临风险极高的赌局，因为他们无法解释一个不争的事实，即生命的孕育及成长过程是有序推进的。或许大自然确有某些模式可以自发形成，毕竟我们没必要想象每一片雪花都是上帝亲手剪裁出来的。即使如此，每一片雪花无不呈现出同样的几何结构。头脑和双手各司其职又彼此衔接，可以完美协作。难道这些高度复杂的身体结构能自发形成？如果有机体在成长初期当真是毫无结构特征的一团混沌，一位法国科学家斥责道，那么它们的生长只能"依赖于某种超越世间任何现象的奇迹"。

　　对于 17 世纪的思想家而言，任何不强调上帝角色的理论都是在打开随机性和偶然性的大门。在这种理论中，任何事情都会发生。

约翰·雷（John Ray）是当时一位伟大的博物学家，他表示，除非胚胎已预先成形，否则"没有任何理由可以反驳一只动物形成于同物种中另一只的'种子'"。

\* \* \*

即使暂时将上帝搁置一边（虽然当时没有任何人有这种倾向），生命渐成的说法也行不通。早在哈维之前 20 个世纪，古希腊哲学家阿那克萨哥拉（Anaxagoras）就义愤填膺地质问道："毛发如何从非毛发之地生出？血肉又如何从非血肉之地生出？"

没人能给出满意的回答。施旺麦丹等科学家继续对此提出质疑。17 世纪和 18 世纪的主流观念认为，身体中最基本的单位是器官，如心脏、肺、眼睛等，此外还包括其他部分，如神经、血管以及其他各种连接体。这些都是生命不可或缺的构成要素。如果孕育初期缺少这些要素，胚胎该如何生存、成长？（正如阿那克萨哥拉所问，这些要素如果不是始终都在，哪怕只是以最基本的形式存在，它们又如何能突然出现？）

问题还没有终结。如果构成生命体的器官是逐一出现的，如哈维所言，那么什么最先出现？如果没有动脉和静脉为它输送血液，心脏单独存在的作用何在？如果没有心脏将血液送往全身，血管单独存在的作用又何在？

施旺麦丹为先成论阵营的同伴赢得了上风，不过这种胜利是灰色的荣耀。虔诚的施旺麦丹因未能全身心投入祷告而心生愧疚，他痛苦不堪地忏悔，承认自己的努力只是为了追求虚妄的荣誉和称颂。

他的发现让他得以"从各个方面观察、触摸、感受上帝",但这不足以安慰他。"我未能心无杂念、一心一意地热爱上帝",他哭诉道,"而是朝三暮四,所做之事只是为了自己的快乐"和赢得同行的尊重。极度失意之下,他咒骂自己的科学研究为"愚蠢的追求"。

1675 年,时年 38 岁的施旺麦丹宣布退出科学界。他跟随一名神秘的法国宗教人士来到丹麦沿岸的一座小岛。在那儿,他听从导师的建议,全身心地投入"神圣的反思"。然而 9 个月后他便重回阿姆斯特丹,重操昆虫研究之旧业。他随后只活了 5 年。1680 年,由于高烧难退,加之陷入一位科学家同行所说的"忧郁的疯狂",施旺麦丹与世长辞。

## 第十四章　麻烦之海

卵源论者与精源论者之间的论争贯穿 17 世纪始终，一直延续到 18 世纪。卵源论者占据一定优势，然而他们始终无法击败对手。不过，论战双方无人挑战先成论本身。这一学说就像坚实的堡垒，巍然屹立在战场之上。

卵源论者有充分的论据可以利用。他们追溯过往：多年以来，人人都知道生命来自卵子。他们善用类比：看看动物王国里的那些卵。他们诉诸科学：声名远扬的哈维支持卵源论，此后的斯泰诺、施旺麦丹和德·格拉夫皆是如此。他们结合常识：与微小、脆弱的精子相比，卵子体积大、较稳定，更适合套装起那些一代又一代愈加微小、愈加脆弱的胚胎。

这些论据皆有理有据。世界上最具说服力的事莫过于全新的发现证实了古老的信仰。此时，精源论者发现自己四面楚歌。无可否认，他们确实有列文虎克撑腰，而后者新奇的发现也释放出一阵耀眼的光芒。然而，卵源论者的种种发现彼此印证、彼此强化，如条条溪流共同汇聚成江河。这里发现一只有卵的生物，那里又发现了一只；这里发现一种带卵巢和输卵管的雌性动物，而人类女性的结构正与其类似。恰恰相反，列文虎克发现精液中暗藏微型动物，听起来仿佛无中生有。这种观点标新立异、独树一帜，但是与科学界日渐浮现的其他图景相隔绝。显而易见，列文虎克有所发现。但具体而言，那究竟为何物？那些微型动物是超小型的人类吗？还是可以演化为人类的人类原型？或者干脆是其他某种动物？

从另一层面说，精源论者也有占上风的观点。举个例子，精源论将关注点重新聚焦在男性身上，这在许多科学家看来合情合理。他们自豪地指出，男性主导着每个创造性领域，无论是绘画、雕塑、诗歌还是建筑。难道不能依此判断，塑造新生命这种最重要的创造性活动理应归属于男性吗？

此外，精源论者将受孕描述为无数活跃、喧嚷的精细胞推动卵细胞行动的过程，描绘出了一幅引人注目的机械运动图，恰巧契合当时的学术氛围。在那个时代，涉及杠杆、泵、推动和扭曲等概念的解释正当潮流。相比之下，卵源论者的解释建立在神秘气息和"精气"（seminal auras）的基础之上，往往会遭遇蔑视和嘲笑。

即使如此，列文虎克也难以壮大精源论阵营。1677 年，列文虎克首次发现精虫，然而几十年来，许多科学家同行对其发现持怀疑而非维护态度。早在那个时代，出现这种情况在情理之中。精细胞很难看到，即使对于有着无限耐力和卓越观察力的列文虎克来说也是如此。（至少在近距离观察方面，其观察力"卓越"。一些学者相信列文虎克近视，这可能有助于他将注意力集中在距眼睛只有几厘米远的标本身上。）

我们今天看到的显微镜配备有目镜和放置样本的载玻片。然而，列文虎克的显微镜与此不同。它是一种小型手持设备，主要由

图14.1 列文虎克使用的显微镜，复制品，收藏于荷兰乌得勒支大学

两块金属板组装而成，中间镶嵌一块小型透镜。这样的显微镜列文虎克有上百个，每个都是他亲手制作 \*。不过它们操作起来不便，令人发狂。

使用时，列文虎克首先将样本固定在针尖上（如果是观察生物体，他会将体液、血液或精液装进一支小巧的玻璃管）。接着，他通过调节螺钉将样本送到透镜的位置进行观察。今天的中学生在生物课上使用显微镜时反其道而行之：调整目镜，而样本保持不动。

列文虎克的显微镜仅有名片大小，透镜是一颗微型玻璃珠，直径不足 2.5 厘米。（其原理就好比一滴水掉在手机或平板电脑屏幕上会造成放大效果。）列文虎克发现，透镜越小，视野越清晰。他可以一连几个小时盯着微型标本，不时地眨动和润湿眼睛，以求获得更清晰、更稳定的观察效果。

---

① 列文虎克的显微镜几乎全部失传，其中一个在2009年被拍卖，成交价491 776美元。

即使列文虎克的对手也承认他有"天使一般的耐心"。为了更清楚地观察标本，列文虎克尽可能将显微镜贴近面部，常常近得碰上睫毛。"为了近距离观察三四滴液体，"他写道，"我使尽浑身解数，身上汗如雨下。"

其他显微镜学家既缺乏列文虎克的才能，也没有他优人一等的显微镜。除了偶尔将自己的显微镜拿出来供人观赏之外，列文虎克从不允许别人使用，也从不跟人分享观察技巧或制造秘诀。结果就是无人能取得他的成就，当然也无人能证实他的发现。

1700 年前后，列文虎克终于获得一些重量级"盟友"的支持，精源论日渐兴盛，至少短期内如此。尼古拉·安德里（Nicolas Andry）便是其中一位盟友，他是一名颇具名望的法国医生，写作风格比列文虎克的要通俗易懂。他对精虫的观察证实了列文虎克的发现，而他在某些方面的研究甚至超越了后者。他指出："未到生殖年龄的雄性动物体内没有发现精虫。老年男性或患有淋病和性病的男性体内发现了死亡或濒死的精虫。我们可由此得出什么结论？这难道不是显而易见地告诉我们，人和其他动物均来自精虫？"

戈特弗里德·莱布尼茨是列文虎克最著名的盟友，也是牛顿的劲敌。莱布尼茨是哲学家和数学家，因学识渊博、智商过人而闻名于世。据一位对手坦言，任何挑战莱布尼茨的幻想似乎都会破灭，还不如"扔掉自己的书，在某个黑暗深处的角落安静地死去"。这个评价正合莱布尼茨之意。莱布尼茨极度恃才自傲，最喜欢将自己的语录装订成册送给新婚夫妇。不过，他了解任何人、任何事，而且笔耕不辍。这样的人是绝佳的盟友。

即使如此，精源论者仍然面临着一片麻烦之海。他们的好运只保持在 1700—1720 年，而在 18 世纪剩下的几十年里，卵源论者占据绝对主导地位。奇怪的是，卵源论者的优势地位并不全是自己努力的结果。尽管他们得意扬扬地指出了精源论的种种缺陷，但是后者遭受的攻击主要来自出人意料的方向。

首先，这种攻击来自第一印象。卵子总是引发人们愉悦的联想，而精子唤起了对虫子的印象。尼古拉·安德里对精虫的描述并没有出现在与性或怀孕相关的书籍中，而是出现在一本讲述寄生虫的长篇大作《人体寄生虫繁殖概述》（*An Account of the Breeding of Worms in Human Bodies*）中。终于读到精细胞出现时，读者已经饱受无数描写的摧残，比如"一位病人痛得生不如死"，直到"一条大约一拃长的虫子从其右鼻孔中爬出"才得以康复，再比如"一位病人从鼻孔、耳朵和口中掏出 13 条长长的活虫，毛茸茸的好似毛虫一般"。

安德里尽最大的努力支持精源论。即使他自己也承认，当看到显微镜下的精细胞时难掩内心的震惊。他建议人们像他一样解剖睾丸仔细观察。"你会发现它的内部有不计其数的小虫子，其数量之大，让你无法相信自己的眼睛。"

很难想象神奇的生命竟然来自一大群摇头摆尾、肮脏丑陋的"虫子"。毕竟人是依照上帝的模样而造的。从上帝用泥土造人到人类被包裹在一条虫子里，这中间存在巨大的落差。如果人类最终要化为莎士比亚所说的"蛆虫之食物"，那便足够的不幸了。又说人类的生命始于虫子，这未免太过残酷，无法想象。我们的生命似乎变成了一段匪夷所思的幕间曲。神圣的人类啊，生前为虫，身后亦为虫！

微生物在两个不同方面令安德里和同代人震惊。首先，盲目地扭来扭去的微小生物已足够恶心，而它们从不单独出现，经常大批量现身，这让情况变得更糟。在肉眼看来，一滴露珠在阳光下闪闪发光，它是柔弱和优雅的象征。然而放到显微镜下观察，我们会发现每一滴水、每一滴血，尤其是每一滴精液中都有无数生物在相互推挤。在曾经空旷的不毛之地看到生命并非什么振奋人心的消息。相反，这是在原本井然有序的地方看到了混乱和拥堵。在显微镜镜头下，郁郁葱葱的公园变成了拥挤闷热的地铁。

更加棘手的是，精源论阵营始终无法确定列文虎克发现的微型动物究竟是什么。它们有目标的游动似乎是唯一与创造新生命有关的线索，但这也带来了一系列难题。列文虎克及其他精源论者想当然地认为这些微型动物就是真正的动物，但它们是什么物种呢？如果这些动物在男孩进入青春期后才出现，那么在此之前它们又藏身何处？这些奇怪的动物也会交配和繁殖吗？最重要的是，到底该如何理解每个精虫内部都蕴藏一个人类胚胎？精虫就是后来会变成微型人类的动物吗？还是说它们是体内包含人类的动物？（对于卵源论者而言，问题要简单很多，因为人人都知道生命可以在卵中成长发育。）

列文虎克相信自己能看到两类精虫，他认为分别是雄性和雌性。列文虎克表示，这两类精虫不会彼此交配，而是雄性培育男婴，雌性培育女婴。对于精源论者来说，原因仍然是未解之谜。最耸人听闻的精源派言论来自荷兰显微镜学家、数学家尼古拉斯·哈特索科（Nicolaas Hartsoeker），他在 1694 年写道："事实上，每个小动物娇柔细嫩的皮肤下都蕴藏一个更小的人类。"在他看来，男女两性交

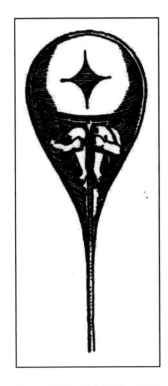

图14.2 精细胞中的人类形象，1694年

合只是运输途径，让精虫与卵子会合，后者将为它提供养分。"或许如果我们能够看到小动物的皮肤之下藏着什么，我们就能看到它代表着什么。"

接下来是哈特索科绘制的一幅图，它在其后的历史书与课本中可谓臭名昭著。图中画了一个长着大脑袋的人蜷缩在精细胞中，他双手抱膝，仿佛为紧急迫降做准备。不过，哈特索科说的是"或许我们能够看到"，他的谨慎十分重要。他并未声称自己看到了这一微型形象，而是将来某一天或许有人能看到。

怀疑者们以想象蜷缩在精细胞中的微型人类取乐。一位内科医生在讲座中甚至描绘了以下图景来娱乐听众："小小男人和小小女人在精液中嬉笑打闹，个个都想率先冲进卵巢，再从那儿进入子宫，以便有朝一日能成为淑女、绅士、王子、首相、律师或英雄。"

精源论者竭尽全力避开他人的冷嘲热讽。1700 年，也就是哈特索科发表耸人听闻的观点几年后，安德里特别强调，不能认为"狗的精液中蕴藏微型小狗，鸡的精液中蕴藏微型小鸡，人的精液中蕴藏微型小孩"。当然，这不是精源派的全面退缩。相反，安德里及其他精源论者仍然坚决支持俄罗斯套娃模型。他们只是强调，既然没有人见过这些套娃，自然也没有人知道它们以何种形态存在。

然而，最令精源论者困惑的是另一个未解之谜：上帝为何要大费周章地设计这样一个系统——依托成百上千万微小的动物来塑造单单一个生命？暂且抛开俄罗斯套娃问题不谈，精液中的生物数量之大令人叹为观止。据列文虎克估算，一次射精可产生上亿个微型动物。

当今科学家认为，这一数字约为 2.5 亿，与列文虎克的估算基本吻合。[①] 大数字往往难以把握，而 2.5 亿更是大到离谱。以《战争与和平》为例，这本书的字数远未到 2.5 亿。要达到 2.5 亿字，至少要200 本，堆起来摇摇欲坠。想象一下，如果这摞书中的某一个字就足以传递托尔斯泰这部著作的所有内容，那该是怎样的浪费？

在 18 世纪，"浪费"是一个遭人唾弃的概念。上帝的设计完美无瑕，不存在荒谬的浪费。更何况，如果说不计其数的精子遵守优胜劣汰机制，最后产生一名获胜者，难免让人联想到彩票。上帝创造的孕育体系怎么会建立在偶然性基础之上？这种提法本身就是异端邪说。

卵源论者借机反扑。他们正确地观察到精液中有无数精细胞，然后基于此得出错误的结论，即精细胞在孕育过程中不扮演关键角

---

① 为何让一颗卵子受精要花费如此多精子？这一问题至今仍然是科学界争论的话题。(多年来，医科学生被告知原因是"没有一个愿意停下来弄清方向"。)

色。此外，还有其他证据能够表明孕育的关键是卵子而非精子。卵源论者承认，雄性确实在孕育过程中做出了贡献，但是这份贡献来自精液而非其中的精细胞。

对于精源论者而言，最糟糕的是大屠杀的概念，这比浪费和偶然性有过之而无不及！如果说精液中的微型动物是成比例缩小的人类，为何这芸芸众生中只有一个能幸存下来？"按这种学说"，一位深感震惊的作家在 1698 年注意到，人们便可指控"最高统治者上帝谋杀了不计其数的生命，或是创造了无数毫无价值之物，也就是无数个命中注定不见天日的微型人类"。①

列文虎克竭尽所能予以回应。他表示，如果将精子的大小纳入考虑范围，我们会发现这不计其数的无畏探险者自有其存在价值。"与这种微型生物相比较，子宫可谓庞然大物，"他写道，"……足够容纳更多探险者。"他再度举例，称苹果树会长出不计其数的种子，然而只有一两颗种子最终长成大树。不过，这并不能使听者信服，毕竟苹果种子不是有灵魂的人类。此外，未长成树的种子也没有浪费，鸟类、松鼠和老鼠均以其为食。最重要的是，苹果种子的命运绝非先天注定，只要条件满足，有理由相信它们全部都能生根发芽。但如果精源论者的观点正确，那就意味着上帝有计划地只保留一个微型动物，剩下的尽数消灭。这是可怕的指控，任何辩论伎俩都难以规避。

---

① 三个世纪后，英国喜剧团体蒙提·派森（Monty Python，一译"巨蟒剧团"）在一首歌中表达了同样的思想："每个精子都神圣，每个精子都宝贵。倘有一个被浪费，上帝怒火难消退。"

　　其他解释同样难以使人信服。列文虎克之后几十年，很多人仍在努力摆脱同样的反对声音。英国医生詹姆斯·库克（James Cooke）指出，或许那些不计其数的多余精细胞"并未真正死去"。相反，它们或许"处于某种无知觉或休眠状态，就像冬天的燕子，待在那里一动不动，有如停摆的钟表"。库克进一步指出，休眠状态下的精细胞会像灰尘一般随意飘在空气中，然后在某个特殊时刻飘进"另一个同类雄性的身体"。这样，它们就"有机会重新参与孕育"，如此循环往复，直到永远。

　　事实上，很久以前人们就已经考虑过这一古老的观点，不过因其完全站不住脚而被果断否定。如今库克重提这一过时理论，并不能说明他是一位颇具胆识和独创性的思想家，反而证明了精源论已是穷途末路。

＊　　＊　　＊

　　原本已是蹒跚而行的精源派发现又一波厄运向他们袭来。18 世纪，欧洲陷入一场医学恐慌。这场危机始于 1712 年，在 1762 年达到顶点，影响一直延续到 19 世纪。争论围绕由来已久的不端行为：自慰。自《圣经》时代以来，这一行为一直饱受谴责，不过在不同时代谴责的力度大相径庭——有些视其为弥天大罪，有些视其为无关紧要的恶习，有些视其为愚蠢之至的放纵，还有些视其为对上帝神圣计划的侮辱（因为它能让人在不考虑两性生殖的情况下享受性的快感。）

　　公众的愤慨主要针对男性。各时代所持态度之所以迥然不同，部分原因是人们对精子的看法因时而异。精子不只是身体的产物，按照亚里士多德及其追随者所言，它还是一种有魔力、近乎神圣的混合物，又或者依照阿奎那等大批神学家所言，是一种邪恶之物。通常情况下，人们只知精液的重要性而很难理解它，对它也就褒贬不一。

在整个中世纪，人们普遍认为魔鬼会收集精液，然后将其塑造成人形。接着，它们以此为伪装，诱惑容易上当受骗之人与其发生种种形式的邪恶性关系。（魔鬼之所以如此大费周章，是因为没有自己的躯体。）对于中世纪的人来说，这种观念耳熟能详，不言而喻。① 神学家转而将关注点放在了逻辑问题上。具体来说，魔鬼是通过何种途径收集精液的——自慰？梦遗？还是将自己伪装成女人，通过引诱男人获取？无论何种情况，男性生殖器都在怂恿魔鬼实施邪恶计划。

在基督教信仰中，自慰者受到的最惨痛的惩罚便是死后在地狱中饱受火刑煎熬。然而，这引起的恐慌远不及始于 18 世纪初的那场危机。区别在于，新时代的反自慰言论针对的是自慰者的现世躯体而非永世灵魂，它告诫说，自慰者会口吐白沫、大脑痴呆，最终在痛苦挣扎中死去，这比死后接受永恒烈火的灼烧更令人恐惧。恐吓出现于1712 年前后，标志是一本匿名出版的小册子：《俄南之罪，或十恶不赦的自我玷污之罪及其可怕影响》(*Onania, or, The Heinous Sin of Self*

---

① 同样为人所知的是，魔鬼与人类所生的孩子具有不可思议的力量。以亚瑟王的巫师梅林为例，有传言称他是魔鬼和修女所生。

图14.3 1847年某医学读本
中描绘的自慰惯犯

*Pollution and All Its Frightful Consequences*）①。

　　据称，这本被反复重印的轻薄小册子主要内容来自这一滔天罪行的受害人的书信。这些人在信中详细描述了所遭的报应，如发疯、饥饿、瘫痪。但并非一切都不可挽回。幸运的是，小册子作家发现了一些"特效药"，能够让岌岌可危之人恢复健康。欲知详情，速联系出版商！

① 　该匿名作者杜撰的"俄南之罪"（onanism）一词，直到今天还会偶尔被用作"自慰"（masturbation）的代称。在《圣经》中，长子死后，犹大要求次子俄南（Onan）与长子遗孀同房。从《创世记》中我们可以看到，俄南得知了犹大的计划，"同房的时候便遗在地"。这种行为听上去更像性交中断而非自慰，不过这位小册子作者显然没有心思辩论这一问题。上帝也是如此。"俄南所作的在耶和华眼中看为恶，耶和华也就叫他死了。"（距我们更近的时代，作家多萝西·帕克曾将一只金丝雀命名为俄南，因为它将精液洒到地上。）

此后，年复一年，医学作家不断用类似的恐怖故事对读者狂轰滥炸。一位伦敦医生警告读者："各位先生，我必须坦白相告！每一次非自然射精，每一次自我玷污行为……都相当于一场地震、一起爆炸、一次致命的中风。"备受敬重的哲学家也一脸严峻地加入了呼吁者阵营。卢梭告诫"年轻人远离最致命的习惯"，康德声称自慰是比自杀更加罪恶的行为。

塞缪尔·蒂索（Samuel Tissot）是迄今为止最著名、最具影响力的反自慰人物，也是欧洲最有声望的医生之一。1762 年，他出版了一部鸿篇巨制——《论俄南之罪引发的疾病》（*A Treatise on the Diseases Produced by Onanism*）。这部开创性著作引发了真实的恐慌。这就好比我们最为信任的医学界权威，如《婴幼儿保健常识》（*The Common Sense Book of Baby and Child Care*）的作者斯波克医生（Dr. Spock），专门拍摄了一部纪录片，警告大众小心僵尸。

塞缪尔·蒂索以忧心忡忡又刻不容缓的笔调探讨了一个又一个病例。其中一位病人是个 17 岁的钟表匠。蒂索发现他躺在床上几乎动弹不得，面色苍白，骨瘦如柴，"看起来更像尸体而非活人"。可怜的年轻人几乎彻底丧失了记忆，不过仍残留了足够的力气回想起让他走上不归路的恶习。"他的鼻孔流出暗淡的血，口吐白沫。感染腹泻，大便失禁。下体不时有精液流出。"几周之后，他便离开了人世。

在所有病例中，病人面临的危险都来自浪费精液。（自慰也会给妇女造成生命危险，不过她们有更多时间恢复。蒂索解释道："女性在自慰时排出的分泌物没有男性精液那么珍贵、成熟。"）蒂索指出，精液异常宝贵，损失 1 毫升精液对身体造成的损害等同于损失

40 毫升血液。

在同一时期，精源论认为几乎每一滴精液都是多余的，而蒂索坚称每一滴精液都不可或缺。这种对比事实上并不公正，因为列文虎克及其他精源论者谈到的浪费是指个体精细胞，而蒂索所说的浪费是指成滴的精液。然而，在蔓延的恐慌面前，人们没有时间细细区分。在这个坚信浪费是物质灾难和精神灾难的时代，某个学说却宣扬浪费是上帝安排的一部分，实在胜算渺茫。

于是卵源论大获全胜，而精源论在 18 世纪初遭遇滑铁卢，黯然离场。正如历史学家雅克·罗杰（Jacques Roger）指出的，这是一段匪夷所思的发展历程。在这一时期，从来没有人见过哺乳动物的卵，然而几乎每个人都理所当然地认为卵子是人类生殖奥秘的关键；相反，可能每个人都见过精虫，但是几乎所有人都拒绝承认精子与性和受孕之谜有关。

不过，卵源派没有时间庆祝胜利。从伦敦南部的戈德利曼（Godliman）小镇传来了惊人消息。一名叫玛丽·托夫特（Mary Toft）的女人分娩了。这位妇女大字不识，丈夫是个布料工人。玛丽的故事将表明，卵源派庆祝胜利为时尚早——关于性和受孕依旧谜团重重。

那是 1726 年 10 月，玛丽的故事甚至惊动了国王本人，他专门派御医前去调查。各地报纸和小册子不断跟进报道。整个伦敦上下为之沸腾，希望得知更多消息。

待到一切水落石出，玛丽·托夫特被投进监狱，全欧洲的科学家陷入混乱。

# 第十五章　戈德利曼的生兔妇女

1726 年秋天，玛丽·托夫特 24 岁，是两个孩子的母亲（第三个孩子死于天花）。这几个孩子出生时并没有引起什么关注。不过，她最近一次的生产却惊动世界。她的助产士是一位从业 30 年的外科医生，他宣布，玛丽·托夫特此番生下的并非婴儿，而是一只兔子！

对于我们而言，玛丽·托夫特的故事具有重要意义：它让我们有充分的理由相信，即使到了 18 世纪，科学界仍然未能解开性和遗传之谜。如果某位女性可以生产兔子，那么医学界和生物学界肯定会一头雾水。

生下第一只兔子后，在接下来的一个月，玛丽又以大约一天一只的速度生下了共计 16 只兔子。"伦敦城的男男女女全都前去看望她。"约翰·赫维（John Hervey）写道。他是乔治一世国王宫廷中的显赫人物。"所有知名的内科、外科医生及男助产士都日夜守候在那里，希望目睹她的下次生产。"

听闻这一消息后，伦敦权威的有识之士分作两派，一派认为生兔之说荒唐可笑，纯属无稽之谈，另一派对此深信不疑，还大量印制医学小册子，标题类似于"简述一次离奇的兔子分娩，由吉尔福德镇约翰·霍华德医生接生"。霍华德是一名产科医师，他亲自向英国一些最知名的科学家宣布了这一惊人消息。起初，霍华德也持怀疑态度，但不久之后便深信不疑，为此他还专门用甲醛溶液将几只刚出生的兔子保存好，送至皇家学会。（这些兔子生下来就是死胎。）

当时的科学界对父母如何将自己的特征遗传给子女一无所知，事实上这种无知很明显，根本无须生兔子这样耸人听闻的故事来衬托。迟至此时，哪怕最为普通的生殖现象，也存在很多问题无法解答。为什么孩子总是很像父母？这种现象如何形成？这些都是由来已久的未解之谜，而卵源论者和精源论者非但没有重视这些问题，反而将关注点放在彼此争吵上。

于是玛丽到来了。她离奇的宣告就像一声大喊，让原本喧闹的屋子突然归于平静。**够了！也该讨论一下家族相似性了吧？**玛丽·托夫特的故事非常简单。怀孕 5 周后，有一天她在田里除草，突然一只兔子出现在眼前。她奋起直追，不过没有抓住它。几天后，同样的事情再度发生。自此之后，她便迷了心窍。由于太穷吃不起肉，她不断地梦见兔子。据她说，定是这种魂牵梦萦塑造了她子宫内的胎儿。

这场骗局甚至比表面故事还要简单。在生兔子之前，玛丽意外流产，不过她依然做出一副怀孕的样子。趁着无人注意，她将被切碎的兔子塞进自己体内，然后假装宫缩。毫无防备的助产士霍华德"接生了"这些毛茸茸的肉块。

值得注意的是，很多人并不觉得玛丽的故事有丝毫不可信之处。人人都知道妇女在孕期的所见所闻对胎儿有非常大的影响。即使到了 18 世纪 40 年代，也就是玛丽·托夫特的故事发生 20 年之后，伦敦的《绅士杂志》(*Gentleman's Magazine*) 依然刊登了 92 个类似故事。其中，一位切尔西妇女在伦敦塔观看狮子时"被老狮子的咆哮声吓破了胆"。不久之后，她生下的孩子"鼻子、眼睛都像狮子……手指如狮爪一般，没有胸骨……一只脚比另一只长"。

一个多世纪以后，"母体影响"(maternal influence) 的观念依然盛行。"象人"约瑟夫·梅里克 (Joseph Merrick) 在 19 世纪 80 年代实事求是地写道："我现在的身体畸形，主要是由于母亲在怀孕期间被大象惊吓所致。当时，母亲走在街上，忽见一群动物列队经过，人们争先恐后上前观看，她不幸被推倒在大象脚下，这让她毛骨悚然。母亲孕期的这段经历是造成我身体畸形的真正原因。"[1]

这种观念有根深蒂固的渊源。据《圣经》记载，雅各和岳父拉班约定分配新出生的绵羊和山羊，身上有斑点和条纹的属于雅各，纯色的属于拉班。雅各找来一些树枝，剥掉部分树皮，使树枝露出白色的斑纹，然后将满是条纹、斑点的树枝放到羊群旁。《创世记》中写道："羊对着枝子配合，就生下有纹的，有点的，有斑的来。"

千年以来，孕妇一直害怕见到野兔，众所周知这会导致新生儿兔唇（今天我们称之为唇腭裂）。她们尽量不看月亮，以免孩子生下来精神错乱[2]。她们相信看见草莓可能会导致婴儿带有草莓胎记。更有甚者，一位孕妇生下一对头部相接的连体胎儿后，一位医生解释

---

[1] 对于梅里克的畸形身体和身上的肿块，外界始终无法做出定论。今天，一些研究梅里克病例的医生指出他患有多发性神经纤维瘤，患这种病的人身上会长肿瘤（通常为良性肿瘤），不过这种观点在近期引起了争议。

[2] 原词作lunatic，源自拉丁文，字面意思是"月亮病"，病人被认为会受月亮变化的影响而呈现出周期性的精神错乱。——编者注

称，这是因为她在怀孕期间经常会见一位朋友，聊天时二人总是将头靠在一起。

有时候，母体影响能够带来积极作用。① 妇女都知道，有些匣子里绘有健康小男孩儿的图案，经常盯着看能提高生男婴的概率（历史学家从未发现哪只匣子里绘的是女孩儿图案）。在挂有肖像画的富裕人家，如果某个女性因为婚外情意外怀孕，内心忐忑不安的她会长时间盯着墙上丈夫的画像，希望借此让孩子长得像丈夫。

有一个更为极端的例子：一位名叫马格德莱娜·道福蒙（Magdeleine d'Auvermont）的法国贵妇干脆抛弃了盯肖像画的做法，转而求助于更为传奇的手段。1637 年，马格德莱娜在法国格勒诺布尔生下一名男婴。由于丈夫近四年都在国外，她被控犯有通奸罪。（丈夫一方的家属担心孩子长大后会继承父亲的领地和头衔，因而将她告上法庭。）道福蒙夫人充分利用了众所周知的母体影响——她辩称，自己做了一个栩栩如生的梦，在梦中和丈夫共度良宵，事后便发现怀上了丈夫的孩子。最终，法庭裁定她的通奸罪名不成立，而她的孩子也名正言顺地继承了家族财富。

\* \* \*

当人们发现有同伙偷偷地将被切碎的兔子送给玛丽·托夫特时，她的计谋瞬间土崩瓦解。她承认设计了骗局，也受到了应有的惩罚，

---

① 如今，孕妇听莫扎特作品已经成为一种潮流，她们相信听古典乐可以让宝宝更聪明。

不过当局似乎并不想让此事引起过多关注。几乎在一眨眼的工夫，大众的目光由孕妇生兔这一奇闻转移到轻易受骗的医生身上。画家威廉·贺加斯（William Hogarth）为此精心绘了一幅画，名为《戈德利曼的智者》，画中描绘了几名医生在为一位产妇接生，他们目瞪口呆，地上则是一群活蹦乱跳的小兔崽儿。事实表明，嘲弄医生的愚蠢自大与等待新生兔子的消息并无两样，都能给人带来无限谈资，这桩案件的关注度又持续了数周。不过，人们对于遗传原理的困惑注定要持续几个世纪。

由于种种原因，早期科学家对遗传有极大的困惑。虽然他们进行了无数次观察，但是大部分观察结果都彼此矛盾，他们仿佛在奇闻的海洋中漂流。举个例子，蓝色眼睛的父母通常会生出蓝色眼睛的孩子，这没什么问题。然而，棕色眼睛的父母有时会生出棕色眼睛的孩子，有时却不会。为何会出现这种现象？难道蓝色本身有特别之处？难道棕色眼睛的父母有可疑之处？

可以肯定的是，父母会将自己的特征传递给孩子，但是没有人能想象出原理机制。一位母亲的宽下巴可能会完美复刻在女儿的脸上，但是这位母亲的另一个女儿的长相可能完全不同。亚里士多德注意到，一位父亲胳膊上有印记，儿子的胳膊上也有同样的记号。难道其中有不为人知的规律？两千年后，达尔文仍在研究这一未解之谜。他写道："三个信仰犹太教的医生告诉我，割礼有悠久的历史，不会对遗传造成任何影响。"

如果以某个家族作为观察对象，对几代人的特征加以研究，情况会愈加复杂。一个案例曾难倒了亚里士多德：一个白人女性和一个黑人上床后，生下了一个白皮肤的女儿，但令亚里士多德大惑不

图15.1　在贺加斯的这幅画中，一位助产士在替玛丽·托夫特接生。当新出生的兔子在地上活蹦乱跳时，一位旁观者兴奋地欢呼道："生得好！"

解的是，"那女儿生下的儿子竟然是黑皮肤"。

如果早期科学家了解遗传学——比方说，如果他们知道孩子眼睛的颜色严格遵守某种遗传法则——他们定会迅速意识到父亲和母亲在创造孩子的过程中均扮演了关键角色。但是，这种远见并不存在，人们只能事后编出种种解释，以此证实他们碰巧坚持的某些信仰。孩子长得像姥爷，主要是因为孩子妈妈多年以来一直在照顾姥爷。

这似乎足够合情合理，毕竟几千年以来，遗传更多地被视为观察到的种种有趣现象，而非探索过程中遇到的谜题。我们的祖先对遗传的认知大抵类似于我们对树木和云朵的认知。我们知道一些宽泛的区别，比如橡树的样子明显不同于枫树，但是没有人确切地知道某种树木的枝干会如何曲折生长，或者它会长出多少树枝。我们知道积云（几乎出现在每个孩子的画中）看起来浓密、蓬松，卷云看起来纤薄、稀疏，但是没有人说自己知道或想弄清楚今天天空中会出现多少云朵，或者这些云朵的形状会随着时间推移发生何种变化。

＊　　＊　　＊

医生和科学家接受了最为牵强附会的故事，至少接受了这些可能性。人们尤为在意目击证词。老祖宗的轻信在我们看来甚是奇怪——证据呢？——不过我们仍能在今天的法庭审判现场找到共鸣，目击者的证词明显要比轮胎痕迹和纤维碎片这类技术性证据更具情感冲击力。

福尔图尼奥·利切蒂（Fortunio Liceti）是帕多瓦大学的著名医学教授，也是伽利略的朋友和同事。他曾记录过"一个恶棍和奶牛交配"的案例。在这次可疑的交配之后，"奶牛产下了一名男婴，除了具有牛的一些基本特征如啃草、反刍之外，他在其他方面均像一个真正的人"。

这类耸人听闻的故事只是耳熟能详的传闻的夸张版。在自然历史书籍中，杂交动物随处可见。不过，它们并非半人马这类神话动物，而是有血有肉的真实存在。这些杂交动物中，最著名的例子当属驼豹（现实中很可能是长颈鹿）。据说，这种长相怪异的动物由骆驼和豹子交配所生。

最不可思议的当属不计其数的人畜结合的故事。从古代至 18 世纪，最知名的学者和医生都讲述过这类故事。它们并非刊登在八卦小报上，而是出现在最正式、最讲究学问的场合。哲学家约翰·洛克（John Locke）在其《人类理解论》（*Essay Considering Human Understanding*）中讨论了一种半人半猪的杂交动物，这部作品是当时最受欢迎的著作之一。洛克在其中认真探讨了伦理困境。杀掉这种"怪物"是否算作谋杀？这种生物可否进入教堂？

安布鲁瓦兹·帕雷（Ambroise Paré）是法国名医，也是两位国王的主治医生。在自己的一部大作中，他用一章内容详细介绍了种种记录在案的杂交生物。[1] 帕雷为这部著作取名《论怪兽与奇迹》

---

① 帕雷之后一个世纪，在清教盛行的新英格兰，有两个人（分属两个不同的案件）获罪被捕，究其原因，是因为有两头母猪生下的仔猪跟他们可疑地相像。这两个案件中，有一个记录在案，它于1647年发生在纽黑文，嫌疑人名为托马斯·霍格。当时猪主人指控自家的仔猪"皮肤白皙，脑袋像托马斯·霍格"。据猪主人表示，另一只仔猪"头像孩子，右眼略大，有点儿像霍格的眼睛，仿佛上帝在协助指认当事人"。虽然猪主人的证据无懈可击，但是霍格拒绝认罪。根据康涅狄格州法律，没有目击证人，当事人免受绞刑。无奈之下，法庭判定用"鞭刑重罚"霍格，然后将其投入监狱。（如果被控兽奸，则当事人和动物均要受到惩罚。法律规定，动物要被杀死，另外还附加一条看似多余的警告："不得食用。"）

图15.2　该图（1573年）最初的标题为"半人半猪的怪物"

(*On Monsters and Marvels*)，而此书亦是中世纪盲从与现代怀疑主义杂糅的产物。

＊　　＊　　＊

自古以来，凡是与遗传相关的问题都是难题。先成论出现后，这些难题变成了几乎不可能解决的问题。根据先成论，孩子并非父母塑造的，在上帝创造天地时就已经成形。若果真如此，为何孩子与父母之间存在相似性？如果进一步研究，眼前的问题就会愈加棘手。如果上帝在宇宙诞生初期便创造了一整套俄罗斯套娃，他又如何知道让第一百万个孩子正好长着像父亲那样的尖鼻子、卷头发？万一这个小女孩的妈妈嫁的其实是个长着狮子鼻、头发直如稻草的男性呢？

哲学家伊曼努尔·康德的作品晦涩难懂，但他有史以来第一次简单明了地解释了眼前的难题。他写道："如果这名女性嫁给另一名男性，她仍然会生下同样模样的女孩儿。"（他进一步指出，对于精源论者而言，情况反之。）康德的解释让卵源论者和精源论者陷入了同样的困境，他们都无法解释为何孩子会继承父母双方的特征。

或许是因为自己在遗传这一话题上不堪一击，精源派和卵源派均放低了咄咄逼人的姿态。我们已经看到，卵源论者几乎将所有观察到的令人费解的现象归于"母体影响"。这种论据非常薄弱，尽管它有助于人们认识到，套娃中的套娃可以无限变小，小到极其微小的力量都可能将其重塑。这就好比手指轻轻一弹就可以让一颗小石子腾空飞出，尽管这种力量丝毫无法撼动巨石。

精源论者则诉诸由来已久的"女性土地说"，不过这一类比并不能帮他们走得更远。此举意在唤起人们的联想，类似酿酒师口中"风土"的概念，即同一种葡萄可酿出完全不同的红酒，这取决于土壤、降雨、日照等具体条件。"这荒谬之极，"一位作家在 1707 年嘲笑道，这就相当于声称"将塞尔维亚的橘子树移植到英国就能结出苹果"。

不同种类动物的杂交问题，对精源派和卵源派而言都是一项巨大的挑战。拿古已有之的骡子来说，它由雄性驴和雌性马所生。根据先成论的观点，驴只能无穷尽地生驴，马只能无穷尽地生马。那么该如何解释一匹马会生下一只不同种类的动物？

平常的解释极其简单：因为有一天，某个人决定让驴和马交配。不过，先成论者不得不绞尽脑汁去解释这种长耳朵的不速之客从何而来。难道，上帝在创造万物之初就预见了这些俄罗斯套娃中的哪一只应该是骡子而不是马？

＊　　＊　　＊

因为此时没有比先成论更完善的理论，卵源派和精源派只能极力回避尴尬的问题。有时这种做法会付出巨大的代价。举例而言，列文虎克曾与格雷戈尔·孟德尔（Gregor Mendel）的一项重大发现近在咫尺，原本可以领先这位"遗传学之父"好几个世纪，但列文虎克却背弃了自己的洞察。

1683 年，列文虎克在寄给皇家学会的一封信中提及他遇见的一些兔子饲养员。他向他们请教了一系列问题并了解到，通常情况下，他们用野兔和家兔配种。野兔均为灰色的雄性，体形较小；家兔均为白色的雌性，体形较大。所有的小兔子出生后，都像雄兔一样呈灰色，体形较小。

列文虎克继续深入调查。他问饲养员，如果雌兔并非白色，情况会有何不同？他发现，只要雄兔为灰色，无论雌兔是黑白相间还是纯黑色，生下的小兔子皆为灰色。列文虎克表示："事实上，从未有人见过这样培育出来的兔子会有纯白色或其他颜色，只有灰色。"

其中有何深意？作为精源论者，列文虎克得意扬扬地指出，寓意显而易见：只有雄性扮演了重要角色。但如果列文虎克继续进行后续实验，让白色的雄性家兔和灰色的雌性野兔交配，所生的小兔子将仍然皆为灰色，像雌兔一样。这种结果可能会让列文虎克感到困惑，但是如果他能由此得出结论——灰色始终胜出——他一定能成为发现显性遗传特征的第一人。

列文虎克受了意识形态的蒙蔽，不过他犯下的错误再正常不过了。我们总是能迅速接受与自己预设相符的解释。当新的事实可以被巧妙地纳入既存的理论时，情况更是如此。列文虎克领先时代太远。在思索灰兔和白兔之谜时，他实际上已经在研究遗传学问题，而"遗传学"这个词还要等上两百年才会出现。

＊　＊　＊

　　我们可以看到，在探索性和婴儿之谜的过程中，先辈一次又一次与关键线索失之交臂，而这些线索需要使用他们尚未创造出的概念和词汇加以理解。以遗传性为例，这一未解之谜极具吸引力，对于列文虎克而言如此，对于威廉·哈维而言亦是如此。生活在先成论时代之前的哈维几乎解开了遗传之谜。在介绍家族相似现象时，他写道："未来的后代身上没有任何一部分是确然存在的，但所有部分实际上都潜藏其中。"

　　这听起来好像不知所云，但是哈维已经尽力组织语言来传递这一真知灼见。实际上哈维曾说，试着观察某位鼻子上长雀斑的妇女，多年之后可以发现，她孩子的鼻子上可能也会长雀斑。这只能说明，长雀斑的鼻子一定就藏在某个神奇的地方，等到时机成熟，它自会出现。不过问题是，哈维无法从自己隐约窥见的线索中厘清重点。不只是哈维，同时代的其他人也做不到。

　　哈维不相信用简单的物理解释就能诠释遗传，也拒绝接受古老的观点——孩子天生就继承了母亲的宽下巴或父亲的大耳朵，它们最初以微型的下巴或耳朵颗粒的形式存在，在胚胎成长过程中以某种方式组合在一起。但孩子有着母亲的宽下巴，这是既定事实。究竟为何如此？由于当时没有任何遗传密码的概念，哈维只能指出大致方向却无法给出具体答案。

今天，我们可以运用后见之明描述哈维竭尽全力想弄清的问题：父母传递给孩子的并非积木，而是操作说明。不过，这种洞察距离哈维太过遥远。在 18 世纪早期，凡是企图解开性和婴儿之谜的科学家最终都发现自己深陷失望的泥潭。他们对于这一问题的认识依赖于先成论，即俄罗斯套娃说。这种学说看似无懈可击，但如我们所见，事实上它让最简单的遗传现象变成了无解之谜。

这种困境一直持续到 1740 年。那年夏天的一个早晨，在荷兰，一位年轻人带着两个男孩儿出门散步。

# 第十六章 "一切归于碎片，一切失去关联"

　　两个孩子一上午都在父母大庄园的池塘里欢乐地戏水。他们一边戏水，一边从水中捞起东西装进玻璃罐，以做观察。在不使用放大镜的情况下，他们的战利品看起来并没什么大不了的，大多是些绿色斑块，漂浮在罐子里。

　　他们的家庭教师是一位瑞士博物学家，名叫亚伯拉罕·特朗布雷（Abraham Trembley），他相信比起室内空间，池塘和草地也可以是理想的教室。此时，特朗布雷正和两个孩子（一个6岁，另一个只有3岁）目不转睛地盯着打捞上来的物体。特朗布雷拿出一只放大镜，认真观察。两个孩子一致认为这种长约6毫米的绿色管状物体是植物。不过它身上波动起伏、缓慢移动的触须状东西有没有可能并非枝条而是手臂？它到底是植物还是动物？

　　特朗布雷着手研究。他只是为了两个孩子才做的实验，实验工具也只有一把剪刀，然而实验结果不仅让他目瞪口呆，也彻底颠覆了整个科学界的认识。特朗布雷一举成名。他的研究成果被视为18世纪最伟大的发现。到了今天，特朗布雷几乎被人遗忘，也没有人再去关注淡水水螅。

特朗布雷最初的观察结果并未揭示任何隐藏的奥秘。起初,他看见那些从池塘中捞上来的物体能在玻璃罐的内壁爬行,也能伸展、收缩身体。直到有一天,一只水蚤游过水面,特朗布雷看见水螅迅速伸出手臂,抓住水蚤,然后将其塞进"头"里。*好吧,原来这些物体是动物而非植物。* 这一发现或许还算引人注目,但是绝非惊天动地。特朗布雷决定通过一个简单的实验一锤定音,他拿起一把剪刀,将这种长约 6 毫米的生物剪成两段。他推断,如果水螅是植物,它还有可能存活下来,毕竟有些植物在剪切之后仍可继续生长;但如果是动物,毫无疑问,一分为二足以使其毙命。

特朗布雷仔细观察,耐心等待。一周之后,他发现水螅的头部、尾部均在生长(长着触手的那端为头部)。两周之后,它的头部、尾部已经分别长成完完整整的新生物。一个生物竟然变成两个生物!特朗布雷再次进行实验,结果完全相同。他一不做二不休,又将水螅剪成好几段。难以置信的是,他再次看到所剪的每一段最后都变成了发育完全、相互独立的生物,这些生物几乎与"母体"没有任何区别。

在一个将活体动物(特别是小动物)视为机器的时代,这种现象实在高深莫测。这就好比是说,今天有人拿着焊枪将一辆车随意切割成几部分——这部分留一个残缺不全的引擎,那部分留一半车门、一个后视镜——然后看到每一部分都变成了崭新的车辆,在大街上疾驰。

1741 年,第一份关于水螅这种"小机器"的报告发布,在这份报告中,科学界的震惊可见一斑。"无论这种动物被分割成 2 部分、3 部分、4 部分、10 部分、20 部分、30 部分还是 40 部分,甚至完全切碎，它的每一部分都能长成完整的新动物，外形无异于被分割之前。"总而言之，这一过程可以无休止地进行下去。一贯墨守成规的法国科学院表示："凤凰涅槃的故事看似难以置信，但是与此相比实在不足为奇。"

特朗布雷将水螅装进玻璃罐中，送给欧洲每一位顶尖科学家。（他将这种动物命名为"许德拉"，名字来源于九头蛇，这种怪兽砍掉一个头后又会长出两个头，赫拉克勒斯使尽浑身解数将其杀死。）自然科学家虽然持怀疑态度，但是也痴迷于此，他们发起了轰轰烈烈的实验运动。然而，无论将这种生物切成碎片，还是将其内层和外皮翻置，抑或将一只植入另一只体内，丝毫不会影响这种奇怪的动物。一位惊呆了的英国科学家对此表示："这些都是事实，若是几年前，这种想法定会被视为精神错乱的表现。"

更加令人困惑的是，这种生物体内似乎没有任何运转机制，但是仍然能创造再生奇迹。一位科学家沮丧地指出，即使置于显微镜下，"许德拉"看起来也只有一个胃，此外空空如也。特朗布雷最初认为，切割成片的"许德拉"最终能长成完完整整的新生命，这种现象只是我们熟悉的一些再生现象（如螃蟹重新长出蟹钳）的升级版。然而不久他便承认，事实并非如此。如果说长出新蟹钳引人注目，那么长成完整的全新有机体可谓匪夷所思。

对此兴奋不已的不止科学家，每个人皆是如此。显微镜的销量骤然上升。沙龙里喋喋不休议论纷纷。作家们要么致力于解释其中的奥秘，要么撰文讽刺那些拿着放大镜、一心一意观察水滴的知识分子。"一分为二之下，它不会一命呜呼 / 它头部长出尾巴，尾部生出头颅，"一位英国讽刺作家以嘲讽的语气如是写道，"尽可如你所

图16.1 赫拉克勒斯大战九头蛇许德拉

愿，随意切分／所切肢体自会延伸，重归完整。"

\* \* \*

为何这种现象如此令人震惊？不仅是因为这种动物的行为不同于其他动物，更重要的是，这种小型生物将 18 世纪生物学界坚如磐石的信条彻底击了个粉碎。首先，它能进行无性繁殖，这与最基本的自然法则相违背。其次，它推翻了生物学界居于统治地位的理论——新生命以俄罗斯套娃的形式出现，这一学说顿时变得苍白无力。难道真有人执意认为，水螅切下来的任意一部分都隐藏着一只微型水螅？最后，它否定了当时几乎举世公认的说法，即生命体就像精心制造的机器。谁曾见过这副模样的机器？

　　除此之外，生物学界还面临一项更加严峻的挑战，其矛头直指大众公认的事实，几乎令人难以启齿。如果生命可以随意从碎片中滋生（这种现象目前看来确凿无疑），上帝又在其中扮演何种角色？在这些蓬勃生长的生命碎片中，造物主的创造之手在哪里？

　　问题远远没有结束。几乎在特朗布雷切割水螅的同一时期，另一位瑞士博物学家在满脸困惑地观察蚜虫。同水螅一样，这种看似微不足道的小生物注定会动摇 17 世纪科学的根基。

　　说来也巧，查尔斯·邦尼特（Charles Bonnet）是特朗布雷的外甥，不过他只比特朗布雷小 10 岁。二人有很多相似之处：他们都痴迷于自然界，特别是昆虫；他们经常相互通信，也和其他科学家保持着密切往来。在这些杰出的同行中，有一位名叫勒内·列奥谬尔（René Réaumur）的法国博物学家，正是他鼓励邦尼特继续研究他本人无法破解的自然之谜。

　　蚜虫是一种外表寻常的小昆虫，但是其繁殖手段非同寻常。列奥谬尔是昆虫研究界的权威，以渊博的知识和可靠的观察著称。几年来，他潜心研究，最终创作出六卷本名著《昆虫自然史》（*Natural History of Insects*）。然而，在做过的所有研究中，他从未见过蚜虫交配，也从未见过雄性蚜虫。即使如此，蚜虫仍然繁衍不息。这怎么可能？

　　邦尼特决心找到答案。他的研究方法再简单不过。1740 年 5 月 20 日，他将一只新生的蚜虫（雌性，毫无疑问）放在一根树枝上，又将树枝放进一个玻璃罐中，然后开始仔细观察。这只蚜虫在邦尼特的玻璃囚笼中过着独居生活。邦尼特表示，他使用放大镜进行跟踪观察，"日复一日，每时每刻"。没有人碰这只玻璃罐。没有其他蚜虫潜入树枝或者藏身罐底。他继续观察。

6月1日，在经过11天的"软禁"之后，这只蚜虫生下了后代。邦尼特依旧继续观察。（在一系列实验中，他始终目不转睛地盯着显微镜，年仅20岁便因用眼过度而视力受损，此后再也没有恢复了。）3周后，新的蚜虫诞生了。到了6月24日，罐中蚜虫的总数达到95只。其间，罐中并未出现雄性蚜虫，也没有发生交配行为，而蚜虫却由最初的一只骤增到近百只。

1740年7月，列奥谬尔站在法国科学院面前，大声朗读一封邦尼特描述研究的信件。邦尼特因此名声大噪。这位刚过完20岁生日的年轻博物学家目睹了一场孤雌生殖。

这一新闻让科学家深感震惊，尤其是它几乎和水螅的新闻同时出现。科学家之所以如此震惊，并不是因为这些小型生物有多重要，而是因为它们彻底颠覆了信仰已久的自然法则。从理论上讲，这种动物不可能存在，然而它们真实存在于无数池塘和树丛之中，以自己诡异的方式生活着。（这种现象放到今天，就好比有人发现了一种可永生的蝴蝶。）众所周知，上帝确立了一些亘古不变的法则，这些法则支配世间万物。然而，特朗布雷发现水螅可反复重生，邦尼特发现蚜虫可孤雌生殖，这些现象不是对上帝法则的刻意逃避，而是肆意践踏。

\* \* \*

面对这些发现，科学家的第一反应便是想方设法解释个中奥秘。

或许，等最初的震惊过去之后，人们会发现这些都不足为奇。有些人甚至表示，早在几十年前，也就是 1696 年，列文虎克和荷兰科学家史蒂芬·布朗卡尔特（Steven Blanckaert）就在书中论述过蚜虫。列文虎克对蚜虫进行过细致的描述，尽管那是一篇奇怪到足以分散读者注意力的文章。

那时，列文虎克正专注于研究精虫（在他看来是一种动物）到底从何而来。在同期的另一项研究中，列文虎克试图寻找园中樱桃树叶打卷儿并死去的原因，他认真观察了在樱桃树和醋栗丛中发现的蚜虫。在这里，他无意中发现了揭开精虫奥秘的关键。列文虎克发现，蚜虫最初形单影只，只有斑点大小，最后竟然在没有交配的情况下变为成群的完全发育的生物。*或许精虫也是如此！*

列文虎克提出，精虫来源于睾丸中某种神秘的"基本物质"。由此可见，即使是列文虎克也无法探明究竟。不过这种提法仍然展现出灵活的智慧。为了挽救自己的学说，即只有雄性才是性奥秘的关键，列文虎克构想出一套理论，完全剥夺了雌性和交配行为的任何角色。

随着蚜虫研究的不断深入，列文虎克发现了更为惊人的事实。他将一只蚜虫解剖，发现其体内竟然暗藏一些尚未出生的微型蚜虫！他原本期待在母体中找到卵，但是惊讶地发现"这些生物的外形与其父母相似，就像两滴水的形状彼此相似一样"。仅仅在一个母体中，列文虎克就发现了共计 70 只幼虫，而在这些幼虫的体内，又发现了更小的微型蚜虫。这一发现虽然惊人，但是准确无误；我们现在知道蚜虫确实以这种独有的方式繁衍。连列文虎克都认为这异乎寻常，他坦言："我绞尽脑汁也无法揭开这一生殖之谜。"不过，这项发现似乎为先成论提供了强有力的例证，或许这一理论真的合情合理。①

\* \* \*

18 世纪 40 年代，随着科学界陷入水螅和蚜虫之谜，"再生"和"繁殖"成为热门的话题，每个人都想参与其中。因此，欧洲掀起一场轰轰烈烈的"肢解运动"，这番景象通常只有在巴尔的摩的螃蟹店才能看到。邦尼特将一些蜗牛的头切下来，结果发现有些蜗牛完全可以长出新头。他将蠕虫切割成许多部分，结果发现每部分都可以形成一个完整的新生命，在地上慢慢蠕动。

海星、鳌虾和火蜥蜴也纷纷加入被研究的动物大军，将肢体献给了手持解剖刀的博物学家。后来，这种直截了当的实验出现了巧妙而残忍的变体——如果切下蜥蜴的脚，等长出新脚后再将其切断，会出现何种情况？事实证明，这只饱受痛苦的可怜蜥蜴会再次长出新脚。

在 18 世纪，科学家理所当然地认为人类位于上帝创物的金字塔顶端，对于他们而言，这些观察令人摸不着头脑。上帝为何将这种能力赋予蠕虫、螃蟹这类只会爬行和钻洞的生物，却不赋予人类？

---

① 大约300年后，生物学家仍然在绞尽脑汁破解蚜虫之谜。蚜虫似乎是一种无所不能的生物，既可以有性生殖，也可以无性生殖。如果时机理想，所有的蚜虫均为雌性，它们也能在不用交配的情况下以尽可能快的速度复制出与自己相同的后代。如果时机不够理想，雌性蚜虫会生出雄性和雌性后代，这些后代通过交配繁殖，似乎它们知道有性生殖能生产出各种类型的后代，其中有些能在充满不确定因素的新世界中生存下来。

断头后的人类注定万劫不复，而蜗牛只会耸耸肩，继续生活。

同样令人困惑的是，这些具备再生能力的神奇生物似乎为我们传递出一条信息，而蚜虫实验则传递出另一条完全相反的信息。一方面，再生的故事动摇了先成论的根基。将蠕虫切割后，如果任何部分都可以变成完整的蠕虫，那是否意味着蠕虫体内随处布满了隐藏的新生命？没有人会这么认为。蜥蜴实验也提出了类似的挑战。难道蜥蜴的脚一只包裹在另一只里面，以备不时之需，而且取之不尽，用之不竭？即使最坚定的先成论拥护者也会对此感到不安。

另一方面，科学家发现蚜虫体内蕴藏蚜虫，这一事实似乎又为先成论提供了支持。不过，仅靠一种害虫并不能说明什么问题。怀疑论者指责先成论者，向他们提出了种种难堪的挑战，其中大多与遗传有关。先成论者曾遭遇过相似的挑战，不过他们皆想方设法一一避之。如今，反对派卷土重来，为首的是法国著名科学家皮埃尔·路易·莫罗·德·莫佩尔蒂（Pierre Louis Moreau de Maupertuis）。莫佩尔蒂喜欢论战，善于提出各种刁钻问题。更糟糕的是，他代表了权威立场。

同 18 世纪的诸多科学家一样，莫佩尔蒂在田间广泛观察。他曾是天文学家和物理学家，后来将注意力转移到生物学领域。在 18 世纪 30 年代，为了平息关于地球形状的各种争论，莫佩尔蒂率领法国探险队前往北极圈实地考察。结果正如他（以及艾萨克·牛顿）所料，地球是扁球体，极点处略向内凹，赤道处向外凸出。自此之后，他成为社会名流，无论在文人聚会、雅士晚宴还是贵族舞会上，均能看到他的身影。

无论在出版作品中还是现实生活中,莫佩尔蒂都是一个机智、自负、优雅、有魅力的人,听他说起话来,人们会感觉地球是他亲手压扁的。此外,他喜欢论争。他告诉一位朋友:"只有经常被人提及,才能成为别人谈论的焦点,成为焦点便意味着一切。"他亲身实践了这条忠告,将自己的注意力由地理和几何移向性和遗传上来。

1750 年左右,莫佩尔蒂发现一个奇怪的德意志家族,其中四代人出生时每人每只手上都有六根手指,每只脚上都有六根脚趾。对于先成论者而言,这是无解之谜。上帝在开天辟地创造人类套娃时,为何要让有些人长出多余的手指和脚趾?然而,在这一家族里,雅各布·鲁厄(Jacob Ruhe)确实多长了手指和脚趾,他的母亲、祖母以及 8 位兄弟姐妹中的 3 位皆是如此。后来,他娶了一位手指、脚趾均正常的妻子,但生下的 6 名子女中仍有 2 名有多余的手指和脚趾。

莫佩尔蒂尝试推算出几代人长出多余手指和脚趾的概率。他调查了能调查的所有人口,最后推算出长六指的概率几乎是两万分之一。经过一些乘法运算后他得出结论:鲁厄一家碰巧全都长六指的概率为几十亿分之一。如果这算巧合的话,那么"物理学中最充分的论证"都应归为巧合。

莫佩尔蒂认为,鲁厄一家的故事需要从代际遗传特征方面加以解释,而先成论者否决了这种观点。更奇怪的是,在鲁厄家族中,有几代人跟随父系长六指,又有几代人跟随母系长六指。无论从卵源论还是精源论来看,这种情况都不可能发生。莫佩尔蒂为此扬扬得意,先成论对手则为此火冒三丈。

莫佩尔蒂并不满足于此，他和怀疑派再次向先成论者发起进攻。这次，他们聚焦于 18 世纪所谓的"怪物"。先成论者该如何解释先天缺陷？难道上帝在俄罗斯套娃中真的藏有畸形、失明及驼背婴儿？居然有人称上帝在创世之时设计了一些"怪卵"，莫佩尔蒂的一位盟友对此火冒三丈。

先成论者在重重围攻下选择后撤，但是一举击败他们并非易事。例如，先成论者轻而易举就可以反驳"怪物"之争。莫佩尔蒂这是在指导上帝该如何造物吗？上帝的智慧岂能任由凡夫俗子评判？命运向来残酷，世界充满磨难，这有何新鲜之处？上帝显然并未刻意回避苦难。毕竟世人都相信地狱存在，无数灵魂就在那里忍受无尽的痛苦折磨。

不过思潮已经逆转。曾经可以为先成论提供佐证的论据，如今却背道而驰。最重要的例子便是俄罗斯套娃，即藏在卵子或精子内的一代又一代生命。起初，俄罗斯套娃理论还是上帝无限力量的见证，如今却被用来强调先成论的荒谬性。布丰伯爵（Count de Buffon）[1]是 18 世纪最著名的数学家之一，他不辞劳苦，专门计算了"俄罗斯套娃"到底能有多小。据其推算，套娃会以不可思议的速度急剧缩小。即使初代套娃有整个宇宙的大小，经过六代之后（同一个套娃内的第六层套娃）我们就需要用显微镜观察最小的套娃。六代人算不上久，自亚当和夏娃之后，数百代人已经成为过往。

---

[1]　即乔治·路易·勒克莱尔，又译蒲丰、比丰，法国博物学家、数学家、生物学家、启蒙时代著名作家。布丰的思想影响了之后两代的博物学家，包括达尔文和拉马克，被誉为"18世纪后半叶的博物学之父"。——译者注

＊　＊　＊

对先成论者发起进攻的并非个人,而是一个团队。首先有特朗布雷(水螅实验),其次有邦尼特(蚜虫、蜗牛实验),接着有莫佩尔蒂(六指家族研究),最后布丰伯爵(无限变小的俄罗斯套娃演算)也加入其中。在重重围攻下,先成论者步履维艰。不可否认,对于外界的大部分质疑,先成论者均无法给出完美的答复;即使如此,他们也比自己预想的更加接近事实和真相。他们准确地觉察到,很大程度上,一个人具备什么样的特征(她是否长着卷发、黑眼睛或整齐的牙齿)早已注定。

先成论者的问题在于无法想象这一信息通过何种途径传递。他们当然不能,因为他们没有可供使用的有效类比对象。哈维有泵,牛顿有钟表,而 17 和 18 世纪的生物学家没有任何技术设备可以激发他们的想象力。他们缺乏可以按照既有指令运作的机器模型。

这一时期的科学家善于制造各种类型的精密器械。钟表匠制造了时钟和怀表,只要上紧发条,就能自行运转,仿佛被赋予了生命。工程师为宫殿和庄园安装了一排排喷泉,它们可以按照精心设计的顺序将水喷向高空。不过,这些机械装置通常只能一遍又一遍重复同样的动作(毕竟这正是计时器的意义所在)。

1738 年冬天,全体巴黎市民排队参观一项机械史上的奇迹,它代表着当时发明家的最高艺术水准。那是一只由金属制成的鸭子,镶有铜质羽毛,可以伸长脖子,叼起并吞下观赏者手中的玉米粒。最厉害也是最吸引观赏者的是它可以"消化玉米粒,然后通过常规通道排泄出来"。除了这只鸭子外,另外两个机械装置也在努力搏人眼球：其中一个是鼓手，它可以用鼓槌敲打出节奏；另一个是笛手，它可以吹出悠扬的曲调。

这三项发明都吸引了络绎不绝的观赏者。（一位观赏者写道，笛手体内包含"无数金属丝和钢制链条……它们如肌肉一般可以伸展、收缩，让笛手可以像正常人一样运动手指"。）然而，此次展览的当红明星非这只可以排便的金属鸭子莫属。不过，据设计师雅克·德·沃康松（Jacques de Vaucanson）表示，事实并非完全如人们所见。沃康松坦言，这只鸭子并不能真正消化食物并将其排泄，它仅仅是咬碎食物，然后将其运送到喉管位置。每次在鸭子进食前，他都要把即将作为粪便排出的小颗粒单独装进鸭子的尾部。

沃康松的机械鸭子恰好象征了这一时期的生物学发展水平。一方面，它可以振动翅膀、摆动尾巴、点头进食，看起来极其逼真。能工巧匠显然可以制造出令情绪最为低落的人都为之着迷的机器。但另一方面，最精密的机械装置和最普通的活鸭子之间仍然存在难以跨越的鸿沟，这台精心制造的机器只会让这一事实愈加凸显。沃康松的机械鸭子很了不起，但它与生命毫不相干。向空中跳跃是壮举，但是并不意味着登月事业进步。

因此，对于 18 世纪那些想方设法破解孩子与父母相似之谜的科学家而言，问题不在于他们缺乏机械知识，也不在于他们无法理解"密码"的重要性。一系列的神秘符号可以传递出某种信息，这种观念古已有之。传递的信息可以是"黎明发动进攻"，不过日常生活中的例子也比比皆是。例如，最早的乐谱可以追溯到中世纪，乐谱上的音符就是一种密码，它告诉音乐家该唱什么。同样，在书面语中，一些隐晦的直线和曲线就能传达既定意义，而学习阅读就是在破解密码。

　　苦苦探索遗传之谜的科学家缺乏的是可以激发想象力的类比对象：他们从未见过能听从指令沿着某个特定方向前进的机器。如果能见到这种神奇的机器，或许他们会因此陷入沉思：人类能否也遵循同样的模式生长、发育？

　　可编程机器将在 19 世纪初出现，自动钢琴便是其中之一。它能演奏出任何曲调，无论是摇篮曲还是巴赫小步舞曲，关键在于操作员给予它什么样的打孔纸卷。自动纺织机也是如此，它由不同样式的打孔卡控制，因此可以编织出各式各样的毯子。

　　这些新式机器的面世早于现代计算机一个世纪，不过我们有理由相信，自动钢琴及其他相似发明出现的时间还可能更早。在 18 世纪的上流社会，很多主人在招待来宾时会自豪地向他们展示一种叫作八音盒的奇妙装置。这种音乐演奏机器距自动钢琴仅有一步之遥，但是没人实现这一跨越。（一只八音盒通常只能演奏一首曲调，这取决于旋转音筒上凸点的排列方式，但不排除可以设计一系列易安装、可替换的音筒。）

　　早在 1679 年，世界上最具远见的天才之一戈特弗里德·莱布尼茨就构想出了计算机，至少是类似的东西。不过，在当时的社会背景下，连"电"都是全然神秘的概念。莱布尼茨的计算机本质上是一款笨重的弹球机，弹球会沿着斜坡滚动，而他实际并未制造出这款机器。事实上，在 18 世纪，没有人能制造出可以听从指令的机器。

　　如果真的有人制造出了此类机器，那些尝试揭开遗传奥秘的科学家日子会好过很多。婴儿如何"知道"长出黑色的直发？先成论者早就敏感地意识到，从某种程度上来说，黑发是早已注定的。如果计算机在当时已成为日常生活的一部分，那么指定会有人说，决定黑色头发的是某个暗藏在那块头皮组织下方的程序，而不是像这样，认为黑发本身一直以微型形式存在于那块头皮组织之下。

我们很难不为这些迷惑不解的早期科学界侦探感到惋惜。他们无法想象几十年后才姗姗来迟的技术装置，于是发现自己犹如跨越时空的夏洛克·福尔摩斯，在竭尽全力破解一起 21 世纪的凶杀案。"华生，我们先来分析一下事实。已知的是，一位男子身处大都市，上班途中和本市另一位男子聊过天，他们之间相距 10 多英里，而该男子并没有提高自己的噪音。关于这一点证据确凿，毋庸置疑。然而，它确实是不可能发生的。"

在性和婴儿的故事中，这类盲点无处不在，可以谅解。不过在科学中，常见的问题正好相反：科学家并不会因为想象不出可以解释现实问题的模型而发狂，而是将所处时代的主流技术胡乱套用。在古希腊，心脏被视为熔炉。到了 17 世纪，心脏变成了泵。至于19 世纪末，大脑（或者说思想）被视为蒸汽机，堆砌的记忆和黑暗的欲望在里面不断积累，最终可能造成灾难性的大爆发。到了 20 世纪初，大脑被视为电话总机，由一组专门操作各类线路和插头的接线员控制。几十年后，大脑就是运转的电脑。

有句老生常谈说得好：对于那些手头只有锤子的人来说，世界看上去就像一颗钉子。同样真实的是，对于那些找不到合适比喻的人来说，世界看上去毫无头绪。

## 第十七章　自我修建的大教堂

在研究遗传问题受挫后，18世纪中期的科学家开始关注与之相关的谜题，这一谜题极为基础，很容易被人忽视，毕竟我们经常忽视一些自认为理所当然的东西。此时的科学家呼吁，让我们暂时忘记黑发，忘记蓝眼睛，忘记其他一些细节信息。我们先想想这一问题：婴儿怎么知道如何生长？他们在无援无助的情况下怎么"知道"先长成蹒跚学步的小孩儿，再变成朝气蓬勃的青少年？

这是一个无法逃避又难以入手的问题。如果先成论并非问题的答案，那我们到底从何而来？或许如前人所说，我们的体内有某种生命力在指引身体成长。这种说法有一定的合理性，但过于模糊，难以说明眼前的问题。试想，合理的解释应该具备什么？阿尔布雷希特·冯·哈勒（Albrecht von Haller）是一名瑞士解剖学家，也是这一时期的主要思想家之一。他在1752年写道，自己无法想象哪种"极具智慧的力量可以连接起……成百上千万的血管、神经、纤维和骨头"。

哈勒既是科学家，又是小说家和诗人，才华横溢，志向远大。即使如此，他坦言每次遇到生命如何组织自己这一谜题时，他都束手无策，只能承认自己的困惑。他写道，如果没有"建筑大师"监督，让胚胎内部的微型组织组装起来，那么骇人听闻的意外将无处不在。"眼睛长在膝盖上，耳朵长在前额上。"

先成论的巨大吸引力在于它总能找到方法排除反对意见，至少是规避它们。先成论认为，胚胎如何转变成婴儿并非谜题，因为根本没有"转变"之说；相反，这一过程只关乎长大和展开。另一个重要事实是，先成论属于机械论，在后者看来，世界上只有推和拉，而没有力量、气息、能量散发，诸如此类。在 18 世纪早期，以这种机械方式思考的科学家被视为充满智慧的问题解决者而非头脑不清的空想家。然而，到了 18 世纪中叶，先成论饱受攻击，它描述的机械图景变得狭隘而极具误导性，至少在生命世界是如此。

如果涉及性，情况更是如此。几个世纪以来，一些科学家一直在敲警钟，其中不乏宇宙机械论最坚定的拥护者。伯纳德·德·丰特奈尔（Bernard de Fontenelle）是法国著名作家，他在 17 和 18 世纪因为对科学的论述而声名远扬。在其最广为人知的作品中，丰特奈尔极力表示"宇宙只是一块大号机械表"。丰特奈尔老成世故，善于社交，一直活到 100 岁生日的前一个月，生前他一直是文学沙龙和高雅舞会的常客。（一次遇到一位知名美人，他叹息道："啊，夫人，真希望我能重回 80 岁！"）丰特奈尔既沉迷于钟表又醉心于浪漫，但是他特意强调这两者互不相干。

早在 1683 年，此时正值科学革命的巅峰，丰特奈尔就嘲笑同行机械论者走过了头：他们尝试将物理学的机械知识引入生物学。丰特奈尔坚决反对，他质疑道："你们说动物是机器，就像机械表一样？"可每个人都知道将"公狗与母狗置于一起"会发生什么——

不久之后一只小狗会诞生。而将最能代表人类工艺复杂程度的"两块机械表置于一起，它们会永远维持现有状态，不会生出第三块机械表"。

这类反对意见还无法影响全局，毕竟机械论解释风靡一时。这种信心根植于物理学家对太阳系的完美解释。后来，在罗伯特·胡克与安东尼·范·列文虎克的引领下，人们相信显微镜能为生物学带来巨大突破，就像望远镜之于天文学一样。这种信仰很容易获得认可，因为这两种发明彼此联系紧密（伽利略就是通过将望远镜倒置的方法观察到微观世界的）。

第一代解剖学家让人们相信生命的奥秘写在微型脚本里。因此，显微镜变成了解密一位科学家所说的"神秘文字"的完美工具，这些文字均来自上帝之神谕。当然，解剖只是整个故事的一部分。此时，人们可以对一切构造世界的微型"建筑模块"进行面面俱到的研究。一位早期科学家认为，假以时日，显微镜定能揭示"光线中的光原子"和"空气中的弹性粒子"。

然而，这一时期科学界出现了一种主流趋势，那就是这类远大希望的破灭。18世纪的科学家发现，无论他们多么勤恳地工作，生命的奥秘也没有因此变得清晰可见，反而愈加模糊，愈加奇怪，愈加迷惑。

这种现象意味着幻灭。胡克曾在《显微图谱》中预测，显微镜之眼无所不能，定能描绘世界的机械运动图景。胡克鄙夷地注意到，此前的思想家沉迷于毫无意义的猜想和不切实际的推测。现在，情况完全不同。有了显微镜这种新型工具，科学界的空谈会被"系统的记录、扎实的实验和实证的工作方法所取代"。

胡克清楚这些实验能揭示什么。他在 1665 年饱含热情地写道，我们可能会"发现自然的一切奥秘"，也会发现整个复杂的系统由"（类似于）人类发明的轮子、发动机和弹簧所驱动"。更有甚者，人类记忆也可能有着切实的物理形状。胡克表示，这些记忆或许犹如蜷缩在洞穴中的睡蛇，是"盘绕在大脑知识库的一连串思想链"。

希望不久便破灭了。首先，人们发现技术问题顽固而棘手。人们无法像水手用望远镜观察大海那样，将眼睛贴近显微镜然后环视微观图景。在显微镜镜头之下，颜色会变淡，不透明的物体也会变得透明。"对于有些物体的观察极为困难，比如如何区分凸出部位和凹陷部位"，胡克诉苦道，或者如何区分反射与表面、阴影与污点。

相反，望远镜使用起来更加方便，观察结果也更加可靠。我们可以在几百米外利用望远镜观看教堂的尖顶，然后走近教堂，确认我们所看到的景象与现实相匹配。如果将望远镜对准天空，所看到的景象仍然合情合理。在望远镜下，即使最奇异的物体也与我们已知的物体相似——月球上有山脉，和地球上的相似；木星有自己的卫星，就像我们的月球；金星有相位变化，和月球相似。然而，透过显微镜观察物体，所看到的往往令人困惑，出乎意料。

眼前所见有时甚至丑陋不堪。我们已经看到，蠕虫状的精子令科学家望而却步。还有很多其他观察同样引起不适。[①] 乔纳森·斯威夫特一方面对科学痴迷不已，一方面又对其持抵触情绪。在《格列

---

① 即使是很难被影响的列文虎克也曾坦言，自己后悔在某天晚上观察完牡蛎解剖后直接去吃晚饭。他有点儿反胃地表示，从某种程度上来说，丰盛的大餐并没有让他"享受到该有的满足感"。

佛游记》（*Gulliver's Travels*）中，他长篇描述了近距离观察世界看到的毛骨悚然的景象。这部作品于 1726 年问世，其中一个片段是格列佛将一个小人国的小人托起，置于脸颊位置，以便小人仔细观察。从地面上看来，格列佛的皮肤"白皙而光滑"。然而此刻，这个小人却不寒而栗。"他说在我的皮肤上看到了巨坑；我的胡茬像树桩，比野猪猪鬃粗 10 倍，而且我的肤色由不同颜色构成，互不协调。"

　　与许多同代人相比，斯威夫特的描述已算温和。《格列佛游记》问世一年后的 1727 年，一位恐惧不已的作家表示："如果我们的视力能够增强，那将是整个世界上最不可思议的事情：我们会看到无数虫子在血液里游动，它们从心脏出发，涌进动脉，最后回到静脉。"随便往哪里看，无论是眼睛、鼻子还是耳朵里，都会发现无数穴居生物。"我们会发现它们不仅装满了大脑，还充斥于肉体，甚至散布于骨骼中。每时每刻，成千上万这样的生物出没于皮肤上的每个毛孔。"

　　望远镜迷人，显微镜骇人。当然，事实并非一直如此。在望远镜发明之初，我们看到难以计数的星星弥漫于苍穹，无边无际，对无所不能的上帝之敬畏油然而生。透过显微镜看到的微观奇迹也是如此，至少对于施旺麦丹这样的显微镜学先驱是如此。

　　施旺麦丹或许是信仰最虔诚的显微镜学家。即使如此，他也发现显微镜既让他狂喜又让他愕然。在显微镜的世界，我们不仅会看到色彩斑斓的蝴蝶之翼，也会看到残酷无情的魔爪和出其不意的死亡。"我们如何能忍住不高呼：'哦，行神迹的上帝！你造物是多么美妙！'"施旺麦丹上一刻还在感慨，下一刻却悲叹道："自然界的一切都已过了头，弥漫四周的是病态的疯狂，它摧残了我们的情感，扰乱了我们的理智。"

起初，这种担忧的心态并不普遍。然而，随着时间的推移，越来越多的科学家丧失了信心。他们不断发现新的微型结构，很多极其复杂。他们不明白上帝为何如此沉迷于炫技。这些华丽的装饰曾一度引发世人的称颂；但如今，看到螨虫体内的无数复杂构造，科学家只是一头雾水，唉声叹气。此时，上帝似乎不再是闪电球背后的投手，而像疯癫的怪人，倾其精力在米粒上镌刻诗文。

物理学有一个指导性原则（至少从牛顿时代起是如此），即最简单精练的解决办法往往是正确的。这个信条被奉以神圣的名字——奥卡姆剃刀①，以此勉励人们最大限度地奉行精简理论。望远镜的出现强化了人们的这一信仰。自然界是严密、精确而又朴实无华的。然而等到显微镜出现后，一切变得混乱、冗杂、过剩。

直到今天，看到自然界选择的种种临时方案，初入生物领域的生物学者仍然困惑不解。（比如，我们的视神经向后连接，于是便有了视觉盲区。同样，每次吃饭时我们都可能呛到，因为只有一个腭垂将食道和气管分开。）自然的设计呈现出小工匠的即兴创作而非工程师的完美主义。事实证明，简单设计似乎并不是自然的选择。弗朗西斯·克里克（Francis Crick）或许是 20 世纪最伟大的生物学家，他认为这是难以接受的现实。（克里克初涉科学事业时研究的是物理学。）他说："许多年轻的生物学家都被奥卡姆剃刀割

① 公元 14 世纪，英格兰逻辑学家、圣方济各会修士奥卡姆对当时关于"共相""本质"之类的无休止争吵感到厌倦，于是著书立说，只承认确实存在的东西，认为那些空洞无物的普遍性要领都是无用的累赘，应被无情地"删除"。他主张的"思维经济原则"，概括起来就是"如无必要，勿增实体"。人们为了纪念他，就把这句话称为"奥卡姆剃刀"（Ockham's razor）。——译者注

断了脖子。"①

　　这是个颇为现代的见解。艾萨克·牛顿曾宣称："上帝作品的完美之处，就体现在其极简之处。"到了 18 世纪，牛顿几乎占据了科学之神的地位。②显微镜仿佛一块污点，玷污了与牛顿之名紧密相连的科学观。有朝一日，显微镜将再度扮演决定性角色。不过这一天还在遥远的未来。

＊　　＊　　＊

　　上述反对观点皆来自实践层面和心理层面。除此之外，关于显微镜还存在另一种反对观点。这一次，问题来自哲学层面。科学家通过显微镜取得了一个又一个发现，然而沮丧的是，这些并不能帮助他们接近事实。人们希望透过显微镜看清表象之下的东西，好比透过钟表的表面看见内部发条和齿轮。

　　然而，结果令每个人大失所望，事实并非设想的那样。诚然，人们确实能看见所谓的发条和齿轮，但是无法弄清它们所扮演的角

---

① 数学（以及音乐、象棋）是培养少年天才的有力工具，生物学紧随其后。神经科学家大卫·伊格曼（David Eagleman）说："生物学在某种意义上很特别，人们要花费多年时间才能获得对有机体的感知，才能体会自然界如何运转。许多精于数学的年轻人进入生物学领域，他们会说：'能否将其看作数学模型，看作物理问题？'这些想法堪称绝妙，但是他们都错了。没有什么是按照你预想的方式展开的。"

② 同代人对牛顿充满了无限敬畏。至今为止，他的《自然哲学的数学原理》（*Principia Mathematica*）仍然被视为所有科学作品中最伟大的著作。在为该书所作的一首诗中，埃德蒙·哈雷写道："比于众神之列，凡人无可接近。"1727年，牛顿与世长辞，亚历山大·蒲柏（Alexander Pope）写下著名的诗句："自然和自然的法则隐藏在黑暗之中 / 上帝说'让牛顿出世吧！'于是一切豁然开朗。"

色。为此，人们必须以更近的距离去观察。经过一番努力，科学家
实际上做到了这一点。然而，每揭开一层错综复杂的事物，他们就
会发现另一层同样错综复杂的事物，而每当他们想方设法将注意力
放在新发现上时，旧发现又会悄悄溜出视野，就像嫌疑人消失于茫
茫浓雾之中一样。

　　科学家不禁心生疑虑：或许正是不断关注细节将人引入了歧途。
如果我们探究的真正问题是：何为生命？新生命从何而来？宝宝从
哪里来？那么我们可能越来越沉迷于厘清解剖学结构，却没有因此
离目标更近。对于现代科学家来说，这就好比盯着钟表内部的原子
来看时间，或是通过更加仔细地观察大脑来试图了解，希望从何而
来？思想从何而来？

　　在此之前，法国杰出科学家布莱兹·帕斯卡尔（Blaise Pascal）
已经表示过反对。帕斯卡尔认为，透过显微镜观察事物就好比一头
扎进虚无，潜入一层又一层的表面，但是永远触不到底。帕斯卡尔
写道，仅以跳蚤为例，其"腿上有关节，腿中有静脉，静脉里有血
液，血液里有血浆，血浆里有血球，血球里有蒸气"，以此类推，永
无止境。尽可以越潜越深，但这意味着最终会发现宝藏吗？帕斯卡
尔的答案是否定的，你只能发现"新的深渊"。

　　起初，帕斯卡尔的悲观主义只有少数人能体会。此后，一些科
学家在日复一日、年复一年地潜心研究水滴和血斑后，最终产生了
同样的失望情绪。接着，约翰·洛克和一些哲学家也加入了悲观主
义的队列。如果上帝真想让我们看到隐秘的世界，他会赐予我们一
双能担此重任的眼睛。亚历山大·蒲柏善于将当时盛行的学说具象
化，以便更好地理解。他指责一些科学家没有摆正位置："人为何不

长显微镜般的眼睛？／理由很简单：人并非苍蝇。"通向智慧之路的关键在于承认上帝的有些秘密超出了人类的探究能力。

＊　　＊　　＊

　　故事迅速迎来尾声。1692 年，在使用显微镜观察物体短短几十年后，胡克宣布游戏结束。他写道："需要观察的对象无穷无尽，已无能为力。"在他看来，曾被寄予厚望的显微镜，只适用于"消遣和娱乐"。

　　这几乎陷列文虎克于孤立无援的境地，支持他的只有一些兴致勃勃观察花瓣和蝴蝶翅膀的业余自然主义者。列文虎克对显微镜的热忱从未动摇，但在一二十年的辛苦付出后，他承认自己无法破解性与发育之谜。列文虎克认为，并不是因为这一谜题没有答案，而是因为答案写在极其微小的脚本里，小到最好的显微镜也力不能及。列文虎克口中的"巨大奥秘"仍是未解之谜。即使如此，他不屈不挠，明知自己无法品尝胜利的果实，却依旧工作不停。

　　列文虎克的前辈施旺麦丹沿着另一条不同的道路得出了同样的结论。施旺麦丹虽然功成名就，但是内心苦闷。自然界总会保留某些秘密，毕竟人类能力有限，无法揭开万能的上帝设计的所有谜题。这一事实令人灰心丧气，尽管它从侧面反映出上帝的伟大。与前辈施旺麦丹相比，列文虎克务实有余、虔诚不足，于是看待问题的方式更加乐观。他将自己的注意力集中于身旁的对手而非头顶的上帝。或许他并未实现目标，但是他已远远超越同时代其他人，这足以令他心满意足。

　　1723 年，这位泰斗最后一次闭上了疲惫的双眼。此后，几乎所有科学家都将显微镜搁置一旁。生物学家困惑又迷茫，努力在窘境中寻找出路。显微镜已经出局，这一仪器曾是人们最寄予厚望的工具。先成论也已出局，这一理论曾是指引人们前行的信条。最重要的是，机械观出局了，这一思维框架曾让整个世界变得合乎情理。

　　婴儿到底从何而来？在亚里士多德之后两千年，在威廉·哈维之后近一个世纪，答案似乎从未如此隐秘。

＊　　＊　　＊

　　精心构思的理论框架坍塌一地，就连天才也只能在残砖碎瓦之中跌跌撞撞地前行。事实证明，机械观的分崩离析致使方向迷失。生命出生，随后生长，最终死亡。机械观似乎只阐释了生命发展的最后阶段。或许人类和动物的衰老、死亡与机器生锈、出故障差不离。

　　然而，死亡和腐烂只是生命过程中容易理解的一部分，真正吸引人又最为捉摸不透的还是生命的诞生和成长。诗人塞缪尔·泰勒·柯勒律治（Samuel Taylor Coleridge）有言："人出生之前 9 个月的历史，可能比出生之后 70 年要有趣得多。"生活中，即使最熟悉不过的生命变化现象也如谜题一般晦暗。比如树木长高过程中，新的木头从何而来？① 动物在生长过程中不仅体型变大，而且毛和犄

---

① 　直到1779年，光合作用才被发现。一位名叫扬·英根豪斯（Jan Ingenhousz）的荷兰医生做了一项重要实验：他将一棵植物和一支未点燃的蜡烛放进透明的密封器皿中。几天后，他用火柴点燃蜡烛，蜡烛迅速燃烧并且火焰旺盛。接着他重复以上实验，不过这次他用一块黑布将器皿罩住。几天后，他发现蜡烛无法被点燃。英根豪斯由此得出（正确的）结论：如果植物吸收阳光，它们会释放一种神秘的物质，能够维持蜡烛燃烧（事实证明，该物质同样能维持生命）。

角会生长和再生，诸如此类现象，又该如何解释？机器无论如何也不会如此。如果去单独研究某个有机体，这些问题同样会出现。试问，什么样的机器可以生出新机器？

几十年前，丰特奈尔嘲笑一些人将狗比作机械表。如今，科学家更加仔细地推敲了一番，结果发现问题比丰特奈尔所说的还要严重。如果动物真如齿轮镶嵌的钟表，试想这些需要繁殖的"钟表"该有多么怪异？假设有一对成年钟表，为了像活体生物那样复刻跟自己样貌相同的后代，每个钟表都必须在不耽误报时的情况下产出由齿轮和其他原件组成的微型钟表。

这两个嘀嘀嗒嗒、嗡嗡作响的小东西必须完美契合，无论是每一个齿轮还是其他部件，这样才能共同形成一个新的微型表，并不断长大。（这个新的钟表在成长时要兼顾两方面：一方面，各个齿轮和部件逐渐长大；另一方面，一套套全新的齿轮以某种方式出现，完美地相互啮合、旋转。）此外，在不可思议的全程中，新生的钟表必须井然有序地照常运作。

在 18 世纪，没有人见过这类机器。到了今天也依然没有。

\* \* \*

正如前章所述，与祖先相比，我们有巨大优势，我们精通计算机等可编程机器。如果没有这些例子可供援引，生命的诞生和成长几乎是难以探究的奥秘。值得注意的是，即使现代社会给予我们巨大优势，即使现代科技的奇观根植于我们脑海，身体的奥秘仍然令人惊叹。

在现代科学中，一提到生物体如何生长，我们总是联想到"食谱""蓝图"和"操作指南"。这些类比固然是必要的，然而，熟悉的术语容易让我们忘记人类成长（或动物成长）是多么奇异的过程，它们的误导性在于，一听到"食谱"，我们自然而然就会联想到某人在厨房忙忙碌碌的画面。

这就忽略了一个极其重要的谜题：是谁在根据食谱操作？烘焙一盘巧克力曲奇饼干绝非了不起的成就，然而，假设巧克力块、面粉和黄油想办法让自己变成了饼干呢？生物学家杰米·戴维斯（Jamie Davies）写道："简而言之，羊毛衫、交响曲、轿车和大教堂绝非自己长成。"生物却是如此。

事实远不止如此惊人。勤杂工都知道在安装吊顶风扇前先切掉电源。安装好风扇后，重启电源。然而，活体生物一直在成长，它们无法选择暂时性"切断电源"，而人体的"工人"又来自何处？我们讨论的不只是厨房中的主厨。想象一下人体错综复杂的神经和血管网络。是什么样的"管道工"将口腔和内脏连接起来？又是什么样的"电工"将眼睛和大脑连接起来？

在我们熟悉的一些建造工程中（如房屋建造或飞机制造），成队的施工人员会涌入房子或飞机内部，此时主管会在一旁加以指导。然而在活体生物的体内，并不会凭空出现工人或老板。相反，人体一切均由身体管理，细胞既是原材料，也是工人。因此，将人体细胞的艰巨任务与在空中修理飞机相比较，这明显低估了大自然的能力。飞机若要完成难度等同于一条狗、一只猫、一个婴儿每天所做的事，那它必须一边自我修复一边持续飞行，还要在体内长出能胜任这份工作的电工和机械师。

这些都只是故事的一部分。事实上，人体内的细胞规模大到不可思议。活体生物体内的细胞无法用肉眼识别——人体内有上万亿个细胞，远远超过银河系的恒星数量——但每个细胞都是由"泵机、发动机和装配线"组成的化学工厂，复杂程度远高于现实中任何一家工厂。

最重要的是，生命体并非房子、工厂这类恒定的事物，不是由原地不动的建筑材料构成。从某种程度上说，人类更像喷泉，虽然内部成分处于永恒变化之中，但是基本模式保持不变。人不能两次踏进同一条河流，这是事实。然而，始终处于变化之中的不只是河流。

在活体生物体内，新的细胞不断替换旧的细胞。无论你的实际年龄是多少，你的身体组成要素均不超过 10 岁。用手指挠一下前额，你会发现现在的手指和前额都与 10 年前的不同。化学家阿迪·普罗斯（Addy Pross）指出，我们在遇到朋友时会说"你一点儿都没变"，但事实上，这位朋友与上次见面时相比已是判若两人。①

在这些变化中，到底什么东西亘古不变，让你之所以成为"你"？6 岁时在花园洒水器旁嬉笑玩耍的你，与暮年时僵硬而笨拙地摸索着老花镜的你，难道真的是同一人吗？到了今天，哲学家仍然在学术期刊上孜孜不倦地讨论这些问题。肾移植手术后，你仍然是你；可是，大脑移植手术之后呢？你将是你自己，还是像披外套

---

① 两千年前，希腊史学家普鲁塔克（Plutarch）借用"忒修斯之船"（Theseus's ship）这一故事专门讨论过这个谜题。忒修斯是杀死牛头怪弥诺陶洛斯（Minotaur）的大英雄。一千年后，雅典人心存感激，他们将忒修斯之船保存下来，将虫蛀和风化的部分用完全相同的木板替换。最后，整艘船上找不到一块最初的甲板。普鲁塔克问道：整修之后，这艘船算新船还是忒修斯之船？（如果算新船，该从何种程度上说忒修斯之船已经消失？如果算旧船，忒修斯从未登上这艘船，又岂能说这是他的船？）

一样披着你身体的另一个人？

　　18 世纪中叶，这些关于个人身份的细节问题尚未出现，但现代世界的缔造者已经窥见了生命世界的纷繁复杂。震惊而迷茫的他们四处寻找可以解释生命如何生长发育的模型。

　　他们一开始便后退了一大步。

## 第十八章　花瓶的轮廓

　　新一代的思想家做出让步，承认机械论或许并不适用于活体生物，但是这并不意味着要放弃寻找科学解释。他们开始借助艾萨克·牛顿的光环武装自己。

　　法国人皮埃尔·路易·莫佩尔蒂是求诸牛顿的第一人。莫佩尔蒂曾是一名天文学家，后来转攻生物学。他在 1745 年表示，牛顿及其后继者证明万有引力可以解释整个太阳系结构，如今有必要"将它延伸到天文学以外的领域。如果这种力量存在于自然界，为何它就不能在动物身体的形成过程中发挥作用"？

　　莫佩尔蒂这种求诸牛顿和万有引力的做法实属新鲜。奇怪的是，他将新奇的想法与古老的观点结合起来。距此约一个世纪前，科学家拒绝接受"精液分两类，一类是雄性精液，一类是雌性精液"的说法。莫佩尔蒂不仅接受这一长期为人否定的说法，还极力推广。他解释说，雄性和雌性精液中含有来自人体各个器官的微粒，两性性交时，这些"精液微粒"在子宫相遇，在引力作用下，来自父体和母体对应器官的微粒相互吸引，由此形成带有双方特征的新器官。

　　这种大胆（或者说牵强附会）的提法有自身价值。首先，它解释了先成论明显未能解释的问题，即为什么孩子与父母中的一方（或双方）相似。其次，它独立于机械论之外，但是保留了机械论最重要的元素。在莫佩尔蒂描绘的图景中，我们看不到发条、齿轮等机械部件，但我们仍能联想到太阳系这台最大的机器严格按照固有规律有序运作的图景。

除此之外，莫佩尔蒂还成功地将牛顿学说最奇怪的特征变成自己的论点。牛顿认为，宇宙依照自己的规律完美运行，这一切都建立在包罗万象的引力之上，不过牛顿从未解释过何为引力。他说："对于引力的成因，我不会不懂装懂。"因此，他只专注于描述这种神秘力量所带来的影响。众所周知，这种神秘力量可以在瞬间抵达宇宙最遥远的角落，所及之处无不受其影响。无论是远在天边的星星，还是近在眼前的花朵，宇宙万物皆受引力之牵引。从这一角度看，为何不能说是引力使得精液微粒在女性体内结合？

在后代问题上，莫佩尔蒂也贡献了一些解释力。他的引力理论可以说明，不同物种的雄性与雌性交配为何难以繁衍后代——因为父体和母体的精液微粒相似度不够；此外还可以说明，为何婴儿的先天缺陷并非离奇古怪的错误（如脚长在耳朵的位置），而是可以预测的误差（如长六指而非五指）——因为引力会吸引相似的精液微粒。从某种程度上说，莫佩尔蒂甚至成功地预言了格雷戈尔·孟德尔的遗传学论述。莫佩尔蒂表示，精液微粒会长期处于休眠状态，在几代人之后重新苏醒，这也就解释了为什么有些婴儿的父母长棕色头发，而婴儿自己会像祖母一样长赤红色头发。此外，精液微粒可能会突然发生变化，从而呈现出新的特征，这便是后世科学家所说的"基因突变"。

求诸牛顿是上乘之策，莫佩尔蒂也因此迅速获得盟友的支持。在这些盟友中，最有名的当属法国科学家乔治·路易·勒克莱尔（Georges-Louis Leclerc），即后世所称的布丰伯爵，此人堪称人中龙凤。（我们先前简单讨论过布丰，正是他推算出俄罗斯套娃会以极快的速度缩小至微型尺寸，以此取笑先成论者。）布丰是当时最受推崇的思想家之一，他与不谙世故、不善社交的大众科学家毫无共同之处。一位传记作家写道："他喜欢财富，家财万贯。他热衷权力，经常拜访权贵子弟……他爱慕女性，不只爱她们美丽的灵魂。他很少进行实验，他的假想总是可疑的。他任由想象力驰骋于事实之外。"即使如此，他仍然集学问和才华于一身。

布丰最初研究数学，后来成为牛顿科学在欧洲的大使。不过，真正让他一举成名的还是其倾毕生精力编写的 36 卷不朽巨著《自然通史》（Natural History）。这部自然历史作品虽非主流题材，但这并不妨碍它成为畅销书。作品涉及诸多主题，如哺乳动物、鸟类、人类、地质学和人类学，内容生动，观点鲜明。"树懒是拥有血肉之躯的动物中最低级的存在形态，"布丰在书中表示，"再多一个缺陷它们可能就得从世界消失。"

布丰的作品广受欢迎。他的声望一度超越伏尔泰和卢梭，他的每一种观点都举足轻重。（布丰声称新世界中任何形态的生命都微不足道，托马斯·杰斐逊对此大为光火，指示刘易斯和克拉克去寻找乳齿象和猛犸象，他相信它们仍在野外活动。）布丰热衷扮演大人物的角色：他喜欢丝绸马甲和带花边的衣袖，每天卷发好几次；他雇用知名厨师，主办冗长的晚宴，席间的侃侃而谈常常转向流言蜚语；他喜欢历数自己的成就。布丰 1788 年去世时，由 14 匹高头大马和 36 人的唱诗班列队送葬，2 万名观众沿街争相观望。

因此，当这位科学巨人加入性和怀孕之争时，每个人都洗耳恭听。同莫佩尔蒂一样，布丰在参与争辩伊始就否认女性有卵。他以权威的语气指出，这种长期以来的观点"缺乏基础，不能说明任何问题"。他准确地指出，从未有人见过哺乳动物产卵，只是见过可能包含卵子的破裂的卵泡。对于德·格拉夫等解剖学家来说，卵巢之中发现的破裂卵泡足以证明卵子存在；这只需简单的一步认知跨越，就像在厨房灶台上看到破碎的空鸡蛋壳时，我们会自然而然地得出有人做了早餐的结论。

布丰并不买账。德·格拉夫只能得出一个结论，即某种东西从卵泡中出现了。德·格拉夫相信这种神秘的东西是卵子。错！在布丰看来，这种东西应该是雌性精液。

这一争论颇具挑逗性，注定会吸引更多的关注。布丰因这一争论而声名远扬。布丰的文章辞藻华丽，他喜欢将对手暗讽为骂骂咧咧、故作正经。（在其对手看来，布丰优雅的文字只是思想浅薄的表现，毫无价值可言。布丰法国人的身份更加坚定了他们的评价。）布丰一再强调，只有双方都享受到性快感时，女性才能分泌出能够受孕的精液。

在布丰的设想中，精液"存在于两性体内，是身体所有器官的提取物"。当雄体精液与雌体精液混合时，它们能勾勒出"下一代的草图，一个有组织的微型身体，只形成了最基本的器官"。这听上去含糊不清，而对于这一现象的形成，布丰的描述则更加含糊不清。引力或某种其他力量让一些"彼此需要"的微粒聚拢起来。

这一理论与莫佩尔蒂几年前宣扬的观点密切关联。布丰和莫佩尔蒂都认为存在两种类型的精液；他们都以艾萨克·牛顿和神秘的吸引力为依托。不过，莫佩尔蒂的观点出现在他的作品《尘世的维纳斯》（*The Earthly Venus*）中，这是一本匿名发表的离奇的准色情著作。（一位现代史学家称这部作品是一部"严肃的人体论著"，散布在"诙谐而博学的淫秽辞藻"里。）布丰的观点则出现在他的36卷巨著中，整个欧洲争相传阅。莫佩尔蒂窃窃私语，而布丰大张旗鼓。

在这些新型理论中，细节并不重要。这是幸运之事，毕竟布丰和莫佩尔蒂并不能提供任何细节。真正重要的是，他们让性和婴儿问题走出了老生常谈的轨道。在此之前，科学家致力于从骡子、"怪物"和家族相似性的角度寻找先成论的瑕疵，布丰和莫佩尔蒂则超越了批判的层面，提出了替代性方案，虽然只是雏形。

在布丰和莫佩尔蒂看来，生命发育的秘密并不在于创世之初上帝在生产线上批量制造的俄罗斯套娃。与之相反，生命体不仅会生长，还会变化，无数新的结构会悄然出现。这是一种古老的观点，如我们所见，亚里士多德和威廉·哈维就是积极的拥护者。然而，生命发育理论已被贬为不科学、不可信的理论——你的意思是婴儿通过某种魔法成长？你是说手和眼睛等复杂结构都是凭空产生的？现在，到了18世纪中叶，亚里士多德早已过时，哈维也与世长辞。莫佩尔蒂引发了重重争议却广受赞誉，而布丰业已成为风云人物。

一些神秘的微粒被某种引力所吸引，最终黏附在一起并成形，这种生命发展图景更像一种提议而非一种合理的理论。前路依旧坎坷；但布丰和莫佩尔蒂正朝着某个长久被人遗忘的方向前行（几个世纪后，这一方向被证明是正确的）。他们并没有解开婴儿之谜，却振兴了一种古老的观点并赋予其新的地位。或许不久之后，有人能以他们的观点为基础继续前行。

＊　　＊　　＊

然而，一场酝酿已久的战争全面爆发了。支持俄罗斯套娃理论的科学家与支持新的生长发育模型的科学家——用科学界术语来说就是先成论与后成论——之间的分歧巨大而严峻。两派科学家相互指责，怒不可遏。

为何先成论者坚持认为身体在成长过程中只有体型大小的变化而无其他变化？后成论者表示，这显然是错误的。在成长过程中，身体不只是展开预先存在的部分，也会生长出无数新的部分。他们列举了无数日常案例予以证明。要反驳先成论者的观点，他们甚至无须提及胚胎和婴儿这些敏感话题。以疣、肿瘤和痣为例，这些东西似乎凭空出现。以伤口为例，肌肉中的新组织总是自行修复裂口。再以疤痕为例，这种东西绝非预先存在。

对于后成论者的指责，先成论者表示蔑视并予以强烈回击。多年以来，先成论者一直否认"生命力"的概念，否认这种力量引导生物成长。神秘的引导力量这种提法含混而空洞，容易让人联想到木偶大师在幕后操纵隐形线的情景。一位先成论者表示，这些理论是"垃圾，是神秘主义、非理性主义和伪科学的反刍"。

如果后成论拥护者认为有机体在没有任何引导的条件下生长，他们又如何否认这种生长体系不是建立在"偶然性"这一危险又遭人唾弃的概念之上？如果复杂的新结构能在毫无征兆的情况下凭空出现，生命体怎么会有如此完美和复杂的形态？更有甚者，先成论者愤怒地指出，这种危险的学说企图将上帝置于一旁。"小心，"一位科学家发出警告，"承认手指形成于偶然是极其危险的行为。如果手指可以自发形成，那么手、胳膊甚至人类都可以。"

每一项指责都会激起对方的反击。当后成论者被指责说信奉偶然性时，他们火冒三丈。错！他们怒吼道。在他们看来，对手分明将变化性和偶然性混为一谈。然而，身体确实会发生变化，仿佛在遵循一定的脚本，这是每个人公认的事实。只要稍加留意，我们就能知道身体在上演剧中的哪一幕。人生的变化轨迹无非是从无助的婴儿到懵懂的少年再到独立的成人，还有比这个更容易预测的吗？

当然，有些变化并不受人欢迎，但是无法避免——背部会僵化，头发会变白，皮肤会生皱。这些变化不同于硬件的消耗或磨损，像是餐桌经长年累月的使用而有了划痕；相反，它们是内在的，是生命的普遍特征。然而，这些都与生命源自微型套娃的图景格格不入。

\* \* \*

今天的我们比当时的人看到了先成论者和后成论者更多的相近之处。双方均发现了一些重要的事实。一方发现，胚胎中有某些预先形成的东西，这意味着成长过程是按照受孕之初就写下的指令而展开的。另一方发现，成长过程不只有展开，身体不仅由小变大，还会有全新的部位在某个特定时间出现。

然而，恼人的是，这一争论并非靠认真观察就能解决。举个例子，无论多么一丝不苟地观察刚产下的鸡蛋，我们都无法确定鸡心、鸡脑或鸡喙是某一天突然新长出来的，还是一直以不为人知的微型（或透明或扭曲）形态存在的。然而，先成论者和后成论者还是在反复讲述各自的故事，不断向对方发起新的攻击。

在相互进行言语攻击的同时，先成论者和后成论者都不得不强化自己的观点。等到彼此做出说明和妥协时，双方已经渐行渐远，再也无法架起连接彼此的桥梁。事实证明，先成论者所说的俄罗斯套娃与任何人见过的套娃都不同，毕竟它们的形状和尺寸总变来变去。后成论者阵营也是反反复复，经常即兴发挥。他们表示，新的结构并非凭空出现，而是来源于胚芽或前体细胞。

当时，没有人看到斗争双方朝着共同的阵地坎坷前行。一位现代史学家愤怒地说道："一方认为整个有机体预先存在，只不过并非日后的最终形态；一方认为有机体只是隐性存在，或者说只有某些部位的前体细胞存在。试问，这两种说法到底有何区别？"

今天，教科书倾向于将争论双方描述为迷失方向的先成论者和有远见卓识的后成论者。前者提倡的理论神秘莫测、牵强附会，后者讲述的故事接近事实。不过，先成论者虽打了败仗，但他们的观点并没有那么疯狂。如今我们知道，女婴出生时体内就含有约 100万个超出一生所需的卵子，还要再过若干年，她才会有怀孕的概念。（男性则要等到青春期才会产生精子。）当然，这绝不是说她的体内含有无数栖息在卵子中的微型人，但这或许足以让我们少一些对先辈之愚蠢的嘲弄。

此外，人类以一系列无穷无尽的微型模式预先存在这种提法与某一重大发现接近。今天我们知道，每个精细胞或卵细胞中都有双螺旋结构的 DNA，它为婴儿的成长提供了蓝图（事实上是半张蓝图）。等这名婴儿长大后，她会将 DNA 传递给孩子。有朝一日，这个孩子又会将 DNA 传递给自己的孩子，循环往复。尽管细胞中的一连串信息与一系列套娃明显具有某些相似之处，但它们显然不是一码事。先成论者的想法虽刻板却非常深刻。

这类与真相失之交臂的故事很容易让我们联想到盲人摸象，不过这种类比并不恰当。盲人的问题在于每个人都摸到了大象的不同部位，却误以为自己摸到的是完整的大象。但这个故事里，先成论者和后成论者都抓住了同一样东西——观察到生物体自身"知道"如何成长——但是双方都坚称只有自己的观点才是正确的。相比于大象，我们不如想象这样一幅画，上面同时画着一只花瓶和两个人的侧脸。先成论者大喊："这是花瓶！"对手则大声回应："错，这是两张侧脸！"

图18.1 经典的视错觉画作《花瓶与侧脸》，本图为诸多画法中的一种

双方的争执与摩擦持续了约一个世纪，而一项重大突破正在酝酿之中，一触即发。

＊　　＊　　＊

没人料到这种突破并非来自新的见解或惊人的发现，而是来自一直被误解的古老观点的复兴。这种难以避免的观点被称为"自然发生论"：生命可以自行出现，无论是从一堆破布还是一块腐肉之中都可以出现生命。飞蝇、跳蚤和蟾蜍可能会在不起眼的污物中滋生，最终变成鲜活的生命。

这种观点本没有什么价值。在数千年的历史长河中，它被反复推翻，直至销声匿迹无人问津。然而，随着时间的推移，它又无数次以新面孔出现，这恰恰就是生命从无到有的真实写照。如今，布丰和莫佩尔蒂再次复兴了古老的信仰。这次，一群伟大的思想家和实验者想一劳永逸地推翻自然发生论。他们原本想证明生命不会来自某处，岂料这番努力最终为生命真正来自何方指明了方向。

在这些天赋异禀的怀疑论者中，有一位意大利牧师、科学家，他因设计新颖而古怪的实验而著称。现在，他将超越自我。

# PART FOUR

# THE CLOCKWORK TOPPLES AND A NEW THEORY RISES

第四部分
机械论倒塌，
新理论出现

发明电报机、蒸汽机、留声机、电话机或是其他重要事物须耗费上千人的努力——而荣誉总是属于那最后一位，其余人尽数被我们遗忘。

——马克·吐温
Mark Twain

## 第十九章　穿丝裤的青蛙

在拉扎罗·斯帕兰扎尼（Lazzaro Spallanzani）所处的时代，通才远远多于专业人才。即使如此，斯帕兰扎尼仍因多才多艺脱颖而出。他是登山健将，也是无所畏惧的旅行家，游历的地方和伊斯坦布尔苏丹的嫔妃一样多。此外，他还是数学家和希腊文化学者（他的第一部作品与《伊利亚特》有关）。最重要的是，正如一位历史学家所言，他是"有史以来最伟大的实验生物学家之一"。

他的早期职业生涯似乎本应普普通通。1749 年，他听从父亲的安排，在博洛尼亚大学（University of Bologna）学习法律，深受一位知名女性的影响，此人正是他的父系表姐劳拉·巴斯（Laura Bassi）。劳拉·巴斯是数学家和物理学家，是欧洲第一位获得大学教授席位的女性。在巴斯的影响下，斯帕兰扎尼开始研究科学（巴斯也成功劝说斯帕兰扎尼的父亲接受了他的决定）。

一旦开始研究，斯帕兰扎尼便永不懈怠。他有强烈的好奇心，总是将他那鹰钩鼻和深邃的双眼探向周围的一切。生命世界总是令他着迷——蝙蝠如何掌控方向？深海鱼如何发光？非生命世界也令他着迷——为何会有雷雨云？是什么引发地震？斯帕兰扎尼潜心追踪未解之谜，连沙威警长①在他面前都变成了懒汉。他曾爬上正在喷发的火山，只为一窥岩浆的流动速度。由于距离岩浆太近，他被滚滚浓烟熏得昏迷不醒。他决心研究蝙蝠如何辨别方向，于是有条不紊地对蝙蝠的不同感官进行实验，先后分别使用眼罩、耳套、鼻塞等工具，以此测试它们能否在充满障碍的屋子里飞行。

为了确认蜗牛是否可以重新长出头来，他取下了700只蜗牛的头部。为了弄清石头为何可以打水漂，他扔了成千上万颗石子，还专门从数学角度详细分析了石子在水面反弹的过程。为了研究消化过程，他将碎肉装进亚麻袋中，然后让火鸡、猫头鹰、青蛙、蝾螈、蛇、猫、狗等动物吞下（虽然"有所顾虑"，但还是在人类身上做了实验，对象正是他自己），然后将亚麻袋拉出来一探究竟。为了弄明白体温是否可以让食物分解得更快，他将肉粒、面包屑塞进玻璃试管，然后将其夹在腋下，一夹就是两天。由于他的实验方法着实令人敬畏，同龄人都称他为"奇人"。

斯帕兰扎尼的蝙蝠实验充分证明他充满毅力、聪颖过人，对最不可能的可能性保持开放的头脑。（当然，这些实验也向我们表明，随意给动物施加痛苦是那一时代的基本特征。）②斯帕兰扎尼的好奇心始于观察一只温顺的猫头鹰。在烛光下，这只猫头鹰可以毫不费力地识别方向，但是在黑暗中则不行。然而，蝙蝠可以在完全漆黑的夜晚甚至在最幽深的洞中自由飞行。难道蝙蝠的夜视能力强于猫头鹰？

---

① 小说《悲惨世界》中的角色，追捕主角冉·阿让，自假释时见过了冉·阿让后，便对其穷追不舍，在星空下发誓永不放弃追捕。——译者注

② 斯帕兰扎尼愤怒地表示，在进行消化实验的过程中，鹰、隼、狗"使出浑身解数咬我"。它们干得好！

　　斯帕兰扎尼从山洞中抓捕了 3 只蝙蝠，将其带入设置了重重关卡的小房间。他将绳子从天花板上垂挂下来，天花板与地面之间的距离足够一只展开翅膀的蝙蝠穿行。他在每一根绳子上系上条形的金属箔或小铃铛，如果蝙蝠碰到绳子，就会发出声响。在一个无月的夜晚，斯帕兰扎尼、弟弟尼科洛和一位表弟躲在昏暗的房间里。20 分钟的烛光，20 分钟的漆黑，如此不断循环。能听见的只有蝙蝠偶尔靠近一根绳子时发出的铃铛声，还有蝙蝠飞来飞去时忽远忽近的振翅声。

　　为了测试视力是否为关键因素，斯帕兰扎尼用不透明的小圆片罩住蝙蝠的眼睛。虽然蝙蝠暂时"失明"，但是它们仍然像往常一样自如飞行。接下来进行味觉测试。他剪掉蝙蝠的舌头，蝙蝠飞行起来仍然毫无障碍（至少在斯帕兰扎尼看来是如此）。接着是触觉测试。斯帕兰扎尼认为，或许蝙蝠在飞行时能感觉到障碍物将微弱的空气流反弹到自己身上。因此，他在蝙蝠身上涂了一层虫胶（接着是第二层、第三层）。即使进行了所谓的"上清漆"，蝙蝠仍然可以自由飞行。其中，一只不幸的蝙蝠被刷了厚厚一层糨糊和面粉，它依然能正常掌控方向。接下来是嗅觉测试。斯帕兰扎尼堵住了蝙蝠的鼻孔，它们还是能飞。

　　最后是听觉测试。斯帕兰扎尼将黄铜做成微型锥状体，形状就像啦啦队所用的扩音喇叭那样，然后将其塞进蝙蝠的耳朵。戴上这套奇怪的听力设备之后，蝙蝠仍能无拘无束地飞行。（第一步只是预防性测试，避免出现蝙蝠因为锥状体太重而无法飞行的问题。）接下来才是关键的一步：斯帕兰扎尼用焦油堵住锥状体，这样蝙蝠就丧失了听力。这次，蝙蝠不仅相互碰撞，而且撞上了绳子，甚至还摔到了地上。

这些实验足以令人震惊，斯帕兰扎尼因此广受称赞，同时也饱受嘲讽。一位科学家嘲笑道："既然蝙蝠用耳朵看，那它们是用眼睛听吗？"斯帕兰扎尼并没有理清整个故事。[①] 他没有揭开的奥秘在于，蝙蝠在飞行中并未发声，但仍然可以靠听力掌控方向。它们听的究竟是什么？斯帕兰扎尼仍朝着破解古老之谜跨出了一大步。他为此设计了许多其他科学家不曾想过的实验（如给蝙蝠刷面糊、戴耳塞）。此外，他认真对待每一项发现，哪怕这些发现是多么不可能。

正是斯帕兰扎尼具备的这些品质，才使得他在研究生物学最古老、最深奥的未解之谜时比前人更接近事实。拉扎罗·斯帕兰扎尼将在破解受精之谜的道路上跨出一大步。纵观历史，这一切仿佛发生在昨日。斯帕兰扎尼与乔治·华盛顿、托马斯·杰斐逊生活在同一时代。1776 年，杰斐逊在费城起草《独立宣言》，而此时的斯帕兰扎尼在意大利帕维亚创作《关于精虫的最新观察与实验》（*New Observations and Experiments Concerning the Spermatic Animalcules*）。

在美国"国父"活跃的时代，世界上却还没有人明白"父亲"是怎么一回事。

---

① 斯帕兰扎尼领先时代150年，但是他错过了一个关键点。他相信蝙蝠有超敏锐的听力，因此它们可以侦测到嗡嗡飞行的昆虫；或者，它们振动翅膀会引起空气流，空气流遇到附近的障碍物会折返，传到它们的耳朵里。事实上，蝙蝠可以发出高频率的超声波，然后接收它们的回声，这一真相是第二次世界大战前后才被发现的。生物学家第一次解释蝙蝠的奇特功能时，雷达与声呐研究仍然是最高机密。因此，一些科学家大为愤怒，指责生物研究人员泄露军事机密。然而，早在5000万年前，蝙蝠就先于人类工程师破解了这一奥秘。

＊　＊　＊

　　斯帕兰扎尼之所以开始研究精子与卵子，这与当时伟大的"自然发生说"有关。自然发生说在 17 世纪末已经奄奄一息，到了 18 世纪中期，布丰及其他科学家将其复兴。或许这一学说的复兴在意料之中，毕竟多年以来，无数思想家坚定地认为无生命物可以在适宜的环境下滋生出生命。在 17 世纪，即使最杰出的科学家也理所当然地认为生命（特别是外表最为肮脏的生命）可以在任何黑暗的角落滋生。就连艾萨克·牛顿这样最受人仰慕的科学家也相信自然发生说，知名怀疑论者、哲学家勒奈·笛卡尔也是如此。笛卡尔表示，"动物生长所需条件极少"，因此啮齿动物、蠕虫、臭虫可以自发在腐肉中生出。

　　越是低级、肮脏的动物，其自然生长的概率就越大。众所周知，蜘蛛可以在腐烂的蘑菇中滋生。威廉·哈维和罗伯特·胡克在仔细观察后表示，昆虫可以从枯萎的植物中滋生。有人表示，自己将"一盒蛇粉（碾碎的干蛇皮）打开，发现无数小生物在其中蠕动，犹如干酪蛆一样，臭味难耐"。1663 年 6 月 24 日，胡克在皇家学会会议上接受了一项任务，即在显微镜下观察"蛇粉"，以此验证上述说法是否属实。

　　一年之后，皇家学会仍未解开这一谜题。罗伯特·莫雷爵士（Sir Robert Moray）告诉皇家学会，有人"从威尼斯带回一罐蛇粉"，罐子密封包装。6 个月后，罐子中"满是活蹦乱跳的小虫"。皇家学会另一位成员帮腔道："莫雷爵士认识一位药剂师，此人过去经常用没药保存蛇粉，防止昆虫滋生。"

在普通人看来，科学家认真观察自然界后取得发现是理所当然之事。17世纪的一位英国医生表示，明智之人绝不会吃"青蛙、蜗牛、蘑菇、牡蛎等从地上的粪便、水里的浮渣、森林里的杂物和大海中的腐败物"中生长起来的生物。英国人长期以来一直嘲讽法国人和意大利人的饮食习惯，如今他们表示，自己对法国人和英国人的鄙视有充分的医学依据。

莎士比亚也相信这些民间信仰。他在《安东尼与克里奥佩特拉》（*Antony and Cleopatra*）中表示，鳄鱼来自"尼罗河的污泥"；他在《哈姆雷特》中实事求是地指出："在太阳的曝晒下，死狗体内滋生出蛆虫。"由此可见，这些已经成为常识。寄生虫等低等生物与狮子、老虎等高等动物（当然包括人）之间存在巨大鸿沟。因此，这些生物以符合它们地位的方式来到这个世界，也就不足为奇了。

据我们所知，宗教界也坚持这种信仰。圣奥古斯丁之后的神学家表示，挪亚在造好方舟之后，并没有将成群结队的老鼠、苍蝇等类似的动物带上方舟，毕竟这些卑贱的动物会自然生长起来，因而根本没有必要。

最终，到了1667年，辩论发生了转移。弗朗切斯科·雷迪（Francesco Redi）是佛罗伦萨美第奇家族的家庭医生，他做了一系列关于生命起源的实验，这些实验以其简单、清晰的设计至今为人称道。雷迪引人注目，他举止优雅，身材消瘦（一位钦慕者称看到他就能联想到"饥饿的画面"），能言善辩，既是杰出的科学家，也是机智而有魅力的廷臣。他会写诗（他赞美托斯卡纳葡萄酒的诗至今仍被反复诵读），还会将自己的科学之旅写成朗朗上口的散文。他奉承别人时轻描淡写，因此这种赞美让人倍感真切，毫不虚情假意。

美第奇家族大公斐迪南二世（Ferdinand II）深深地被雷迪的研究和举止所吸引，对他宠爱有加，允许他进行任何科学探索。

起初，雷迪应大公的要求研究毒蛇如何对其他动物造成伤害，此后便一举成名。蛇是托斯卡纳地区常见的危险动物，但是没有人知道它们如何分泌毒液，也不知道毒液如何对其他动物造成伤害。雷迪最终证实蛇通过向对方注射毒液而将其杀死。毒液与毒药的作用方式并不相同，吞下毒液的人可以毫发无伤。（雷迪知道美第奇家族喜欢博人眼球，他特意请该家族的御用捕蛇师将自己的研究成果展示给众人看。只见这位无所畏惧的捕蛇师将一勺毒液倒进一杯葡萄酒，然后一饮而尽，"仿佛在喝一种珍贵的药酒"。接着他将勺子也舔了干净。）

雷迪验证自然发生说的表演虽然不及验证毒液那么精彩，但最终的发现意义更为重大。这次，他的道具并非被巨蟒缠绕却镇定自若的捕蛇师，而是腐烂的肉块。他将一些装有肉块的盒子置于阳光下，有些盒子上罩着纱布，有些则没有。几天后，他在没有罩纱布的盒子中发现了苍蝇，还看见"柔软、黏滑的蛆虫爬来爬去"，但是在罩着纱布的盒子中并未发现苍蝇或蛆虫。

生命来源于生命！苍蝇并非来源于腐肉，而是来源于其他苍蝇所产的卵。雷迪的实验在科学史上具有里程碑意义。即使如此，他有关自然发生说的争议并未告一段落，自然发生说的支持者总能举出新的例子证明学说的合理性。*好吧，就算苍蝇不是，那有没有其他例子呢……*

多年以来，科学家研究的动物体形越来越小，越来越不显眼。17 世纪中期，一些德高望重的科学家发表了繁殖老鼠的方法（关键配料是被汗水浸湿的衬衫及少许麦粒。可想而知是麦粒使事情更加复杂，很可能是麦粒引来了按惯常方式出生的老鼠。）17 世纪后半叶，科学家将注意力转向苍蝇等昆虫。此后，显微镜问世，科学家发现了无数新形式的生命，古老的争论再次复苏。

*　　*　　*

　　18 世纪中叶，自然发生说再次崛起。它的崛起与两个人密切相关，一位是我们的老朋友布丰伯爵，另一位是英国科学家（做过牧师）约翰·特伯维尔·尼德姆（John Turberville Needham）。两位科学家相互合作：布丰主要从事写作，尼德姆则借助显微镜从事研究。他们都认为大自然拥有某种"营养力"（vegetative force），可以让物质变为生命。1748 年，尼德姆做了一系列著名实验：他将羊肉炖成肉汤，然后将热气腾腾的肉汤倒进玻璃烧瓶并加以密封。尼德姆宣布，如果烧瓶中有微生物出现，那就证明生命可以自行出现。几天后，他发现烧瓶里充满微生物。生命竟然在无菌的肉汤中凭空出现！

　　斯帕兰扎尼毅然决然地应对挑战。他做了一系列与尼德姆相似的实验。他先将炖好的肉汤倒进烧瓶，让烧瓶口完全敞开；接着，他将同样的肉汤倒进完全相同的烧瓶，将烧瓶密封。此后，他密切关注烧瓶中是否有生命迹象。

　　问题的关键在于斯帕兰扎尼的实验与尼德姆的实验方法有何不同。斯帕兰扎尼并不是让肉汤炖 10 分钟，而是 1 小时；他没有用软木塞塞瓶口，而是用火焰烧灼瓶颈使其融化，最终达到密封状态。[①]
不久之后，他便在瓶口敞开的烧瓶（或只用木塞塞住瓶口的烧瓶）
中发现了微生物。然而，在完全密封的烧瓶中，他没有发现任何生
命的迹象。

性情温和的斯帕兰扎尼偶尔也会言辞犀利地宣告胜利。他表示，
这种新奇的"营养力"只不过是披着伪装的古老、愚蠢的自然发生
说。这本质上只是用新瓶装变质的旧酒。斯帕兰扎尼因给了自然发
生说致命一击而心满意足，他开始研究一个与之密切相关而更加远
大的问题：如果生命只能来源于生命，那么具体过程是如何实现
的？更重要的是，他想知道精液与受孕有什么关联。

\* \* \*

这一问题仍是未解之谜。当时的主流观点认为，在受精过程中，
起决定作用的是精子的"气息"或"能量散发"，这种观点可追溯到
100 多年前的威廉·哈维（或以另一种形式追溯到亚里士多德）。反
对派则将关注点集中在列文虎克 80 多年前发现的微型动物身上，这
些数以百万计的精虫在精液内自由游动。他们认为，这些微型"浮
游动物"才是生命的奥秘所在。他们以某种方式包含着尚未发育的
微型机体，当雄性射精后，数百万只赛跑者中有一只会钻进子宫，

---

① 一个世纪后，路易·巴斯德（Louis Pasteur）对这一实验进行了改进：他让
烧瓶瓶口直接和空气接触，但是将瓶颈设计成极细的弯曲状，就像天鹅颈一样。
这种敞口的曲颈有双重作用：一方面，它可以保证空气中的微粒无法直接落入肉
汤之中；另一方面，它可以驳斥以往的说法，即只要与新鲜空气接触，微生物就可
以自行出现。

开始生长。这是列文虎克的观点（显然，他并未考虑卵子的作用）。不过，由于精细胞数量庞大，加之外表怪异，几乎所有人都不认同这种观点。

斯帕兰扎尼的第一灵感便是以青蛙为实验对象，因为青蛙将卵产出体外，便于观察整个受精过程。这个想法远没有说得这么一目了然。瑞典著名博物学家卡尔·林奈（Carl Linnaeus）相当有把握地声称："在自然界，没有任何一个生命的卵子于母体之外受孕。"

反驳大人物需要勇气。林奈最痴迷两个主题：一是在变化万千的自然世界寻找秩序，二是强调自己的伟大。他曾夸下海口："上帝负责创造，林奈负责安排。"有一次订制园艺设计，他请艺术家将太阳神阿波罗的面部雕成自己的模样。不过，斯帕兰扎尼既是不畏强势的冒险者，又是关注细节的完美主义者，哪怕面对最高权威，他也不会轻易屈服。

无数次细心观察之后，斯帕兰扎尼俨然成为研究青蛙"恋情"的专家。（他也研究过一位历史学家所说的"蝾螈新婚"。）他发现，青蛙交配时，雄性从后面紧紧抱住雌性，雌性在水中产卵后，雄性将精液排到卵上，然后双方分别游开。（斯帕兰扎尼发现，在交配时，雄性青蛙总是紧紧抱住雌性，几乎难以将其分离。无论是砍断雄性的一条腿或者两条腿，还是砍掉它的头，都无法抑制它们的热情。）

显而易见，这种现象应该是体外受孕，与林奈所说的恰恰相反。不过斯帕兰扎尼向来一丝不苟，不会错过一个细节。要弄清水里发生的一切并非易事，因为雌性青蛙"一会儿前扑，一会儿后冲"，而雄性青蛙"身体弯曲变形，样子怪异"，此外，雄性与雌性自始至终

图19.1　这座斯帕兰扎尼雕像坐落在斯帕兰扎尼的故乡斯坎迪亚诺镇（意大利北部）中心广场。不过，他手里的青蛙并没有穿短裤

都会发出呱呱的叫声。斯帕兰扎尼将一对青蛙放进干燥的空容器以便观察。虽然置身于陌生环境，这对青蛙仍然毫无忌惮地交配，雌性产卵后，雄性向卵上排出"一小滩透明的液体"。斯帕兰扎尼将卵放进水中，继续观察。不久之后，这些卵变成蝌蚪，最后长成了青蛙。这就证明，青蛙是体外受精。林奈的说法不攻自破了。

　　消除了前行路上的基本障碍后，斯帕兰扎尼毅然决定继续进军。作为划时代大难题的探索者，斯帕兰扎尼身上却看不到半点气势。他的武器并非步枪和长矛，而是针和线。他给自己安排了一项任务，听起来就像神话故事中残酷无情的国王为命途多舛的囚犯安排的荒谬挑战。他坐在工作台旁，凭借纤细的手指和疲惫的双眼，为青蛙量身缝制了几十件迷你丝绸短裤。

这些迷你短裤的作用在于防止雄性青蛙的精液与雌性青蛙所产的卵接触。在这种情况下，"精气"能否通过散发幽灵般的气波让雌性成功受孕？或者说，这些表层涂蜡的短裤相当于量身定制的避孕套，能否起到额外的保护作用？

斯帕兰扎尼并没有为短裤留下任何细节描述，他虽是位技艺高超的艺术家，却也没有在短裤上作画（我们不禁想象，短裤上点缀着爱心，甚至是青蛙图案的模样）。他以无畏的语气写道："无论为青蛙缝制短裤的想法听起来多么离奇古怪、多么滑稽可笑，它都不会有损我的热情，我已下定决心让这一想法变成现实。"[1] 他费劲地为雄性青蛙穿上了制服。这些青蛙不为所动，一如既往地热情找寻雌性，斯帕兰扎尼写道，"它们竭尽所能，完成了繁殖行为"。

此次实验中，斯帕兰扎尼让雌蛙分别与穿短裤的雄蛙和"裸体"雄蛙交配，然后将产下的卵各取一半。他凝视着两种不同的蛙卵。到底哪一种会长成蝌蚪？

---

[1]  斯帕兰扎尼的这一想法来自两位法国科学家，他们在1740年尝试给青蛙穿短裤，但是并未成功。几年后，他们写信给斯帕兰扎尼，告知了他们的失误所在：要么因为短裤太松，青蛙能够从中溜走；要么因为短裤太紧，导致青蛙呼吸困难，更别提交配了。

# 第二十章　一滴毒液

不久之后，斯帕兰扎尼便找到了答案：沾染了精液的卵最终都发育成了青蛙，而未接触精液的卵则没有。虽然这一结果看上去具有决定意义，但是斯帕兰扎尼坚持做了一系列后续实验。他从粘了精液的短裤着手。他在短裤上收集了一些精液，然后将其滴到一些蛙卵上。这些卵也发育成了青蛙。未滴精液的卵则没有。

这是科学史上具有里程碑意义的实验。这一实验貌似简单，一看就懂，然而它却大胆地解决了一个古老的谜题。是的，正如斯帕兰扎尼的实验结果显示，精液和卵子都是受孕时不可或缺的因素，并且必须保证二者的接触。所谓的"精气"只是神话传说。在一个以展现重要历史时刻为主题的科学博物馆中，我们能看到一些17—18世纪的历史人物模型，其中牛顿被苹果砸中（可以确定，从未发生过这件事），伽利略手捧石块爬上比萨斜塔塔顶（极有可能从未发生过），而斯帕兰扎尼则在勒紧青蛙的短裤腰带（毫无疑问发生过）。

不过，传言与事实有所偏差，考虑到事情的离奇程度，或许有所偏差是一件自然的事情。偏差在于：自斯帕兰扎尼实验之后，历史学家认定，正是他向人们证明精子和卵子在性和受孕中扮演着同等重要的角色；然而，斯帕兰扎尼从未这么想，相反，他以自己的方式解释了实验结果。但后世科学家忽略了这一偏差，或者不曾怀疑传言和事实是否一致。他们认为，斯帕兰扎尼的伟大发现不言自明，他们歌颂斯帕兰扎尼发现了真相，然而他们所谓的真相却是斯帕兰扎尼本人所否认的。这种奇特的命运，就好比圣雄甘地毕生信奉和平主义，而西点军校一届又一届的学生却相信他有杰出的军事谋略而对他无限尊崇一般。

在我们看来，最引人注目的是斯帕兰扎尼几乎将所有注意力放在精液而非精液内自由游动的精虫上。对于不计其数的精虫，他置之不理，它们充其量只是干扰因素，或许只是碰巧生活在精液之中的寄生虫。斯帕兰扎尼认为，精液中有某种让卵子发育出生命的至关重要的物质，它极有可能是化学物质。奇怪的是，斯帕兰扎尼将这种物质和蛇的毒液做类比。毒液有某种神秘的力量，能够让身体发生一系列危险的变化；精液与毒液类似，不过它是良性物质，这种神秘的物质带来的并非死亡，而是新的生命。

然而，一丝不苟的科学家斯帕兰扎尼的首要任务是确切证明精液通过直接的物理方式让卵子受精，而不是通过人们所说的"感染"。他从青蛙的短裤中采集精液，然后将精液滴到蛙卵上，这种做法事实上已经创造出了首例试管青蛙。实验结果似乎表明没有必要进行第二次实验。不过，这位"虔诚的精液科学家"才刚刚开始。他从雄蛙的精囊中提取精液，然后将其涂到新产的蛙卵上。果不其然，蛙卵变成了蝌蚪！（而未滴精液的蛙卵始终没有发生任何变化。）

接着，斯帕兰扎尼以体内受孕的动物为实验对象。在一次非凡的显微镜手术实验中，他从雄性桑蚕体内获取精液，然后将精液滴到蚕卵上。不久之后，蚕卵变成了蛾子。（未滴精液的蚕卵没有出现受孕现象。）他又以狗为实验对象：他借来一条发情的母西班牙猎犬，将它和其他狗隔开，然后向其体内注射了一管从公犬身上采集的精液。62 天后，3 只幼犬诞生！（斯帕兰扎尼注意到，这些幼犬"颜色和外形不仅像母犬，而且也像那只被采集精液的公犬"。）

因此，精液必须与卵子接触，这么看来，精液内似乎确实有某种特殊物质。不过，现在得出结论还为时尚早。其他物质是否也可以让卵子受孕？斯帕兰扎尼毫不懈怠，他拿起滴管和解剖刀着手工作。他从青蛙的心脏中获取血液，然后将血液滴到蛙卵上，仔细观察是否有任何变化。没有。（之所以从心脏中提取血液，因为心脏是生命的典型标志。）接着，他从青蛙的心脏中提取其他液体，也没有任何效果。他又用肺液、肝液、醋、红酒、尿进行实验，无论这些液体怎么混合或稀释，蛙卵都没有任何变化。最后，他又用柠檬汁、酸橙汁、果皮中的汁液甚至电流进行实验，结果都是否定的。无论如何，精液是一种特殊物质！

斯帕兰扎尼相信精液是一种与毒药类似的化学物质，基于此开始了新一轮实验。这一次，他的目标是检验精液用水稀释后还能否让卵子受精。令他惊讶的是，无论怎么稀释，精液都能让卵子受精。他一遍又一遍地反复稀释，不断推算，以此测验精液在能使卵子受精的前提下可稀释的限度，最后却发现结果更加令人费解。他从蛙卵中取出一颗卵子，又从装有精液溶液的烧杯中取出一滴水。"我发现卵子与精子的体积比为 1 064 777 777:1。"

这种结果着实令人震惊，不过斯帕兰扎尼的化学模型几乎让他错失重点。如果他能更重视精虫，如果他发现只需一个精细胞就能让卵子受孕，那么他的研究将堪称完美。然而，斯帕兰扎尼转而选择了稀释实验。同此前一样，他再度撞到了低低悬挂着的果实；同此前一样，他再度忽略了它，转而抱怨这果园该修剪修剪了。

第二次实验依赖于过滤器。斯帕兰扎尼将青蛙的精液在水中溶解，然后将溶液倒过一张滤纸，结果发现过滤之后的残液仍然能使蛙卵受精，只是效果不及未过滤的溶液那么明显。如果用 2 张或 3 张纸过滤溶液，结果仍然相同。最终，斯帕兰扎尼同时用 6 张纸进行过滤，发现过滤后的残余溶液无法使蛙卵受精。然而，当他把一些过滤纸上的黏腻残余物与水混合，再将这种混合物滴到蛙卵上时，他发现大量蛙卵因此受精。

所以，斯帕兰扎尼心中的结论是什么？精液中某种成分具有使卵子受精的能力，而过滤之后留在纸上的残余物就是这种物质。这一结论与他的化学模型吻合，斯帕兰扎尼便欣然记录下自己的发现。然而，他从未将残留在滤纸上的黏腻物放在显微镜下观察。如果观察了，他会发现这些残余物中有无数精细胞在蠕动。果真如此，或许他会好奇为何如此。

\*　\*　\*

将精细胞误认为寄生虫本是大错特错，不过这种错误来自实验中的失误而非思想意识的盲目。除了进行稀释实验，斯帕兰扎尼还认真观察了精细胞，最后推定它们确实为微型动物。不只是人类精液，马、狗、山羊、牛、绵羊、鱼、青蛙和火蜥蜴的精液中都充满微型生物，这些微型生物的外表和行为无异于其他微型活体动物——它们有意识地游动，靠摇动尾巴提供前行动力，它们可以巧妙地避开障碍物。如果将其冷却，它们会放慢速度（最终死去），如果将其加热，它们会异常活跃，四处游动（最终也会死去），就和生活在池塘里的微生物一样。

　　既然它们是真实存在的动物，只是碰巧在另一物种体内找到了容身之处，为何有人认为它们与性和繁殖有必然联系？

　　这是性和婴儿故事中最吸引人的问题之一，距离解决问题只有一步之遥。尽管斯帕兰扎尼并不相信精细胞在受精过程中扮演任何角色，然而他确实研究过这些寄生虫如何繁衍的问题。据他猜测，或许这些微型动物在性交活动中跟随精液进入卵巢。如果精液遇到卵子并使其受精，这些微型动物就会进入卵子并直奔最终会发育为性器官的胚胎组织。（可以想象，如果它们未能在胚胎性组织找到雄性部分，它们可能会尽数死亡。）它们潜伏于胚胎组织，耐心等待其发育成性器官并最终分泌出自己的精液。

　　斯帕兰扎尼是一位专注而成熟的研究者，他本有可能去验证这一猜测。可以想象，他将卵子与精液装进玻璃皿，置于显微镜下仔细观察。这一次，他关注的并非精液，而是精液内的精细胞。如果一切进展顺利，他会成为有史以来见证精子与卵子结合的第一人。他又会如何看待这个进展呢？

　　奇怪的是，他很可能仍然得出精细胞与受孕毫无关系这一结论。他甚至会庆祝自己的合理猜测，即精虫就是藏身于胚胎之中的寄生虫。医学史学家伊丽莎白·加斯金（Elizabeth Gasking）写道："想想都令人惊讶，如果斯帕兰扎尼真的看到精虫渗透到卵子之中，他也会认为这一现象证实了自己的猜测。"俗话说,"眼见为实",有时候这句话也可以反过来说:心中所信便为眼中所见。

*　　*　　*

　　斯帕兰扎尼历来谨慎,他从另一角度研究"寄生虫"问题。然而,那些观察结果也具有误导性。在进行蟾蜍实验时,他写道,绝大多数时候他都发现蟾蜍精液内"满是精虫"。然而,在两次实验中,他惊讶地发现蟾蜍精液内根本没有精细胞。他将这些未发现精细胞的精液滴到卵上,结果发现卵变成了蝌蚪,最后长成了蟾蜍。在后续的青蛙实验中,他又发现了没有精虫的精液。然而,这些精液都能让蛙卵受精。除此之外,还有许多证据能够表明精虫在受精过程中无关紧要。斯帕兰扎尼在总结时强调:"我长期观察微观动物世界,希望这些实验(无论关于动物还是人类)能保证我在细致的观察过程中不被误导。"

　　事实证明,他终被误导。之所以出现这种情况,只有一种可能性——虽然斯帕兰扎尼一丝不苟,但是他仍然漏看了其中的一两个精细胞。于是,他的反应无异于常人,特别是当实验结果似乎印证了原有的信仰时,我们都会采取这种做法。他心满意足地点点头,然后继续研究其他问题。

　　这种做法产生了深远的消极影响。一位医学史学家指出,斯帕兰扎尼极具影响力,在此后的一个世纪,没有人认为精虫在受孕过程中发挥了作用。

\* \* \*

与斯帕兰扎尼忽略精细胞同等重要的是：虽然他发现了精液如何发挥作用，但是他未曾想过或许精液与卵子在性和受孕过程中扮演同等重要的角色。相反，和卵源论者一样，他几乎将所有注意力放在钟爱的卵子上。他坚信卵子是主角，而精液只是配角，后者只是为整个受精过程提供化学能量，使其成功推进。（具体来说，精液通过启动胚胎的心脏实现这一目标。）

这是另一个重大错误，它也根源于艰苦卓绝的实验和认真细致的推理。研究完精液的属性之后，斯帕兰扎尼便将注意力转向卵子。受精的卵子与未受精的卵子到底有何不同？他一边用手术刀解剖，一边用显微镜观察。在经过无数次解剖、观察、比较与分析之后，事实显而易见：受精的卵子与未受精的卵子"没有任何不同"。正是以此为出发点，斯帕兰扎尼得出了逻辑上的必然命题。

斯帕兰扎尼指出：如果未受精的卵子与受精的卵子完全相同，如果后者能发育成蝌蚪并最终长成青蛙，那么毫无疑问，蝌蚪在未受精的卵子中预先存在，而且一直存在。精液的作用本质上无非是揭开序幕，然后大声呼喊：请看！

在 18 世纪甚至 19 世纪，这是主流观点。1723 年列文虎克去世后，精源论者便失去了最后的精神支柱。自此之后，卵居于主导地位。（不仅对于青蛙来说是如此，对于整个自然界而言皆是如此。）从历史角度看，这是一种极其古怪的现象。千年以来，"男性播下种子，女性负责培育"的思想一直支撑着男性科学家的自尊。如今，精液被视为无关紧要的东西，千年主导的理论已经让位于全新的理论——虽然提倡新理论的科学家仍然在男性主导的世界工作与生活着。

　　这似乎无人留意。自列文虎克至达尔文时代，这种奇怪的状态持续了近一个半世纪。历史学家约翰·法利（John Farley）指出，无论在植物世界还是动物王国，"繁衍生息为雌性所独有的特征，雄性在繁衍中的作用极为有限，甚至毫无必要"。婴儿是女性的作品，造就婴儿也是如此。

　　从很大程度上来说，这一观点主要来自斯帕兰扎尼。他是一位杰出的思想家，一位无人企及的实验科学家。他超越了所有竞争对手。他证明精液在受孕中扮演关键角色，还推翻了"精气"的传说，这些都是巨大的成就。然而，他错失重大良机。他本该用显微镜仔细观察精液中游动的微型动物，思考它们到底为何物。他本该认真研究那只人工授精的母犬，思考这一问题：如果受精过程中雌性是唯一的主角，为何生下的幼犬既像母犬也像公犬？过滤精液溶液之后，他本该在显微镜下观察滤纸上的残留物。

　　他本该这样做，然而他并未如此。

# 第二十一章　世纪热潮

拉扎罗·斯帕兰扎尼及其同行认为自己的使命是分析生命基本建筑模块的属性。然而，生命不只是各组成部分的简单排列。一定还需要别的东西。或许某种液体、力量或朝气催活了各组成部分。

电登场了！在 18 世纪，科学家相信他们最终在电流中找到了决定生命与死亡的分水岭——生命力。正是基于这种原因，1772 年，法国物理学家约瑟夫 - 艾南·西高德（Joseph-Aignan Sigaud）在巴黎一个庭院里做了一项实验：他让 60 名志愿者相互手拉手，站成人链形状。这些志愿者忐忑不安，焦虑地等待西高德准备好自己的发电机。

当时，这类展示风靡一时。收到信号后，西高德开始电击人链中的第一名志愿者，只见其痛得跳了起来。排在后面的志愿者一个接一个产生了同样的反应。旁观人群大声呼喊，兴奋不已。（电流强度足以使人为之震颤，但是不会造成伤害。）然而，令人意想不到的事情发生了：前 6 名志愿者都感受到了电流的冲击，然而这种冲击的传递在第 6 名志愿者身上戛然而止。

没人知道为什么。西高德再次进行实验，与第一次相同，第 6 名志愿者在震颤和尖叫之后，电流的传递戛然而止。关于此种现象，每个人都有自己的见解。面对骚动的人群，西高德并不想踢出第 6 名志愿者让实验继续下去。不久之后，所有的谣言都汇聚到一个主题——问题在于倒霉的 6 号先生缺乏动物该有的生命力，即普通男性都具备的性活力。用西高德的话说，"这位问题青年缺乏构成男性独有特征的所有要素"。没过多久，这种奇闻逸事传到沙特尔公爵（Duke of Chartres）耳中，他提议再次进行实验。凑巧的是，沙特尔公爵的乐师中有三名阉伶①。这三名阉伶也会感受到电流的冲击吗？

沙特尔公爵和一些科学家站在一旁观看，只见西高德让 20 多名志愿者（包括三名阉伶）各就其位，然后开始电击第一名志愿者。所有志愿者都跳了起来，无论阉伶还是其他人皆是如此，每名志愿者都将电流传递给了临近的人。西高德大惑不解，遣散了所有志愿者。几个月后，他再次进行实验，结果发现电流又一次在传输过程中戛然而止。

西高德又重复进行了两次实验，结果均发现电流在同一名志愿者（并非此前的"6 号先生"）身上戛然而止。西高德彻头彻尾地对其进行了检查，最终发现了其中的奥秘——最后一位感受到电击的志愿者站在湿地上。电流首先传递到他身上，然后沿着大腿向下传递到湿地（仿佛他就是一根避雷针），因此没有传递到下一位志愿者身上。这一谜题的成因并非性别，而是水洼。

今天，没有人会认为电的传递与生殖器或阉伶有任何关系。然

---

①  又称阉人歌唱家，是一些在童年时接受过阉割手术的男性歌手，阉割的目的是为了保持童声。在16—18世纪，阉伶是欧洲一类独特的艺人。——译者注

而在 18 世纪后期，这种说法最为真实可信。正如一位历史学家所言，电就是当时的"世纪热潮"。在任意演出场合，科学家总会拿起触电竿，让观众在震颤和尖叫声中折服。无论发现何种奥秘，科学家总是首先想到电。如果这一奥秘与性别、能量或生命有关，情况更是如此。

在 18 世纪的科学家看来，斯帕兰扎尼呕心沥血所做的精液与卵子实验完全契合以西高德为代表的物理学家所做的电流实验。（正是西高德的导师建议斯帕兰扎尼为青蛙穿上短裤。）在 18 世纪后期，科学家认为电一定在性和孕育之谜中扮演关键角色，因为某些"力量"以及传统的猜测均被排除在外。长期以来，人们将性和孕育之谜的成因归于魔法或灵魂。然而在新的科学时代，这种观念已经过时，就好比认为火山喷发是众神之怒的产物一样。此时，电为性和孕育之谜提供了更加新颖、更加完美的答案。

事实证明，将电作为关注的焦点完全出于灵感启发下的猜测。人类和其他动物都是导电机器，这是每个见过心电监护仪的人都知道的事实。然而，要在这一故事中添加细节绝非易事。20 世纪 70 年代以前，科学家始终无法真正理解生命的电化学基础。即使如此，斯帕兰扎尼、西高德及 17 世纪的其他科学先驱开了一个好头。

他们误认为自己的发现不止于此。18 世纪后期的科学家表示，他们通过电发现了两个古老谜题的答案。第一个谜题与性和孕育直接相关。自亚里士多德时代起，潜心研究孕育之谜的科学家将大部分精力用于争论身体哪个部分发挥什么作用，想方设法规避了更宏大的问题，即生命从何而来。

这种目光短浅的行为可以理解，毕竟每个人都喜欢研究简单问题胜于复杂问题。不过，这种行为也是不幸的体现。只要提到性，科学家都发现自己被困其中。这就好比他们计划研究鸟类飞行，结果却将所有精力用于研究剥制成形的标本，以及如何将填充好的鸟类摆放在吸引人的背景之下，却没有人思考现实中活生生的鸟类如何离开地面、飞向空中。

他们研究过人类和动物解剖，也仔细观察过胚胎、组织和身体的所有构成成分及产物，但是他们始终无法想象存在一种可以激活所有要素的力量。现在，电进入了人们的视野，古老的谜题似乎终于有了答案。

这个解释简洁而惊人：男性和女性提供构成婴儿身体的基本要素，而电流负责激活这些要素。这只是电流两个关键作用的其中之一。首先，它提供了点燃生命的活力；其次，电流提供了身体在有生之年持续运作的能量。

人类自有史以来一直在苦苦寻找的"生命力"终于被找到了。至少，这是 18 世纪科学家的殷切希望。

\* \* \*

在古代，电充其量只是罕见的奇特之物。千年以来，没有人理解闪电，没有人知道电池和发电机，人们并不认为电有何值得研究之处，毕竟电太过微弱，转瞬即逝。你有没有注意到，有时候在干燥的天气梳头发，头发会竖起来？温度似乎更具研究价值。难道生命体体内都有慢火在燃烧？毕竟人体都有温度，早期科学家就经常将心脏比喻为火炉。不过，事实并非总是如此，蛇和青蛙都是活体动物，但是我们都知道它们摸起来冰凉。

自古以来，一旦发现问题，人们就大发奇想，不久之后又万念俱灰，这已经成为一种模式。然而，人们对于生命力的探索并非仅仅出于困惑，这一谜题还承载着沉甸甸的情感。人死后，虽然躯体与生前并无两样，但是充满生命力的身体与丧失生命力的身体之间存在巨大的难以言喻的差异。生命和死亡令诗人、哲学家着迷又恐惧，因此他们开始探索永生的主题。这一主题也是莎士比亚反复谈论的话题。看到李尔王手中托着考狄利娅的尸体，悲痛欲绝时，观众也潸然泪下。"她是一去不回的了！一个人死了还是活着，我是知道的；她已经像泥土一样死去。"每个人都知道生与死的差别，但是无人知道该做何解释。①

现在轮到科学家大显身手了。自18世纪初，科学家就开始似懂非懂地谈论电。他们相信，自然界所有活体生物（不仅仅是那些自古以来人们熟知的奇特海洋生物）的体内都含有电，而人们一直以来熟知的"活力"事实上只是"电流"。到了18世纪40年代，科学家获得了巨大发现：人可以生产并操纵电流，甚至可以将危险的电流量化储存。曾经一直是供人娱乐的东西，如今被转化为强大的、神秘莫测的自然力量。

探索这一未解之谜的副产品便是非凡的剧场。科学家和表演者（通常科学家即为表演者）开始用电流为大批热情洋溢的观众表演节目。这一现象很新鲜。引力长期以来被视为强大的自然力量，但很

---

① 《哈姆雷特》的创作可能要早于《李尔王》。在《哈姆雷特》里，莎士比亚以更具讽刺性的语言描述了人类本来自泥土、最终又回归泥土的事实："恺撒死后化为土，黏土补洞风可堵。叱咤风云一生功，补道墙来避严冬。"

少有人将它用于消遣。捡起石头，扔下去，再来。相反，电为人们提供了丰富多样的娱乐活动。巡回表演者利用电制造火花、点燃油类、引爆火药、熔化金属、电死动物。

这些表演实在惊心动魄，取代了普通娱乐。在一场表演中，一名勇敢的志愿者伸手去碰一个噼啪作响的导电球，身体随之暴跳起来，台下的观众喘着粗气，随后大声欢呼。1745年，据《绅士杂志》报道，在最高雅的上层家庭，"电力表演已经取代了方阵舞"。谁有时间去跳舞呢？当时，欧洲最流行的表演是"电吻"。表演大师首先从观众中挑选一名女志愿者，让她穿上玻璃鞋或坐在绝缘垫上。待这位女志愿者的身体接入电流后，表演大师便邀请男志愿者上台亲吻她。"哎呀，一旦他们试图靠近她的嘴唇，一股强烈的电击就会让他们碰壁，"一位历史学家写道，"见此情景，那位女志愿者和台下的观众笑弯了腰。"

电流表演既是教育讲座，也是魔术表演。一直以来，人们称电流"奇妙无穷"，令人"百思不解"。一想到某种无形的力量可以伴着闪电横穿苍穹，可以让毛发直立起来，可以让鱼类击昏靠近自己的敌人，人们就深感大自然的丰富，敬畏之情油然而生。

在英国、法国、意大利甚至波兰，为了观看电流表演，贵族与商贩并排而坐，知识分子与凑热闹者相互拥挤。在德国，公爵与公爵夫人"亲赴（当地电力大师的）表演现场，不时露出惊讶的表情"。在英国，国王乔治三世（George III）收藏了大量科学仪器并以此为傲。这些仪器之中，最出名的当属电子器件。在法国，路易十五（Louis XV）专门在凡尔赛宫的镜厅举办了盛大的科学表演。在奥地利，皇帝约瑟夫二世（Joseph II）用科学讲座款待嘉宾。

　　比科学讲座更壮观的是排列而站、准备接受电击的队伍。（这是当时流行的娱乐活动，在西高德和阐伶表演之前就已经存在。）这种活动形式虽不像收到"十位跳跃的先生"①那么令人兴奋，但也差不太多。让－安托万·诺莱（Jean-Antoine Nollet）是法国巴黎一座修道院的院长，也是一位科学爱好者，他是探索电击表演的先驱之一。在 1746 年一个非同寻常的日子，他让 200 名修士围成巨大的圈，然后为每人准备了一根长长的铁棒。每个修士面朝圆心站立，左手和右手各执一根铁棒。

　　当所有修士连成一体时，这位修道院院长用莱顿瓶将人圈的两端连接起来。莱顿瓶能提供强大的电流，200 名修士统统跳了起来，疼痛难耐又不知所措。一位旁观者兴奋地写道："场面极为壮观，每个人在电击后展现出不同的姿态，发出不同的喊叫。"

　　这一消息迅速传到凡尔赛宫，路易十五要求再次进行表演，不过这次是 180 名士兵手拉着手。不久之后，这一做法风靡欧洲，一大批不幸的士兵被迫因电击而蹦来蹦去。在英国，人数最多的一次表演中，1 800 名深感刺痛的士兵同时跳了起来。

* * *

　　到了 18 世纪中期，电流表演逐渐被科学界搁置一边。本杰明·富兰克林（Benjamin Franklin）对此扮演了关键角色，他的电

---

① 出自歌词"在圣诞节的第十天，我的真爱送我：十位跳跃的先生、九位跳舞的女士、八位挤奶的佣妇、七只游水的天鹅、六只生蛋的鹅、五枚金戒指、四只鸣唱的鸟儿、三只法国母鸡、两只鸠以及一只站在梨树上的鹧鸪鸟"。——译者注

学研究生涯差点夭折在起步阶段。1750 年 12 月的一个晚上，富兰克林准备电死一只火鸡作为圣诞节的美食。（他计划将火鸡连接到一块原始的汽车电池上电死，再将其烤熟。）他之前成功玩过此类把戏，不过这次，正如他对哥哥所说的，"我无意中承受了全部（电击），传遍我的胳膊和全身"。一束火光从眼前闪过，伴随枪击似的爆裂声，令富兰克林的晚宴宾客惊恐万分，不过富兰克林本人却错过了这刺激的一幕。"我瞬间失去了知觉，既没有看到火光，也没有听到爆裂声。"最后，他终于苏醒过来，在身体"迅速、猛烈地颤动"之后，只感觉浑身麻木。

两年后，富兰克林开始冒险用风筝做闪电实验。我们可能认为这种故事只是民间传说，就像华盛顿砍樱桃树一样，不过这确实是历史事实。此外，这一事实向我们表明，划过苍穹的霹雳闪电与干燥的手触碰门把手时感受到的静电本质相同。①

自古以来，人们始终相信闪电是神圣之火，这也解释了教堂的尖顶为何总是在雷雨天受到电击。（闪电有时被称为"天堂之炮"。）为了避免闪电的攻击，人们会在闪电发生时派敲钟人爬上教堂尖顶，认为钟声可以抵挡上帝的怒火。事实证明，这样不仅无法驱逐闪电，反而让敲钟人置身于灾难性的危险之中。②

这类早期实验极度危险。第一个被闪电击死的人是德国物理学

---

① 富兰克林并不知道，一个月前，一位法国科学家就已经在暴风雨天气里进行了导电实验。此前，富兰克林在出版物中提出这一实验，而这位名叫托马斯－弗朗索瓦·达利巴尔（Thomas-François Dalibard）的法国人马上付诸实践。

② 许多宗教信徒反对使用避雷针，他们认为试图改变上帝旨意的做法是罪恶的。法国修道院院长诺莱警告人们："抵御上帝之闪电实属大不敬，就好比父亲手执教鞭教育孩子，而孩子却奋起反抗。"

家格奥尔格·里奇曼（Georg Richmann）。1753 年，里奇曼按照本杰明·富兰克林的理论安装避雷针，不料一颗球状闪电击中避雷针，直冲屋内，屋门和合页瞬间分离。里奇曼此时就在屋内，闪电撕裂了他的一只鞋，之后弹到他的前额，导致他当场毙命。历史学家认为里奇曼是第一个死于电击的科学实验者，也是观察到球状闪电的第一人。①

　　早期"电学家"（他们如此称呼自己）都曾电倒过自己。一位英国物理学家写道："第一次经历时，我感觉胳膊仿佛被人从肩膀、肘部和手腕处砍断，双腿仿佛被人从膝盖和脚踝处砍断。"刚等身体恢复，他就草草搭了一间小屋，将电池和电线隐藏在地毯下面，以便让朋友在不知情的情况下体验同样的感觉。还有一名电学家在实验时严重受伤，鼻子鲜血直流。考虑到继续在自己身上做实验太过危险，他便叫来妻子。据他表示，不久后电流将妻子击倒在地，致使她暂时无法行走。

　　不过，与约翰·里特（Johann Ritter）在实验时遭受的折磨相比，这些伤害就轻多了。里特是德国物理学家，也是一名受人尊敬的实验主义者。为了做科学实验，他将强电流系统地应用到自己身上。他先将电流引入全身，然后依次引入五官。他写道："我并非用手实验，而是将眼睛、耳朵、鼻子、舌头以及身体的其他部位跟闭合电路连接起来。"

　　里特认为，视觉、听觉、味觉（事实上身体的所有感官）都来

---

① 约瑟夫·普利斯特里（Joseph Priestley）是18世纪最受人敬仰的科学家之一。他说："里奇曼是一名受人仰慕的电学家，不是每一名电学家都像他这般死得光荣。"

源于电流信号。事实证明，与电极连接后，他的眼前泛着蓝光和红光，耳朵里嗡嗡作响，手指忽冷忽热，浑身都有打喷嚏的冲动。他坚信还有更多秘密等待发现，因此他将电极接到"生殖器官、排泄器官等重要器官上"。他年仅 33 岁便离开了人世。具体原因我们不得而知，但是也可以略猜到一二。

*　　*　　*

在 18 世纪后期的英国，电流实验遵循了更为可喜的发展轨迹。1780 年前后，一位风度翩翩、能言善辩、不太像医生的医生提出了一个性理论，伦敦最时尚的王公与贵妇都为之疯狂。此人名为詹姆斯·格雷厄姆（James Graham），生于苏格兰，上过医学院，不过中途辍学。他曾游历美国，在那里见到了本杰明·富兰克林，此后便创立了自己的医用电学理论。

格雷厄姆在伦敦开设了一家"健康圣殿"，它既是剧院，也是科学讲堂。访客要经过一系列房间，这些房间据称能将性和电流联系起来。格雷厄姆相信，凡是值得一做的事，都值得大做特做，他要让每一位访客都明白这个道理。"圣殿"的第一个房间设有一个大型金属圆筒，长约 3.4 米，厚约 30 厘米，下面是两个半球，上面有"熊熊电火在燃烧"。电火烧灼着一条金色巨龙，噼啪作响，火光闪闪。电流经由这条巨龙传递到一个 3 米高的（绝缘）王座。访客落座于此，不仅彰显辉煌大气之风采，也能吸收上天之火带来的滋养功效。

"圣殿"的中心摆放着最激动人心、最负盛名之物——天床，包治不孕和阳痿。（床头板上刻着："你们要生养众多，遍满了地。"）天床长约 3.7 米，宽约 2.7 米，上方天花板镶嵌着一面大镜子。床的周围布置了蜡烛和鲜花，房间内香气弥漫，管风琴奏出舒缓的音乐，辅之以"电火令人振奋的力量"。在这里过一晚需要 50 英镑，而在 18 世纪 80 年代，普通工人的年收入仅为 50 英镑。格雷厄姆向"每位绅士和他的女伴"保证，在天床上共度良宵，不仅可以感受到"未曾想过的合欢之乐"，而且可以"立刻怀孕"。

格雷厄姆告诉众位兴致盎然的来访者，这一切的关键在于电。他解释道："即使性交行为本身，也不外乎电流作用！"他进一步指出，这不是谎言，而是科学事实。"首先……是对人体电子管或电子筒必要的摩擦和刺激，以便积累或召集生命之火！这便是电学家所说的'生命之缸'的充电过程。接着是放电过程，也就是温和、透亮、活跃的源泉从雄性的正电极传输到雌性的负电极。"

## 第二十二章 "我看到那只生物混浊、昏黄的眼睛睁开了"

从意大利传来一条消息，有人做了一项更可靠、更重要（或许同样古怪）的实验，以此证明"动物电"就是人类长期寻找的"生命力"。此人名为路易吉·伽伐尼（Luigi Galvani），是博洛尼亚的一名解剖学教授。他勤于思考，不善社交，做过一系列惊世骇俗的实验。伽伐尼认为，每个动物体内都有电流，不仅仅是黄貂鱼这种奇特物种。[①] 他在 18 世纪 80 年代进行了被后世奉为经典的实验。他将青蛙腿切割下来，让神经暴露在体外，清晰可见。他发现，电流信号能让切割下来的青蛙腿踢动，就像青蛙活着时一样。

伽伐尼表示，对青蛙进行观察"实出偶然"，他明显是在谦虚，对于他的灵光乍现轻描淡写。（据伽伐尼的早期传记作者表示，伽伐尼碰巧有青蛙可供实验，是因为他本想为身体憔悴的爱妻露西娅炖青蛙汤。）当时，伽伐尼的一名助手正好在使用发电机，而另一名助手在切割青蛙腿准备研究。奇怪的是，发电机与青蛙腿彼此分离，

---

① 希腊人和罗马人已对黄貂鱼有所了解。(不过他们并不了解电鳗，毕竟这一物种生活在南美洲的河流里。)一位罗马皇帝的御医表示，人站在活体黄貂鱼身上可以治疗痛风，因为它释放的电流可以使人的双脚、双腿和膝盖麻木。

它们之间既没有电线，也没有任何物理接触，然而在发电机释放电流的那一刻，青蛙腿开始强有力地踢蹬！

在后续的实验中，伽伐尼在雷雨天将青蛙腿钉在户外，结果发现闪电出现时，青蛙腿就会踢蹬。这一实验结果不难理解，本杰明·富兰克林应该也能推测出来。惊喜在后面。一丝不苟的伽伐尼在晴天再次进行实验。他将铜勾穿进青蛙腿，然后将其挂在铁轨上。青蛙腿抽搐了！到了 1791 年，伽伐尼终于弄清其中的缘由：动物不仅会对电流信号做出反应，而且会自发产生电流。毫无疑问，这便是人们长久以来苦苦寻找的"生命力"。

这一发现震惊了当时的科学界。一位历史学家指出，伽伐尼的发现之于科学界的震撼就好比法国大革命之于欧洲的震撼。不过，伽伐尼很快便受到了挑战，这一挑战来自意大利知名物理学家亚历山德罗·伏打（Alessandro Volta）。起初，伽伐尼的发现让伏打深受鼓舞，但不久之后，他改变了看法。

伏打在科学界的奖项和荣誉不胜枚举，性格好斗，自信满满，而且用他自己的话说，是"一名电学天才"。抛开天赋不说，在社会地位和个人性格方面，伏打力压伽伐尼。

伏打关注的是青蛙腿在晴天抽搐这一现象。正如伏打所言，伽伐尼在无意中创造了铜勾与铁轨之间的电流——在这一点上，当今科学家认同伏打的观点。抽搐现象与青蛙无关，两种金属的存在才是产生这一现象的关键。

为了证明自己的观点，伏打直接跳过青蛙这一环节。相反，他准备了一大摞银片和锌片。在每一块银片和锌片之间，他插入一张经盐水浸泡的硬纸板。接着，他为这座金属和纸板"塔"接入电流。

一位历史学家写道:"伏打展示了当'塔顶'与'塔底'连接时有电流通过。他发明了史上第一个电池组。"也就是说,青蛙在这一实验中无关紧要。

伏打大获全胜,至少世人如此认为。不过,让生物学(伽伐尼)挑战物理学(伏打),这本身并不公平。在 1800 年,医学界庸医当道,坑蒙拐骗,生物学因与医学相关而饱受牵连,只能苦苦挣扎以求赢得尊重,而物理学则被伽利略、牛顿等知名物理学家创造的光环庇护着。生物学是邋遢的后起之秀,物理学则是傲慢的统治者,两者之间的竞争称不上是竞争。

在事后看来,伽伐尼和伏打都只发现了部分事实。要让细节全部显现出来,还需约 200 年时间。到了最后我们会发现,在身体内部,生物学和物理学相互协作。身体由细胞构成(伽伐尼和同时代的人并不知道这一点),每个微型细胞都是某种化学动力电池。因此,每个活体生物都是一场声光秀,而伽伐尼和伏打这对曾经的敌手就是联合制片人。我们的每一种思想、每一种情感都是盛大的电化学表演。沃尔特·惠特曼(Walt Whitman)在 1855 年写道:"我歌唱带电的肉体。"这句话包含着更多惠特曼尚未了解的真相。

\* \* \*

1798 年,伽伐尼去世,时年 61 岁,而他与伏打的对决仍然悬而未决。(据说,伽伐尼曾叹息道:整个世界都"嘲笑我,叫我'青蛙舞蹈大师',不过我知道自己发现了自然界最伟大的力量之一"。)1803 年,伽伐尼的外甥乔万尼·阿尔狄尼(Giovanni

Aldini）在伦敦准备了一场表演，如果一丝不苟、沉默寡言的伽伐尼在世，绝不会允许这样的表演。阿尔狄尼是一位喜爱争论、对恐怖事物感兴趣的表演者。伽伐尼曾在青蛙身上进行了无数次认真细致的实验，而阿尔狄尼更喜欢电击刚刚被处以绞刑的凶犯，令一旁的观众目瞪口呆。

伽伐尼去世后，阿尔狄尼继承了家族事业，开始向整个欧洲宣扬自己的电学信条。阿尔狄尼的资历无可挑剔：他是博洛尼亚大学实验物理学教授。大学毕业之后，他开始和伽伐尼在其家中的简陋实验室里做青蛙实验。有一次，他擅自将实验对象由青蛙这类冷血动物换成热血动物，起初是鸟、羊、牛，接着是人类尸体。

1802 年冬天，阿尔狄尼在博洛尼亚正义宫旁连接好电池组。他表示，在观众的瞩目下，"第一名被斩首的罪犯会被送进我提前选好的房间"。这名罪犯一小时前刚被处决。阿尔狄尼将电池组的电线连接到罪犯尸体的各个部位，尸体像青蛙一般抽搐起来。接着，他将电线连接到断头的双耳上。只见面部肌肉扭曲成了"最恐怖的鬼脸"，死人的眼睛也忽开忽合。

阿尔狄尼继续在英国宣扬自己的电学信条。他不仅在牛津和伦敦做"动物电"演讲，还在伦敦各大医院的解剖剧场电击尸体。公爵、医生，就连威尔士亲王有一次也亲临现场观看，脸上露出着迷和恐惧的神色。

1803 年 1 月，阿尔狄尼取得了最为辉煌的成功。当时，一位名叫乔治·福斯特（George Foster）的伦敦男子被指控杀死了妻子和出生不久的女儿。或许因为太过虚弱，或许因为悲痛欲绝，福斯特无法行走，只能被人拖上绞刑架。据报纸报道，他随后便"进入来

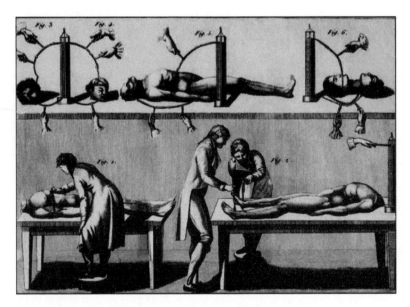

图22.1　乔万尼·阿尔狄尼尝试电击死者头部（左上）和被砍掉头颅的尸体（下）

世"。人们将他的尸体（头部完好）从绞刑架上卸下来，迅速运送到皇家外科医学院，阿尔狄尼和观众正在那里迫切地等待着。

　　阿尔狄尼将一根金属棒塞进福斯特口中，又将另一根金属棒塞进一只耳朵。只见福斯特下巴颤抖，面部肌肉迅速紧缩又舒展，一只眼睛也随之睁开。当阿尔狄尼将金属棒移到别的部位时，福斯特抬起一只手，接着攥紧拳头。他的腿开始晃动并踢蹬。旁观者目瞪口呆，以为福斯特活了过来。据报纸报道，其中一名旁观者迅速逃离房间，不久因惊吓过度而死亡。

　　在此后约 200 年的时间里，医生继续用刚处决的罪犯进行这类电击实验。（1818 年在苏格兰，一位死者遭到电击时腿部剧烈踢蹬，差点踢倒医生的助手；他的胸腔上下起伏，仿佛在呼吸一样；他的手指"如小提琴手的指头一般灵活"。见此情景，旁观者纷纷呕吐、昏厥。）

阿尔狄尼及其他实验者已经接近一个重要事实——他们知道电流是驱动生命有机体的动力，虽然并不知道这一切如何发生——然而他们并没有启发后世科学家追随他们的实验。

不过，玛丽·雪莱（Mary Shelley）在阿尔狄尼的启发下，创作了一部文学界广为流传的惊悚故事。

\* \* \*

1816 年 6 月，日内瓦湖附近。这里的夏天阴冷多雨，诗人拜伦（Byron）及三位来访朋友再次被困在家中。拜伦时年 28 岁，却已是国际名人。四年前他曾说："我一早醒来，一夜成名。"他曾被一名情妇描述为"既疯又坏，认识他很危险"，而他也在不懈努力，以期配得上这种评价。因为陷于种种性丑闻，又被讨债者围追堵截，他毅然决然地离开伦敦，将一切追逐者抛在脑后。他离开时气派十足：马车与拿破仑的马车别无二致，身边跟着一名贴身男仆、一名随行侍从和一位私人医生。他还带了一只孔雀、一只猴子和一只狗。

此时的珀西·雪莱（Percy Shelley）尚不出名。1816 年，这位未来的诗人只是个奇怪的、一副书呆子相的年轻人。几年前，他因为宣扬无神论而被牛津大学开除。雪莱的情人玛丽·戈德温（Mary Godwin）是一名聪慧的少女，芳龄十八，16 岁与雪莱私奔，他们在一起生活已有两年。她为雪莱诞下了两个孩子（第一个孩子出生两周后便夭折了），如今又有孕在身。站在他们旁边企图插话的是约翰·波里道利（John Polidori），玛丽·戈德温叫他"可怜的波里道利"。波里道利是一名饱受嘲笑的医生，也是一名志向远大的作家，他负责照顾拜伦的健康。波里道利求学于爱丁堡大学，当时的英国社会盗墓窃尸成风。

他们每天从傍晚聊到深夜。四人都对最新的科学成就着迷，特别是与电流和生命力相关的研究。他们四个中，珀西·雪莱对这些东西最为痴迷。自童年时代起，他的手就被化学物品永久地刻上了烙印，他的衣服也被洒在身上的酸性物质腐蚀出一个又一个洞。不过，越是危险的实验，在他看来越具吸引力。从小到大，他要求妹妹们做他的实验对象，虽然她们并不情愿。据其中一个妹妹回忆："每次当他向我靠近，我都惊恐万分、心灰意冷。"

对于她们而言，电线、电器及发电设备都是噩梦。"我们手拉手站在实验桌前等待电击。"海伦·雪莱痛苦地回忆道。在牛津大学时，雪莱的屋子里满是化学实验用的瓶瓶罐罐，此外还有显微镜、望远镜、气泵等各式各样的电气设备，让前来找他的人无处落脚。18岁时，他在一封信中写道："人类不过是带电的泥土。"

一个阴天晚上，在日内瓦湖畔，拜伦提议："我们每人写一个鬼故事吧。"每天早上，他们会相互对比故事内容，只有玛丽两手空空。后来据玛丽回忆，到了晚上，拜伦和雪莱侃侃而谈，而"虔诚、沉默"的她洗耳恭听。原来，男人们在谈论伊拉斯谟斯·达尔文（Erasmus Darwin）所做的奇特实验。

如今，伊拉斯谟斯几乎被人遗忘。但事实上，他是杰出的物理

图22.2 初版《弗兰肯斯坦》中所绘的怪物形象

学家，是进化论的早期提倡者（还是查尔斯·达尔文的祖父），也是一位活跃于文坛的诗人，以想法大胆、思想乐观著称。（他一直过着大鱼大肉的生活，导致身体过度肥胖，家人只能在餐桌上挖出半圆形口子，以适应其便便大腹。）据玛丽回忆，拜伦和雪莱在谈论伊拉斯谟斯如何"将一根面条保存在玻璃器皿中，又运用非常手段让它自己随意运动"。两位诗人对此惊讶不已。如果一根面条能够活过来，是否其他东西也可以？"或许一具尸体可以被重新赋予生命，"玛丽写道，"伽伐尼电流实验已经向我们表明，或许人类可以制造生

物体构成要素并组装起来，然后为其注入生命活力。"《弗兰肯斯坦》
(*Frankenstein*) 就这样诞生了。① 现在看来，拜伦和雪莱似乎并未真
正理解这一问题。伊拉斯谟斯论述的并非面条 (vermicelli)，而是
钟形虫 (vorticellae) ——在池塘中发现的一种微生物。无所谓了。
玛丽·雪莱提起了笔。"在 11 月一个阴沉的夜晚，我的含辛茹苦终
于初见成效……我看到那只生物混浊、昏黄的眼睛睁开了；它大口
喘着粗气，身体一阵抽搐，四肢开始晃动起来。"

---

① 在这场鬼故事比赛中，波里道利创作出《吸血鬼》(*The Vampyre*)，这是第一部
描述吸血贵族浪漫、凶残的奇幻故事的小说。

# 第二十三章　斯芬克斯之鼻

　　到了19世纪上半叶，也就是玛丽·雪莱及"弗兰肯斯坦"的时代，生物学家发现自己的前行之路受阻。生命似乎注定是不解之谜。伽伐尼认为自己已经回答了一个关键问题：**为生物体提供生命的力量之源是什么？**但伏打彻底否决了他。一切又重新回到起点。

　　此时，"生命力"这一关键问题仍然悬而未决。生命体内有某种力量之源，它能维持生物运动、消化、生长，这是所有人有目共睹的。此外，这些"电池"或"发动机"之类的东西以自己的方式自动运作，根本不需要借助外力打开开关或转动钥匙。（如果婴儿就像靠发条提供动力的玩具娃娃，父母只需要每天早晨拧紧他们背部的发条，那生命就不会如此神秘莫测了。）如果不是电流为生命提供动力，那会是什么？

　　人们很容易不假思索地回答："食物！"然而，这并不是答案，每个人都心知肚明，因为这种回答马上会引出另一个同样令人困惑的问题："那是怎样一种机制？"我们尽可以向玩偶的体内不断填充食物，但是玩偶不会因此动起来。

　　在过去，人们可以借口这一问题高深莫测而置之不理；然而，在科学时代，人们必须找到某种答案。米开朗琪罗曾在三个世纪前描绘过上帝伸出手将神圣火光传递给亚当的画面。这一图景不仅恢宏壮丽，而且振奋人心，但此时看来，这并不是答案的象征，更像是未解之谜的象征。

不论生命力是什么，它都显然是稀缺之物。人类总是认为周围充满生命，因为我们习以为常地将自己视为万物的中心。事实上，生命极其珍稀。如果说整个世界是舞台，那它也是空荡荡的礼堂中几乎空荡荡的舞台。当代物理学家艾伦·莱特曼（Alan Lightman）曾用数字形容这一舞台的空荡程度："在可见宇宙中，只有十亿分之一中的百万分之一中的百分之一左右的物质以活体生命形式存在。"

在 19 世纪，人们的迫切任务是找到这些稀缺之物的独特之处。是什么让生物有机体几乎不同于其他所有物体？要弄清这一问题，有两条截然不同的路径。第一条路径与斯帕兰扎尼、列文虎克等解剖学前辈的研究密切相关。要走这条路，就要更加仔细地研究卵子和精子，找出其中的受孕原理。要知道生命从何而来，先要知道宝宝从哪里来。第二条路径需要统揽全局，采取此条路线的目的并不在于具体研究精子与卵子的细节，而在于解决一个更为宽泛的问题：活着意味着什么？

罗伯特·布朗（Robert Brown）是大英博物馆植物标本库的负责人，他坚定不移地走第二条路线。布朗对电池、电击或因电击而跳起的士兵这类愚蠢话题没什么兴趣。他将关注点放在自己钟爱的植物上。1827 年，他开启了一项奇特的任务。

布朗毕生都在利用显微镜观察植物。他曾用观察加思考的方式挑战过无数难题，也将用同样的方法处理"生命力"之谜。他极有可能无法对研究目标进行直接观察，不过，或许他可以通过研究其影响来寻找问题的答案，就好比气象学家通过观察山坡上的树木来研究风一样。他首先找到一些花粉粒，将其撒到水滴上。（他注意到植物雄蕊的花粉比雌蕊的要活跃，后者无疑比较被动，只会懒懒待在原地。）

令布朗惊喜的是，这些花粉不会安静地沉淀。相反，它们会跳动，而且这种跳动会持续下去。可以肯定，这是生命力在运动。鉴于整个大英博物馆的收藏都可以为他所用，布朗进行了一系列后续实验。他分别从近期采摘的植物和一个世纪就已死亡的植物标本中收集花粉，然后加以研磨撒到水滴里。结果总是相同：花粉粒不断跳动，永不停息。这一结果再理想不过了。生命死亡后，生命力似乎仍然存在！接着，布朗将植物雌性部分的花粉加以研磨。奇怪的是，这些花粉粒也会跳动。

布朗开始怀疑自己的想法。他原以为生命力只与雄性相关，但是实验结果明显表明，它与两种性别都有关系。不久之后，一场幸运的意外降临了：一向小心翼翼的布朗在实验时不小心让碾碎的树叶（与雌雄无关）落进了水滴里。布朗近距离观察，结果发现树叶颗粒也会跳动！

布朗再次对自己的想法产生怀疑。他指出，任何一种有机体（无论是死是活）体内都包含了充满生命力的微粒。此后一年，他全面、系统地测验了他的新理论。他将各类植物和蔬菜加以研磨，其次是动物组织，再次是煤屑（来自史前植物），然后是石化木。事实证明，这些微粒都会跳动。

有这么多事实可以证明他的全新理论，布朗本该向外界宣布这一巨大成功。然而令人钦佩的是，他并没有这么做。相反，他设计了一套可能会让一切崩盘的测试。他将玻璃加以研磨，结果发现这种无生命的物质可以和生机勃勃的植物颗粒一样在水滴中尽情跳动。他用金属进行测试，它们仍会跳动。岩石测试的结果也完全相同。最后，他进行了一项终极测试：他选取自认为世界上最不具生命力的物体——斯芬克斯像（狮身人面像）的鼻子上的一小块样本——研磨之后将其撒进水中。它们跳动了！

布朗放弃了，其他科学家也是如此。布朗发现的微粒跳动现象被命名为"布朗运动"，然而在 19 世纪无人能理解该运动。最终，到了 1905 年，阿尔伯特·爱因斯坦解释了其中的奥秘。[①]那时，对于原子和分子是否为实体物质，科学界尚未得出一致结论。对于这一问题，爱因斯坦持肯定态度，他还以布朗运动作为证据。爱因斯坦指出，看看漂浮在水杯中的微粒吧，它忽上忽下、忽左忽右地反复跳动，表明水中有某种肉眼无法识别的细小微粒在促使它运动。

这一局是爱因斯坦获胜。回看 1828 年，布朗受到了苛刻的对待。不过，他的重要贡献在于彻底推翻了活体生物体内包含某种非活体生物所缺乏的无形生命力理论。虽然这不是他的本意。就在同一年，更多的挑战将接踵而至。

---

① 1905年是爱因斯坦的"奇迹之年"。这一年，这位26岁的专利狂魔发表了4篇划时代的论文：一篇解释布朗运动，一篇提出光量子假说，一篇阐述狭义相对论，还有一篇提出$E=mc^2$。

＊　＊　＊

与"生命力"理论类似的观点是，生命有机体和无生命之物由不同的要素构成。（术语"有机化学"反映了这一现已过时的观点，这门学科折磨了一代又一代的医学预科生。）这种观点并不是说活体狗与玩具狗的每一处都不同，而是强调生命体的某些构成要素是不同的。这种观点认为，这些神奇的部分只存在于活体生物体内，不可能在实验室中发现，或许是因为其存在需要生命力作为支撑。

以人们耳熟能详的尿素为例，据我们所知，这种物质只存在于尿液之中，无法在其他地方获取。然而，德意志科学家弗里德里希·维勒（Friedrich Wöhler）1828年成功地从无生命物质中提取了尿素。维勒在信中骄傲地告诉朋友："我可以在不依靠肾脏甚至动物（无论是人还是狗）的前提下制造尿素。"

长久以来，人们相信生命之谜非科学所能及。维勒的发现对这一传统认识给予了沉重打击，让生物学家和化学家在震惊之余欣喜若狂。不久之后，另一重击也将随之而来。

这一最新发现是在重操经典实验的过程中获得的。在维勒之前几十年，也就是法国大革命的时代，现代化学刚刚起步。安托万·拉瓦锡（Antoine Lavoisier）是现代化学的奠基人之一。拉瓦锡是天才，是贵族（这一身份在那个时代意味着大麻烦），也是一丝不苟的研究者。拉瓦锡的职业生涯光辉灿烂，取得了无数重大突破。火自古以来就是未解之谜。*物体燃烧时发生了什么？* 拉瓦锡是第一位解释这一谜题的科学家。此外，拉瓦锡指出一项基本事实：

任一物质，无论我们将其焚烧、打碎、冰冻还是加热，其质量与先前完全吻合。人可以改变物质形态，但是无法凭空创造新的物质（至少不可能创造任何大规模出现的物质），也无法让任何物质凭空消失。[①]

在一次精心设计的实验中，拉瓦锡比较了一只活体动物和一块燃烧的炭释放的热量。他将一只豚鼠放进一个四壁填充冰块的容器，又将一块炭放进同样的容器，然后测量有多少冰块融化。（为了避免冰块因日照而融化，拉瓦锡选择在寒冷的冬天进行实验。）接着，他分别将豚鼠和燃烧的炭装进钟形玻璃罩，然后测量它们产生了多少二氧化碳。实验结果表明，在产生等量二氧化碳的前提下，呼吸和燃烧释放的热量基本相同。原来，呼吸就是缓慢燃烧。

这项实验并非证明豚鼠与黑炭相同。相反，它证明，虽然这两者完全不同，但是它们都遵循同样的科学定律。如果真有生命力存在，让生命区别于其他物质，那么它一定可以测量，而非神秘莫测。事实上，拉瓦锡向我们证明，如果夜空中真有女巫飞行，她们也得遵守交通规则。

这是 18 世纪 80 年代的观点。60 年后，到了 1848 年，19 世纪最杰出的科学家之一——赫尔曼·冯·亥姆霍兹（Hermann von Helmholtz）进一步否定了"生命力"之说。拉瓦锡去世之后，科

---

① 　拉瓦锡的发现并未让他摆脱最终走向断头台的命运。1794年，拉瓦锡因为参与制定税收方案而被处决，时年50岁。一位法官驳回了赦免他的请求。"共和国不需要科学家，也不需要化学家。司法程序不容延误。"这句耳熟能详的话据称就是法官当时所说，但真实性有待考量。不过，从未有人质疑过拉瓦锡的同代人、著名数学家约瑟夫-路易·拉格朗日（Joseph-Louis Lagrange）所说的话："他们可以一眨眼就砍下他的头，但他那样的头脑一百年也不会再长出一个。"

学家发现他的测量结果有偏差：动物似乎会多释放约 10% 的热量。这让那些相信生命不能用化学和物理知识解释的科学家欢呼雀跃——这 10% 的多余热量便是生命力在发挥作用！不过，亥姆霍兹所做的实验解释了这一偏差的来源，粉碎了生命力论者的幻想。

一种奇怪的僵局随之形成。每当我们试图伸出手抓住生命力时，它总是凭空消失。这是否表明生命力只是误导人的概念，是和巫术、邪恶之眼一样的历史遗留物？这是亥姆霍兹等中坚的机械论者所持的观点。但在 19 世纪上半叶，大部分科学家（和几乎所有的外行）都不认同这种观点。显而易见，一定有某种东西将生物体与其脚下的土地明确区分开来。

菲茨杰拉德曾说，测验一个人是否有一流的思想，只要看其脑子里能否同时容纳两种相反的思想而无碍其处世行事。然而，19 世纪的科学家面临的挑战几乎完全相反：他们脑子里只有一半的明确概念，还得保持信心、不断前进。生命定有其独特之处，真希望我们能知道那是什么。

在"活着意味着什么"阵营专注于研究研磨后的斯芬克斯像之鼻、观察在冰镇容器中瑟瑟发抖的豚鼠时，"宝宝从哪里来"阵营继续密切关注精子与卵子的奥秘。

他们取得了引人瞩目的发现。

# 第二十四章　"游戏进行中"

19 世纪 20 年代，当整个欧洲沉迷于惊悚小说《弗兰肯斯坦》，在壁炉旁挑灯夜读时，两位年轻的生物学家开始从不同的角度破解生命之谜。自拉扎罗·斯帕兰扎尼为青蛙穿上短裤进行实验算起，50 年已经悄然而逝。50 年来，科学家对受孕现象的理解几乎停滞不前。

尤其值得注意的是，科学家仍然对斯帕兰扎尼的两个著名论断坚信不疑。第一，要发生受精现象，必须保证精液与卵子直接接触。"靠近"并不起作用，而所谓的"精子气息"和"能量散发"更是天方夜谭。第二，精虫只是寄生虫，与受孕无关。第一个论断无可置疑，而第二个论断谬以千里。

科学界之所以长期沉寂，原因很简单：无论是具体的性和发育难题，还是广义的生命之谜，都令人望而却步，无从下手。欧洲各国的科学家对这一困境的回应完全不同。在德意志，因为浪漫主义运动的兴起，科学家将关注点放在神秘事物上，从而提出关于生命如何永不停息地向前发展的宏大高深的理论。在英国，科学家几乎抛弃了生物学，认为生物学属于摆弄植物和鸽子的业余爱好者。只有法国仍保留着实验传统。

然而，没有人心存希望。英国医生、学者彼得·罗热（Peter Roget）[①]总结了当时的流行观点。他在 1834 年写道，宝宝从哪里来这一谜题"超越了人类理解力的极限"，科学无法提供"任何线索"以破解"这一黑暗而令人绝望的谜题"。

事实上，十年之前，两位年轻的科学家已经发现了一些重要线索，不过当时罗热和其他人并未对此予以足够的关注。1824 年，让 - 路易·布莱沃斯（Jean-Louis Prévost）和同事让 - 巴蒂斯特·杜马（Jean-Baptiste Dumas）发表了三篇论文，重新研究斯帕兰扎尼多年前所做的实验。杜马是法国人，二十出头；布莱沃斯是瑞士人，比杜马大几岁。他们的实验从研究各类动物的精液开始。无论他们研究哺乳类、鸟类还是鱼类，总能发现精虫的存在。然而，当他们着手研究骡子（公驴和母马所生或公马和母驴所生）这类不育动物时，并未发现精虫。

上述只是验证了列文虎克和斯帕兰扎尼的发现。现在，布莱沃斯和杜马开始进行两位先驱从未做过的实验。他们先将一些蛙卵放进清水中，又将另外一些蛙卵放进掺入精液的水中。不出所料，只有放进精子溶液的蛙卵正常发育。接下来的环节非常关键。斯帕兰扎尼认为精虫是寄生虫，在受精过程中不扮演任何角色。事实果真如此吗？

布莱沃斯和杜马采集了一些精液，让其变干，这样精液内就

---

① 罗热没有对科学做出突出贡献，不过他心无旁骛、专心致志，对顺序和排列痴迷不已。他的主要成就在于编纂《罗热索引》（*Roget's Thesaurus*）。

不再有精虫游动。他们将变干的精液在水中溶解，这样精液还能否让蛙卵受精？答案当然是否定的！假如用电流电击精液，以此杀死暗藏其中的精虫，这样的精液是否还有让蛙卵受精的能力？答案仍然是否定的。也就是说，如果没有游动的精细胞，就不会有受精的卵子。

接着，他们重新进行了斯帕兰扎尼的滤纸实验。在用 5 层滤纸过滤精液后，精液内不再含有精虫，而它也无法再让蛙卵受精。然而，如果将滤纸上的残余物在水中溶解，残余物中又会发现精虫，也能让蛙卵受精。

这种现象并不能完全证明雄性在受孕过程中的关键作用在于贡献精虫，但是毫无疑问，它具有指向性。有精虫时，就有受孕；没有精虫，没有受孕。

后来，布莱沃斯和杜马将关注点由精液转向卵子，实验对象由青蛙变成狗和兔子。在这些实验中，他们距离取得巨大突破只有一步之遥：他们差一点就识别出哺乳动物的卵子。之前从未有人识别出来。在我们今天所说的"格拉夫卵泡"中，他们发现有些即将破裂的卵泡下面藏着微型椭圆状结构。他们猜测这些椭圆状结构便是卵子。猜测是正确的，但是他们无法证明。（要证明这种猜测，他们必须标记这些卵子，然后跟踪观察它们进入子宫。）

然而，科学界对于这一发现不为所动。斯帕兰扎尼之名如雷贯耳，"精虫是寄生虫"这一认知根深蒂固。因此，新的发现难以引起轰动。更糟糕的是，将关注点聚焦于精虫意味着支持几十年前就已抛弃的理论。哪位现代思想家愿意退回去研究列文虎克及其发现的微型动物？

更严重的问题在于，当时的生物学家收集了大量事实，但没有建立起诠释事实的理论框架。相反，他们像喜鹊一样奔波，不断收集钥匙、金属环等闪闪发亮的东西。约一个世纪以来，局外人一直嘲笑这些勤勤恳恳的科学家徒劳无功。一位曾做过医生的哲学家在18世纪中期抱怨道，生物学家可以"乐此不疲地让我们了解各种枯燥乏味的自然奇观"，但他们不能止步于"在鱼肉中数鱼刺，测量跳蚤跳多远"。

怀疑论者欣然指出，物理学家早就跳出了这些条条框框，发现了适用于宇宙万物的规律。石头会下落，箭矢会下落，月亮也会下落，而方式完全相同。此外，地球会旋转，滑板和陀螺也会旋转，它们都遵循同样的规律。一种囊括一切的力量让行星向太阳靠拢，让婴儿手中的摇铃落到地上。

生物学家和思想家几乎放弃了在生命世界寻找这样的统一规律。"目的""欲望"和"动力"是生命的本质，而这些东西无法用纯物理语言解释。相对而言，物理学家的工作更具可控性。问"星星为何而存在"似乎很愚蠢，毕竟星星不为别的东西而存在。同样，彩虹、石头等不具备生命的物质都不为别的东西而存在，待条件具备时，它们自然就出现了。

不过，一提到生物学，情况完全不同。"眼睛为何而存在"这一问题不仅合乎情理，而且至关重要。眼睛用来看，用来在错综复杂、危险重重的世界寻找前行之路。如果不是这样的出发点，人怎么会谈论起眼睛？石头落下就只是落下，并不是出于沮丧或哗众取宠的心理。然而，一切生命现象不"只是"发生。狗之所以翻找垃圾，猫之所以追逐老鼠，背后自有原因。

当然，生命世界的复杂结构也绝非碰巧出现。如果不为弄清楚大脑、骨骼、根和花朵如何形成以及为何存在，我们又怎会谈论它们？这些问题无法避免，但是似乎注定无解。

**生命体如何活动和繁衍？**生物学家迫切地寻找这一诱人问题的答案，结果发现自己陷入困境，无能为力。在生命探索之路上，科学之眼的视野仅限于此，即使在最简单的案例上也不例外。伊曼努尔·康德在1790年宣称："永远不会有研究一根草的牛顿。"

几十年来，康德所言似乎是事实。直到有一天，世界发生了变化。

\* \* \*

从某种程度上说，这种变化要归功于布莱沃斯和杜马。诚然，二人几乎被遗忘，但是他们激励了一些科学家从全新的角度探究古老的问题。年轻的生物学家卡尔·恩斯特·冯·贝尔（Karl Ernst von Baer）便是其中的一员。贝尔出生于爱沙尼亚，当时在德意志柯尼斯堡大学工作。1827年，贝尔成为首位发现哺乳动物卵子的科学家。

贝尔虽非牛顿，但他认同这位英国科学家的观点，即直接实验胜过高谈阔论。如果问"什么是光"，注定引来无数闲谈。正如牛顿所示，能带来进步的做法是将棱镜置于光束前方，然后折射出彩虹。贝尔的问题是：**什么是生命？**和布莱沃斯及杜马的做法相同，他通过深入探究狗的卵巢来解决这一问题。

他写道："在观察卵巢时……我在一个小囊中发现了一个黄色小

斑点。后来,我在绝大部分小囊中均发现了同样的斑点,而且斑点往往只有一个。好奇怪,这会是什么?"

贝尔继续写道:"我打开其中的一个小囊,用解剖刀小心翼翼地将它挑起放进装满水的表面皿,置于显微镜下观察。我清清楚楚地看到一个极其微小但完全发育的卵黄球,这一结果让我毛骨悚然,仿佛被闪电击中一般。我缓了缓神,怕被幻觉迷惑,随后鼓起勇气再次观察。奇怪的是,当期待已久的一幕真正出现在眼前时,却令人惊恐万分。"

贝尔继续研究各类动物的卵子,包括龙虾、鸟、青蛙、蜥蜴和蛇,还包括一些哺乳动物,如兔子、猪、牛、刺猬,以及最重要的:人。他由此得出简单的结论:"每一种因性结合而产生的动物均由卵子发育而成。"

这个认知来之不易,历时漫长。哈维曾表示"万物都来自卵",那还是 1651 年。时至今日,贝尔的发现与哈维的不同——这一发现并非来自论证与类比,而是基于实证与观察。这种认知之所以姗姗来迟,主要是因为哺乳动物的卵子极其微小、隐蔽,肉眼或早期的显微镜极难发现。

贝尔的发现也打破了人们的心理障碍。75 年前,也就是 1752年,瑞士伟大的解剖学家阿尔布雷希特·冯·哈勒在长期探索卵无果后最终选择放弃,这让其他有此意向的科学家望而却步。

同哈维解剖鹿一样,哈勒在母羊交配不久后便将其解剖。不过,和哈维一样,哈勒并未在解剖的母羊体内发现卵或其他东西。后来,他将交配两周的母羊加以解剖,结果在其子宫内发现了微型胚胎。他由此得出结论:所谓成形于卵巢的卵,事实上只是一种在子宫中

"凝结"并发展成胚胎的液体。此后，哈勒的观点被作为传统智慧传授给了一代又一代青年学生，包括贝尔。

除了贝尔，没有人敢在哈勒迷路的地方继续冒险。贝尔将这一发现以论文形式发表，并为其取了一个华丽而蹩脚的名字：《论哺乳动物和人类卵的起源》（*On the Genesis of the Egg of Mammals and of Man*）。这一题目稍显累赘，毕竟人类无疑也是哺乳动物。不过，贝尔并不想给人任何机会去质疑自己的发现。

起初，贝尔的发现反响寥寥。他可怜巴巴地表示，面对自己的重大发现，整个世界"一片死寂"。1828 年 9 月，博物学家协会在柏林召开会议，会议上无人提及贝尔的论文。贝尔不想主动提起这一话题，于是不了了之。在会议的最后一天，终于有位科学家向贝尔问了一个随意的问题。

无论如何，贝尔只解开了一半谜题。他并不在意布莱沃斯和杜马的研究，坚持认为精虫是寄生虫，与受孕之谜无关。（"精虫"一词就是贝尔提出的，意为"精液中的动物"。）

十年之后，当人类认识到精虫并非动物，而是完全不同的物质时，真正的突破才随之而来。

# 第二十五章　抓捕！

1837 年 10 月的一个傍晚，生物学家泰奥多尔·施旺（Theodor Schwann）和植物学家、前律师马蒂亚斯·施莱登（Matthias Schleiden）共进晚餐，讨论各自的研究。这两位杰出的科学家都高度敏感。施莱登患有抑郁症，自杀未遂之后，他选择转行。施旺 1838 年遭遇了一场信仰危机，此后便抛弃了研究事业。十年前，他们都在柏林读书，自那时起便是好友，聊起天来兴致勃勃。

施莱登带来了重磅发现：他利用显微镜观察植物，不知经历了多少个日日夜夜，最终发现了植物结构的秘密。他指出，无论什么植物，只要用显微镜仔细观察，就会发现它们均由细胞——无数有序排列的独立单位——构成。施莱登一直在继续生物学家罗伯特·布朗所做的研究。布朗不仅以斯芬克斯之鼻为实验对象看到了"布朗运动"，还通过显微镜观察兰花，发现了类似细胞的结构。不仅如此，每个细胞均包含一个圆状结构，布朗将其称为"细胞核"。

施旺这才恍然大悟。他一直在研究动物而非植物，不过他在不同的组织中也发现了深色斑点。难道这些黑色斑点也是"核"？他们来不及喝完咖啡，便匆匆赶往施旺的实验室一探究竟。

施莱登率先公布自己的发现：*所有植物均由细胞构成*。施旺紧随其后：*所有动物均由细胞构成*。这是细胞理论的雏形，生物学界最终找到了自己的基本法则。物质由原子构成；植物和动物由细胞构成。不久之后人们发现，每个微小的细胞就像一个复杂而又忙碌的工厂，里面堆满呼呼作响的机器。生命的关键并非人们千年以来一直寻找无果的"生命力"，相反，细胞才是生命的标志。

20 年后，也就是 1858 年，德意志医生鲁道夫·菲尔绍（Rudolf Virchow）取得了最后一个关键发现。"*一切细胞来源于细胞。*"现在，积木理论中的每一块积木已经准备就绪。更重要的是，精子和卵子的本质终于清晰明了。如果精虫事实上就是精细胞，卵子事实上就是卵细胞，那么这对神秘的结构终于获得了同等地位。人们一直以来都在争论精子和卵子哪一个真正重要；如今，这场"百年战争"终于达成和解，精子和卵子双方被赋予了同等重要的地位。

最重要的是，如果菲尔绍所言属实，"任何发育完全的组织都可以追溯到细胞"，那么受孕现象终于可以解释得通了。受孕并不像卵源论者所说的，胚胎原本隐藏于卵子之中，而精液只起到激活卵子的作用。同样，受孕也不像精源论者所说的，胚胎原本隐藏于精虫之中，而卵子只是提供营养助其发育。现实情况是，精细胞和卵细胞以某种方式合成全新的单个细胞，不久后这个细胞会分裂、生长，而不计其数的后继细胞也会重复这一过程，直到一个微型胚胎变成结构复杂的多细胞生命。

＊　＊　＊

这三位年轻的德意志科学家是众多同事和竞争者中的佼佼者，他们 19 世纪中期创立的细胞理论至今仍是每所学校的生物公开课都会讲授的内容。这种洞察或许应该来得更早些，但是意外频发，加之时运不济，这些早期探索者屡受挫折。主要问题在于当时的显微镜无法胜任该项研究。1665 年，罗伯特·胡克在观察软木时看到"许多小匣子"，这让他想起蜂房的巢室，于是他启用了 cell（蜂房的巢室；细胞）这个术语。看到这些空匣子，胡克明白了为何软木如此之轻，不过他观察的是枯木，此外他并没有意识到活体细胞不仅是几何形态，还是一个繁杂的工作间。

纵观 18 世纪，显微镜粗制滥造，使用不便（且正如我们所知，并不流行）。除此之外，科学家的关注方向发生偏差。植物细胞比动物细胞易于观察，植物的细胞壁厚而结实，动物的细胞膜纤薄脆弱，大体来说，它们之间的差别相当于纸箱之于塑料袋。然而在 18 世纪，几乎没有人在显微镜下观察植物。植物学家将时间用于植物分类而非显微镜观察，而大部分科学家更偏爱动物研究。最终，到了 19 世纪上半叶，显微镜得以改进，而植物生物学再次流行起来。

即使如此，细胞理论在几十年后才被人接受。现在看来，菲尔绍的宣言"一切细胞来源于细胞"（Omnis cellula e cellula）与权威格言"合众为一"（E pluribus unum）有异曲同工之妙：起初饱受争议，最终无法忽视。鲁道夫·菲尔绍将见证这一转变。

菲尔绍是细胞理论先驱中最杰出的人物。他才华横溢，但是固执己见，刚愎自用。他的身影时常出现在各种毫不相干的活动场合。他在柏林街头加入了1848年欧洲革命的战斗；他第一个发现细胞病变会引发癌症；他与海因里希·施里曼（Heinrich Schliemann）一同探索了特洛伊遗址；他坚决反对进化论（与此同时，他半心半意地强调自己并非有意嘲讽达尔文及其追随者是"赤裸裸的傻瓜和白痴"）；他揭穿了所谓的尼安德特人头骨大发现，坚持认为它是现代人的头骨，只是被人打碎而已。

对于菲尔绍，争议如同家常便饭。（他的医学观点也反映出其好斗的本性，比如他认为癌症是"细胞间的内战"。）菲尔绍是改革者，是政治自由主义者，他领导了一场保护水质清洁与食物安全运动。13年来，他一直担任德意志帝国议会议员。他坚持认为军费预算过高，一度惹怒奥托·冯·俾斯麦（Otto von Bismarck），导致这位铁血宰相向他发起决斗。作为被挑战的一方，菲尔绍有权选择武器。他准备了两根香肠，一根给俾斯麦，另一根留给自己：给俾斯麦的那根是生肠，里面布满了能感染毛线虫病的微生物；而留给自己的那根是熟肠，安全无患。俾斯麦收回了挑战。

细胞理论之争之所以旷日持久，部分原因在于它大胆而全面的主张，还有部分原因在于它让生命力是否存在这一悬而未决的问题再次成为人们关注的焦点。泰奥多尔·施旺自豪地支持机械论，反对生命力。他表示，生命是化学物质，而非气息或仙尘。生物有机体"与建立在物质基础之上的无生物界相同，遵循看不见的规律"。前行之路非常明确：*不要费心研究生命力，而要弄清楚细胞如何运作。*

尤其要弄清楚精细胞与卵细胞如何运作。长久以来，这一问题晦涩难懂；如今，它似乎有了解决之道。1875 年，一位自负而暴躁的德国科学家首先找到了答案，他就是奥斯卡·赫特维希（Oscar Hertwig）。当时，他在意大利那不勒斯的实验室工作。赫特维希并不是性研究的先驱。他个头不高，留着整齐的胡须，秃顶，头脑聪慧；他为人冷漠，令人生畏，几乎蔑视每一个人，除了弟弟理查德，他是赫特维希诸多科学论文的合作者。

这些论文主要与海胆相关。起初，赫特维希和理查德从未想过这种生物的性生活值得密切关注。然而，当这对脾气暴躁的兄弟相互合作，共同研究生活于那不勒斯湾的多刺海洋生物时，他们创造了生物学的历史。

当时，赫特维希来到那不勒斯一个新成立的海洋科学研究站工作。起初，那里的科学家尚未决定哪些海洋生物最适合研究。海胆一举成名完全出于偶然，就像一个龙套演员某日碰巧有机会为一位好莱坞大腕侍奉酒水一样。

研究海胆是当地一位渔民的建议，他嗜好大口吞食海胆卵。海胆卵美味可口（爱好者们可以作证），数量丰富（一只海胆就可以产出大量海胆卵）。更重要的是，这种物质透明可见，可以利用显微镜观察其内部结构，这就好比在建筑工地找到了一处观测孔一样。对于科学界而言，海胆卵通体透明，容易采集，如果实验之后尚有剩余，还可尽情享用，实乃天赐之物。

1875 年春天，赫特维希透过显微镜观察一颗海胆卵。海胆与青蛙相同，属于体外受精动物。在显微镜下，海胆卵内部的细胞核清晰可见。赫特维希将一滴海胆的精液滴到卵子旁边，发现一颗微小的精细胞顶向卵子外层。片刻之后，这颗精细胞的细胞核出现在卵子内部，就像一张投入漂流瓶中的便条。当精细胞的细胞核出现在巨大的卵子中时，它不断游动，最终游向卵子的细胞核。

突然之间，两颗细胞核就在赫特维希的眼前发生接触，合而为一。赫特维希是有史以来目睹受精过程的第一人。曾经的两颗细胞核合为一颗，赫特维希以漫长职业生涯中罕有的诗意笔触写道："就像太阳从卵中升起。"

＊　　＊　　＊

赫特维希也注意到，一颗精细胞只能让一颗卵细胞受精。接下来的任务，便是弄清楚受精的卵子在分裂时发生了什么。赫特维希仍然是领路人。日复一日，他和同行胚胎学家兴致勃勃地观察卵细胞如何一分为二，二分为四……这一过程极其复杂，即使理论上看来也是如此，因为每个微小的细胞内部包含一系列全速运转的发动机和装配线，这就好比一整座全自动波音飞机生产工厂在一个小点之中运转，殊不知这个小点只是字母 i 的一部分，而字母 i 也只不过是单词 impossible 的一部分。

为什么每个细胞内部都各自包含一座复杂的工厂？卵子受精从一个单细胞开始。当这个细胞一分为二，是否两个子细胞分别继承母细胞一半的机器设备？或者说，所有的机器与设备都会复制自己，只不过搬到了新家？

两种可能性似乎都不可思议。机器复制自己？机器一分为二，但是运转不受任何影响？更糟糕的是，这不是一次性谜题，而是无限循环的谜题。第一个受精卵分裂为数十亿个新细胞，每个新细胞的复杂程度都令人难以想象。此外，细胞要同时完成两个不同层面的运作：首先，细胞与细胞之间通过复杂的方式相互作用；与此同时，每个细胞内部的无数构成要素在高速运转。

汉斯·德里施（Hans Driesch）是那不勒斯的一位动物学家，他精心设计了一种实验以观察细胞的变化。德里施恃才傲物，四面树敌；然而，没有人可以否认他的科学才能。他的想法是，先等海胆的受精卵细胞一分为二，再轻轻地将这两个细胞切开，会出现什么情况？德里施继续观察。或许这两个细胞都会死去。然而，它们都活了下来。又或许这两个细胞都会存活，其中的一个细胞会发育成母体的一半，另一个细胞会发育成母体的另一半。然而，结果并非如此。

事实是，两个细胞最终都长成了完整健全、"身心健康"的成年海胆。德里施尝试用新的方法进行实验：这次他等卵细胞一分为二，然后二分为四，再将分裂之后的细胞切分为四部分。同上次一样，这四部分均发育成完整的、一切正常的成年海胆。

观察是一回事，理解是另一回事。德里施的发现在生物学界掀起一场斗争。（德里施乐于激怒同僚和对手，他坚持认为自己证实了饱受攻击的生命力的存在。他表示，生命包含纯化学无法解释的奥秘。）然而，后续的故事实际上更加复杂。再经过数轮细胞分裂之后，个体细胞均丧失了发育成完整有机体的能力。相反，这些细胞特化了。以哺乳动物为例，特化细胞会分别发育成骨头、大脑、心脏和毛发。

要解开细胞生长和细胞分裂之谜还需要花费数十年时间，这一探索一直持续到 20 世纪上半叶。这条探索之路将历经基因、染色体和 DNA 的发现阶段，它们是现代生物学的标志。染色体如何决定生物属性，如何在精子和卵子中分配，又如何在胚胎体内组合？这些问题的答案都将成为日后的伟大发现。细胞之谜的解开让我们明白，在细胞分裂过程中，藏于细胞之内的"机器设备"会不断传递；除此之外，规定这些设备在新细胞中如何运行的指令也会传递下去。

在此之前的种种时刻，从没有人设想过这样的答案：1677 年，安东尼·范·列文虎克从婚床上一跃而起时没有；1827 年，卡尔·冯·贝尔在狗的卵巢中惊讶地发现卵子时没有；1875 年，奥斯卡·赫特维希看到精细胞和卵细胞合二为一时也没有。诚然，这些"科学侦探"先驱并未破解这一谜题，但是他们发现了至关重要的线索，靠着这些线索，后继者最终得以圆满结案。

\* \* \*

我们永远不会知道哪位先祖最先提出"宝宝从哪里来"这一问题。或许是一位刚刚分娩的妈妈，在挥汗如雨、痛苦呻吟之后终于将宝宝带到了这个残酷的世界；或许是一位圣贤，他一边盯着壁炉的火焰，一边推敲不为人知的谜题；或许是一个机灵的 6 岁小孩，新出生的妹妹让她好奇不已。

不仅是他们，还有无数其他先祖，都会望着身边哭叫喊闹的婴儿，望着天上飞鸟、地上爬虫，发自内心想要知道这些不可思议、令人疯狂的生物到底如何形成。不过接下来，一丝进出的火星或一声惊雷便足以打乱他们的思绪，让他们停止思考，继续生活。

我们都是如此。很多事物本该令我们目瞪口呆，但熟悉感抹杀了惊讶感。作家约翰·斯图尔特·科利斯（John Stewart Collis）曾说，我们会认为从帽子里变出兔子是魔法。非也。真正的魔法是兔子生出兔子。

# 致　谢　　　　　　　　　　ACKNOWLEDGEMENTS

　　我们今天所走的道路，是无数充满智慧的先辈历经千辛万苦开辟出来的，然而我们很容易忽略他们的成就。人类学家马克斯·格拉克曼（Max Gluckman）曾说，科学的突出特征在于"这一代的愚人可以跨越上一代的天才的极限"。重要的是，我们必须铭记他们曾经是天才，尽管他们离奇地选择生活在距离我们的启蒙世界如此遥远的年代。我们倾向于用当今的语境看待问题，而笔者已在努力规避这种倾向。我们的先驱充满困惑却意志坚定，要探究关于他们的历史，就意味着要叹服森林深处的广阔，要尊重那些最终在森林深处找到通行之路的人。希望拙著能呈现他们的智慧、反映他们的困惑。

　　笔者的写作既依赖于科学先驱，也依赖于当代诸多科学家和历史学家的论述。特别感谢纽约公共图书馆和美国自然历史博物馆的研究人员。特别感谢从未谋面的历史学家道格拉斯·安德森（Douglas Anderson）。安德森创建了一个神奇的网站，名为"列文虎克透视"（Lens on Leeuwenhoek）。对痴迷于科学史的人而言，这一网站不容错过。

此前，每当邮递员送来有关 17 世纪性行为的手册时，笔者都会遭到嘲笑。如今终于如释重负。

艾莉森·麦金（Alison MacKeen）、本·普拉特（Ben Platt）和利亚·斯特彻尔（Leah Stecher）为拙著的写作提供了真知灼见，这些建议涵盖宏观和微观主题。贝思·莱特（Beth Wright）在审稿过程中眼明手快，一丝不苟。弗里普·布罗菲（Flip Brophy）既是笔者的代理人，也是好友，她充满活力与激情，自项目伊始就积极参与、全程指导。艾尔·辛格（Al Singer）是笔者的好友，20 年来，我们总是在早餐期间一边喝咖啡一边研讨学术，他是科学地对待工作的楷模。对于他提出的异议与见解，特别是他给予的鼓励，笔者无以回报。

笔者有两个儿子，一个是作家，一个是编辑，他们为拙著的创作提供了无数建议。没有哪位作家有如此强大的联盟。

对于琳恩（Lynn），笔者的感激之情无以言表。

# 注 释　　　　　　　　　　　　　　　NOTES

　　本书中的引语，以及读者可能觉得来路不明的论断，在下方都能找到出处。为避免冗杂，我未将权威渠道中易于查找的信息列入其中。另外，"参考文献"部分已收录的书籍和文章，不再列出完整的出版信息。

　　在引用的作品中，我尽可能地列出最便于读者查找的形式。尤其值得一提的是，关于安东尼·范·列文虎克的一切都可以参考网站"透视列文虎克"（http://lensonleeuwenhoek.net），该网站信息全面，分类明晰。

## 引子

003 出了名地"性急"：Aubrey, *Brief Lives*, 145.

004 认为我神经错乱：同上。

004 包含"心"的习语：Wright, *Harvey*, 59.

004 "你的观察之眼……"：同上，224.

005 "为了娱乐和健康……"：Keynes, *Harvey*, 343.

005 "非常享受这类奇事"：同上。

005 "……根本没有精液"：同上，345.

006 控制变量组：许多人认为第一位开展控制变量实验的科学家是詹姆斯·林德（James Lind），他在 1747 年表明柠檬可以预防坏血病。另一些人认为是弗朗切斯科·雷迪（Francesco Redi），他在 1666 年的实验中证明苍蝇不会从肉屑中自发产生。还有人认为是拉扎罗·斯帕兰扎尼，他在 1768 年证明微生物不会在密封容器内自发产生。

006 "他们断定是我……"：Keynes, *Harvey*, 345.

## 第一章　向荣耀进发

009 艾萨克·牛顿也不清楚：Home, "Force, Electricity, and the Powers of Living Matter," 112.

009 它们是寄生虫：Gasking, *Investigations*, 51.

014 科学家"冰冷的哲学"："一切魅力一经冰冷的哲学触摸／难道不都会烟消云散？"济慈在 1820 年的长诗《拉米亚》（*Lamia*）中写道。

015 〔脚注〕"如果三角形有一个上帝……"：Montesquieu, *Persian Letters*, no. 59. Online at http://tinyurl.com/hw2d8bo.

015 上帝"乐于隐藏自己的作品"：William Thomas Smedley, *The Mystery of Francis Bacon* (London: Robert Banks, 1912), 104.

016 "262 个毫无根据的假设"：Jocelyn Holland, *German Romanticism and Science: The Procreative Poetics of Goethe, Novalis, and Ritter* (New York: Routledge, 2009), 5.

## 第二章　隐藏在深夜中

017 "你是如何从氢元素开始……"：Robert Krulwich 在美国国家公共广播电台发表的一篇题为 "Building Me: A Puzzlement." 的文章中引用了 Diane Ackerman 的这句话。原话出自 *The Moon by Whale Light* (New York: Random House, 1991), 131. Krulwich 的文章详见 http://tinyurl.com/hjys4br.

018 埃斯库罗斯：引用篇章出自 *The Eumenides*, lines 666–671. 英文译文出自 *The Oresteia: Agamemnon, The Libation Bearers, The Eumenides* by Aeschylus, translated by Robert Fagles (New York: Penguin Classics, 1984).

019 "女人天生带有子宫……"：Helkiah Crooke, *Microcosmographia*, quoted in Aughterson, ed., *Renaissance Woman*, 55.

019 威廉·哈维曾感叹：Keynes, *Harvey*, 337.

020 卵细胞比使其受精的精细胞大百万倍：Diamond, *Why Is Sex Fun?* 21.

020 〔脚注〕但并非完全不可能：Wright, *Harvey*, 125–126.

020 "你可能会因为恶心……"：Quoted in Jones, *The Lost Battles*, 4.

021 "谁会恳求并甘愿接受……"：De Graaf, *Reproductive Organs*, 49.

022 〔脚注〕罗伯特·特里弗斯：Robert Trivers, *The Folly of Fools: The Logic of Deceit and Self-Deception in Human Life* (New York: Basic Books, 2011), 99.

022 包装奇特的平衡配重：Aristotle, *On the Generation of Animals*, Book 1, section 4. Online at http://tinyurl.com/jsjqwmp.

023 经血能够使酒水发馊：Bainbridge, *Making Babies*, 77.

023 两个头、四只胳膊：Moore cites these questions in *Science*, 236.

024 将女性称为"残缺的男性"：Aristotle, *On the Generation of Animals*, Book II, section 3. Online at http://tinyurl.com/jsjqwmp.

024 威廉·哈维对自己的血液循环论信心十足：Wright, *Harvey*, 173.

024 〔脚注〕学者们争论：Marjorie Hope Nicolson, *Mountain Gloom and Mountain Glory: The Development of the Aesthetics of the Infinite* (Seattle: University of Washington Press, 1997), 59–62 and 88–91.

025 "上帝试图通过这种混合的信息……"：Pinto-Correia, *The Ovary of Eve*, 14.

025 "……没有什么是无可争议的"：Roger, *Life Sciences*, 38.

## 第三章　吞石子 饮露水

026 〔脚注〕"在古典时代……"：Riddle, *Contraception and Abortion*, 5.

027 阳光、月光、彩虹：本段与下一段中的例子均来自 Stith Thompson, *Motif-Index of Folk-Literature: A Classification of Narrative Elements in Folktales, Ballads, Myths, Fables, Mediaeval Romances, Exempla, Fabliaux, Jest-Books, and Local Legends* (Bloomington: University of Indiana Press, 1955), 391–395. Online at http://tinyurl.com/h4ou9ad.

027 (这个建议来自：Pliny the Elder, *Natural History*, vol. 29, chap. 27. Online at http://tinyurl.com/hf8vnjq.

027 "捣碎的鳄鱼粪便……"：Riddle, *Contraception and Abortion*, 66. Riddle also discusses elephant-dung suppositories.

027 "从被谋杀之人的头皮……"：Manniche, *Sexual Life in Ancient Egypt*, 104.

029 "喜欢在夜间拥抱"：*The Works of Aristotle, In Four Parts* (London, 1777),

26. Online at Google books.

029 这部"杰作"有很多含混之处：本句中的例子引自 *Works of Aristotle*, 27.

030 木版画展示了各种"怪物"：*Works of Aristotle*, 68.

031 "狡猾的纵欲之人！明知道"：这首长诗名为《踢他！珍妮》(*Kick Him Jenny*)，发表于 1735 年。

031 "侏儒、跛子、驼背……"：Nicolas Venette, *Conjugal Love Reveal'd*, quoted in McLaren, *Reproductive Rituals*, 45.

031 "当女人在上面……"：本句中的两处引用均来自 Flandrin, *Sex in the Western World*, 120.

031 仍然"完全无知"：Malinowski, "Baloma," 220. 马林诺夫斯基在第七章讨论了特罗布里恩人的怀孕理论，第一、二、三、六章也涉及部分内容。详见 Online at http://tinyurl.com/z2vxxuq。

033 人类学家一直在为这类记述而争吵：例如，可参见 *Arguments About Aborigines* by Lester Richard Hiatt.

034 "生产了他们的配偶……"：Inhorn, *Quest for Conception*, 54.

034 "我靠自己创造出……"：同上，55.

035 第二幅纸莎草纸画：完整的纸莎草纸长卷可赴大英博物馆网站在线查看，详见 http://tinyurl.com/zhun748。

035 "昆人认为……"：Lorna Marshall, *Nyae Nyae !Kung Beliefs and Rites* (Cambridge, MA: Peabody Museum Press, 1999), 117.

036 "……就像凝乳酶作用于牛奶"：Aristotle, *On Generation*, Book II, part 4. Online at http://tinyurl.com/jsjqwmp.

036 西班牙巴斯克人：Marten Stol, *Birth in Babylonia and the Bible: Its Mediterranean Setting* (Groningen, Netherlands: Styx, 2000), 15.

036 南非班图人：Albert I. Baumgarten, ed., *Self, Soul, and Body in Religious Experience* (Leiden, Netherlands: Brill, 1998), 12.

036 "父亲提供白色种子……"：Kottek, "Embryology." Kottek 援引了古印度作品中的类似理念。

036 历史学家兼胚胎学家李约瑟：Needham, *Embryology*, 26.

036 "将俘虏中的男性处死……"：同上。

037 "如果你种小麦……"：Carol Delaney, "The Meaning of Paternity and the Virgin Birth Debate," *Man*, New Series 21, no. 3 (Sept. 1986): 497.

037 "在埃及，我们说……"：Inhorn, *Quest for Conception*, 70.

037 "我的许多新几内亚朋友……"：Diamond, *Why Is Sex Fun?*, 65.

037 "……有些像滚雪球"：Beckerman and Valentine, eds., *Partible Paternity*, 10.

038 这项任务要求如此之高：同上。

038 "一个优秀的母亲……"：Yuval Harari, *Sapiens: A Brief History of Humankind* (New York: Harper, 2015), 39.

038 《塔木德》甚至详细列出了：Leo Auerbach, *The Babylonian Talmud in Selection* (New York: Philosophical Library, 1944), 162. Online at http://tinyurl.com/j7e6jbv.

039 "可耻的接吻和触摸"：Flandrin, *Sex in the Western World*, 123, and Laqueur, *Solitary Sex*, 138 and 153–154.

039 "通奸行为也是……"：Flandrin, *Sex in the Western World*, 4.

039 〔脚注〕一位名叫托马斯·肯布尔的船长：Alice Morse Earle, *The Sabbath in Puritan New England* (New York: Scribner's, 1896), 247. Online at http://tinyurl.com/hevxkvq.

039 滑稽可笑的一些问题：史蒂芬·杰伊·古尔德（Stephen Jay Gould）曾仔细探究过"亚当的肚脐"，雅克·罗吉尔（Jacques Roger）则探讨过伊甸园中的食肉动物和食草动物之谜，参见 *Life Sciences*, 168。至于伊甸园中的色欲问题，参见下方的圣奥古斯丁的著作。

040 "意志的随从"：Saint Augustine, *The City of God*, Chap. 23. Online at http://tinyurl.com/gpsx7la.

040 "就像吊桥一样"：Jacobs, *Original Sin*, 61.

040 "心灵的宁静"：圣奥古斯丁的话引自 Nightingale, *Once Out of Nature*, 30.

040 "女性特征的部位……"：同上，46.

040 把他的时间向前调整：同上，30.

040 鲨鱼撕咬：See "Continuity, Survival and Resurrection," Chapter 7 in Bynum, *Fragmentation and Redemption*. See also John Carey, *John Donne: Life, Mind and Art* (New York: Oxford University Press, 1981), 219–226.

040 "被吃掉的肉体将由……"：Saint Augustine, *The City of God*, Book 22, Chap. 20. Online at http://tinyurl.com/zhsabbc.

041 "我们所有的活动：Nightingale, *Once Out of Nature*, 51.

041〔脚注〕马克·吐温就不同意：Mark Twain, *Notebook*, 397. Online at http://tinyurl.com/jk24f96.

041"为了让圣徒更加愉悦……"：Thomas Aquinas, *Summa Theologica*, vol. 5 (Part III, Second Section and Supplement), 2960. 引用段落来自章节 "Whether the Blessed in Heaven Will See the Sufferings of the Damned?"

041"何等狂喜将填满……"：Donald Bloesch, *The Last Things: Resurrection, Judgment, Glory* (Downers Grove, IL: InterVarsity, 2004), 223.

## 第四章　及时启航

042"尸检"（autopsy）一词：Bainbridge, *Making Babies*, 56.

042从大约1300年：Park, "The Criminal and the Saintly," 4–6.

043克莱奥帕特拉无视这种禁忌：Needham, *Embryology*, 47.

043堕落残暴的尼禄：尼禄解剖其母的故事首次出现是在尼禄死后一千多年。

043感到"极为恶心"：Andrea Carlino, *Books of the Body: Anatomical Ritual and Renaissance Learning* (Chicago: University of Chicago Press, 1999), 156.

044〔脚注〕一位传记作者近期评论道：Susan Mattern, *The Prince of Medicine: Galen in the Roman Empire* (New York: Oxford University Press, 2013), 222.

045"进入人体的窗户"：Rob Dunn, *The Man Who Touched His Own Heart: True Tales of Science, Surgery, and Mystery* (New York: Little, Brown, 2015), 29.

045"肉体会复生……"：Saint Augustine, *On the Soul and Its Origin*, Chap. 14. Online at http://tinyurl.com/jrvwxq4.

045"对科学残忍的热忱"：Carlino, *Books of the Body*, 165.

045"眼睛的纵欲"：William Eamon, *Science and the Secrets of Nature: Books of Secrets in Medieval and Early Modern Culture* (Princeton, NJ: Princeton University Press, 1996), 60.

046"即使世上最聪明的人……"：Westfall, *Science and Religion*, 22.

047堕落过后：Thomas, *Man and the Natural World*, 17.

047"阿喀琉斯将再次……"：Wootton, *The Invention of Science*, 75.

047 "'发现'（dis-cover）就是：McMahon, *Divine Fury*, 4.

048 "事实上，他的每一幅画……"：Clayton and Philo, *Leonardo*, 9.

048 几乎在同一时间：根据基尔所说（参见 *Anatomical Drawings*, 69.），达·芬奇这幅男女性交剖面图出现在 1492—1494 年间。而克莱顿和费罗（Clayton and Philo）则认为它创作于 1490 年前后（参见 *Leonardo*, 10.）。

048 都见识过 "一百件：Peter Harrison, *The Bible, Protestantism, and the Rise of Science* (New York: Cambridge University Press, 2001), 82. Harrison cited a passage from Boyle's *The Christian Virtuoso* in *Works*, vol. 5, 520.

048 他补充了一句：Kemp, ed., *Leonardo on Painting*, 251.

049 "超自然的美貌"：Giorgio Vasari, *The Lives of the Artists* (New York: Oxford University Press, 1998), 284.

049 粉红色和紫色：Jones, *Lost Battles*, 13, 149, 157.

049 达·芬奇反写的字迹：Clayton and Philo, *Leonardo*, 9.

050 在达·芬奇的画中：Keele, *Anatomical Drawings*, 69.

050 "精子是一滴大脑"：最早出自第欧根尼·拉尔修（Diogenes Laertius, 此第欧根尼并非知名的第欧根尼·锡诺帕），由彼得·威廉·范·德·霍斯特（Pieter Willem van der Horst）在《希腊教、犹太教、天主教：关于其相互作用的论述》（*Hellenism, Judaism, Christianity essays on their interaction*）一书中引用。

051 "软弱无力"：Keele, *Elements*, 350.

051 "黄豆和豌豆之类"：Jane Sharp, *The Midwives Book or The Whole Art of Midwifry Discovered* (New York: Oxford University Press, 1999), 30.

051 "如果你们说……"：Keele, *Elements*, 350.

051 "如果是风的作用……"：Clayton and Philo, *Leonardo*, 157.

052 "一顶棕色的小帽"：Jones, *Lost Battles*, 16.

052 "许多人死时都呈此状……"：Keele, *Elements*, 350.

053 "性交行为及其所使用的部位……"：Keele and Roberts, *Anatomical Drawings*, 69.

053 〔脚注〕这条评论毫无来由地出现在：Clayton and Philo, *Leonardo*, 99.

053 "它实在难以掌控……"：Keele, *Elements*, 350.

054 "这位老人在去世前……"：Clayton and Philo, *Leonardo*, 18.

054 "30多具尸体"：同上，30.

054 "惨无人道且令人作呕……"：同上，21.

054 "拿到一颗头骨"："Previously Unexhibited Page from Leonardo's Notebooks Includes Artist's 'To Do' List," Royal Collection Trust, 2012. Online at http://tinyurl.com/j6mfvsz.

055 "我想要完整地描述……"：Keele, *Elements*, 36.

055 "值得注意的是"：同上。

056 "如果你说看解剖演示……"：Jones, *Lost Battles*, 3.

057 "还有很多是未解之谜"：Suh, ed., *Leonardo's Notebooks*, 181.

## 第五章　"不惮辛劳不惮烦"

058 "在死刑中增加更多的恐怖……"：Stuart Banner, *The Death Penalty: An American History* (Cambridge, MA: Harvard University Press, 2009), 77.

059 "邪恶之人"：C. Jill O'Bryan, *Carnal Art: Orlan's Refacing* (Minneapolis: University of Minnesota Press, 2005), 65.

059 "上帝揭示的自然界秘密"：Gross, "Rembrandt's 'The Anatomy Lesson.'"

060 未婚先孕被抛弃后：Julie V. Hansen, "Resurrecting Death: Anatomical Art in the Cabinet of Dr. Frederick Ruysch," *Art Bulletin* 78, no. 4 (Dec., 1996): 671.

060 "不让医生的脚着凉"：Power, *Harvey*, 58.

060 心脏、肾脏或肝脏：Heckscher, *Rembrandt's Anatomy*, 27.

060 "以便人人都能来看"：Wright, *Harvey*, 61.

061 "首先，你必须从某处……"：Vesalius, *Human Body*, Book I, 371.

062 "去找些骨头"：同上，Book I, 382.

063 "麻烦、肮脏又困难"：同上，Book I, 370.

063 麦克白的女巫：本段中引文均出自Vesalius, *Human Body*, Book I, 374.

064 塞缪尔·佩皮斯在日记中写道：佩皮斯的日记详见http://tinyurl.com/kcbu4qt.

065 "犹太人或其他异教徒"：Wright, *Harvey*, 71.

066 "掘尸人"在暗夜潜入墓地：Stott, *The Poet and the Vampyre*, 33.

067 像这样的谋杀：Rosner, *The Anatomy Murders*, 1. 全文可参阅 *West Port*

*Murders* by Thomas Ireland (Edinburgh, 1829), 1.

067 诺克斯医生声称：Bates, *Robert Knox*, 69.

068 发现自己"被扔进了……"：Vesalius, *Human Body*, Book V, 145.

069 尽管他是个天才：Fritjof Capra, *Learning from Leonardo: Decoding the Notebooks of a Genius* (San Francisco: Berrett-Koehler, 2013), 294.

069 "毫无戒备的学生……"：Miller, *The Body in Question*, 177.

## 第六章 A门还是 B 门

071 "一个成人首先是……"：Aughterson, ed., *Renaissance Woman*, 406.

073 "不过他并没有读很长时间"：Aubrey, *Brief Lives*, 131.

073 "他手里的钳子已经就绪"：Keynes, *Harvey*, 214.

073 "这本身就令人作呕"：同上，96.

075 "查看动物尸体……"：Power, *Harvey*, 148.

075 〔脚注〕科学革命领军人物：Fudge, ed., *Renaissance Beasts*, 199. 波义耳的原话来自他的著作 *Works*, vol. 2, 7.

075 "我们几乎看不到……"：Power, *Harvey*, 85.

076 "……像字母 V 那样挂着的脾脏"：Keynes, *Harvey*, 132.

076 有位传记作者是这样写的：Wright, *Harvey*, 98.

076 "巨大"的结肠：同上。

076 〔脚注〕长期困扰科学家的实际问题：Richardson, *Death, Dissection*, 31.

078 历史学家托马斯·拉科尔：Laqueur, *Making Sex*, 79.

078 女人把里面放到外面：Fletcher, *Gender, Sex, and Subordination*, 37.

078 "……没有什么是偶然的"：Leroi, *The Lagoon*, 10.

080 "在性交过程中……"：Nathaniel Highmore, *The History of Generation* (London: 1651), 85. Online at http://tinyurl.com/zd5qf3r.

080 "男性应当多花时间……"：Jacquart and Thomasset, *Sexuality and Medicine*, 130–131.

081 同一种性乐感觉：Harvey, *On Generation* in *The Works of William Harvey* (London, 1857), 294. Online at http://tinyurl.com/zq2wb4e.

081 "就个人而言我非常想知道……"：Merchant, *The Death of Nature*, 159.

081 "女性快感的最高来源"：Laqueur, *Making Sex*, 64.

082 女性生殖器没有专属的名称：Fletcher, *Gender, Sex, and Subordination*, 35.

082 盖伦曾做过一个讽刺的比较：Laqueur, *Making Sex*, 28.

082 〔脚注〕男人扁平的胸部：Pantel, ed., *Women in the West*, 66.

082 她们秘密的内在器官：Charles Rosenberg and Carroll Smith-Rosenberg, "The Female Animal: Medical and Biological Views of Women," in Charles Rosenberg, *No Other Gods: On Science and American Social Thought* (Baltimore: Johns Hopkins University Press, 1997), 57.

084 "由于年龄过小……"：Pantel, ed., *History of Women*, 75.

084 "它自然地朝着天空和大脑……"：Wiesner, *Women and Gender*, 32.

085 〔脚注〕在中世纪：Boyce, *Born Bad*, 37.

085 "在较弱的生物体内……"：Pantel, ed., *History of Women*, 66.

085 "女性同时拥有……"：Roger, *Life Sciences*, 46.

## 第七章　失踪：宇宙一个（悬赏）

090 "我亲眼见过一只母鸵鸟……"：Birkhead, *Wisdom of Birds*, 312.

091 所有哺乳动物的卵子：Carl G. Hartman, "How Large Is the Mammalian Egg?" *Quarterly Review of Biology* 4 (1929): 373–388.

091 一只黑公鸭：Birkhead, *Wisdom of Birds*, 312.

091 公鸡被绑在火刑柱上烧死：同上，274.

092 "……几乎完好的蛋"：Power, *Harvey*, 29.

092 "类似感染"：Wilson, *Invisible World*, 110.

092 "流行病、传染病……"：Merchant, *The Death of Nature*, 160.

093 "类似恒星本质"：Wilson, *Invisible World*, 107.

093 胚胎是子宫的"构想"：Moore, *Science as a Way of Knowing*, 484, and Bainbridge, *Making babies*, 65. 莎士比亚在《李尔王》第一幕第一场里就使用过 conceive 一词的双关含义。

094 当《纽约时报》头版头条报道：*New York Times*, Dec. 29, 1960.

094 如今它被称为毛细血管：Bainbridge, *Making Babies*, 59. 第一个观察到毛细血管的人是安东尼·范·列文虎克，时间是 1688 年。（1657 年哈维便已逝世。）参见 Ruestow, *Microscope*, 175.

094 "像蜘蛛线一样"：Keynes, *Harvey*, 346–347, and Cobb, *Generation*, 28–29.

095 "一直泡到他几乎冻死"：Aubrey, *Brief Lives*, 134.

095 将生活世界简化为机械的人：同上。

096 "所有的动物……"：Trounson and Gosden, eds., *Oocyte*, 3.

096 母鸡主妇：该诗作者为作家兼医生马丁·吕琳（Martin Lluelyn）。

096 他忽视了卵巢的作用：Roger, *Life Sciences*, 205.

097 "……一个谜题换成了另一个"：Gasking, *Investigations*, 35.

097 "……找不到任何可观测之物"：Trounson and Gosden, eds., *Oocyte*, 5.

097 "只能坦言……"：Gasking, *Investigations*, 35.

## 第八章 鲨鱼牙齿和牛卵

098 "睡鼠的睾丸……"：Cobb, *Generation*, 122.

099 "你会看到惊喜……"：De Graaf, *Reproductive Organs*, 25.

100 "任何精液所产生之物……"：Harvey, *Works*, 171. Online at http://tinyurl.com/zq2wb4e.

100 "进入阴道的部分……"：De Graaf, *Reproductive Organs*, 10.

100 "交配的乐趣……"：同上，47.

101 "一个代尔夫特公民……"：同上，13.

101 "不可能充当平衡配重"：同上，28.

101 "我很惊讶……"：同上，34.

101 "你的书是从……"：Cobb, *Generation*, 183.

101 "牛奶是白色的……"：De Graaf, *Reproductive Organs*, 32.

101 "像蜡质的鼻子一样扭曲"：Cobb, *Generation*, 120.

102 "上帝啊，我祈求……"：Cutler, *Seashell*, 27.

102 "如果跳蚤有骨头……"：同上，33.

104 "我看到胎生动物的'睾丸'中……"：Cobb, *Generation*, 99–100.

104 灵魂之主似乎充满矛盾：Ruestow, *Microscope*, 118.

## 第九章 终于发现卵

106 "大胆地褪去了……"：De Graaf, *Reproductive Organs*, 79.

107 "有些人认为……"：同上，106.

107 "某些女性……凭借淫荡的思想……"：同上，107.

107 "至于好色的女人"：同上，141.

107 "女人的阴道构造……"：同上，107.

107 "……一种良性液体"：同上，132.

107 鼻子的大小：同上，46.

107 都"宣称"自己发现了：同上，89.

108 "最不幸的地理位置……"：Gonzalez-Crussi, *Carrying the Heart*, 151.

108 "位于膀胱和直肠之间……"：De Graaf, *Reproductive Organs*, 110.

108 "像被轻微压扁的梨子"：同上。

108 "再聪明的学者……"：同上。

108 "卵巢里都有卵……"：同上，81.

108 "我解剖过大量的奶牛……"：同上，82.

109 "轻浮和愚蠢"：同上，81.

109 "就像孔雀的尾巴"：同上，9.

109 "大自然创造女性的时候……"：同上。

109 〔脚注〕对女性的偏见：Merchant, *The Death of Nature*, 157, and Pinto-
    Correia, *The Ovary of Eve*, 41.

109 有成千上万会成为淫妇：Elizabeth Potter, *Gender and Boyle's Law of
    Gases* [Bloomington: Indiana University Press, 2001], 6.

109 "女性'睾丸'的通常功能……"：De Graaf, *Reproductive Organs*, 135.

110（"解剖学之父"维萨里：Gasking, *Investigations*, 37.

111 "被中断或排出了"：De Graaf, *Reproductive Organs*, 166.

111 令他欣欣鼓舞的是：同上，82.

111 "走到了险恶的尽头"：同上，167.

112 "精液蒸气"和"能量散发"：同上，149, 81.

113 哀叹"灾难降临……"：Cobb, *Generation*, 179.

114 "我写信是想向你介绍……"：信的内容详见 http://tinyurl.com/j4puk45.

## 第十章　一滴水一世界

115 "许多微型动物"：Dobell, *Leeuwenhoek*, 110.

116 "大部分微型动物在水中……"：同上，111.

116 "苍蝇像羊羔一样大"：James Newman, ed., "Commentary on Galileo Galilei," *The World of Mathematics* (New York: Simon and Schuster, 1956), 2:732n.

116 "就像铁条……"：Hooke, *Micrographia.* Online at http://tinyurl.com/ zdqxtwl.

116 "比千分之一个成年虱子的眼睛还要小……"：Dobell, *Leeuwenhoek*, 121.

117 "唾液、乳糜、汗水等"：Wilson, *Invisible World*, 131.

117 "我对进一步的观察感到厌恶……"：同上。

117 唠叨着找仆人取血样：Ruestow, *Microscope*, 156.

117 缠着商店店主：同上。

118 "小到我判定……"：Dobell, *Leeuwenhoek*, 133.

118 "荷兰那边居然有人……"：Wilson, *Invisible World*, 237.

119 放大镜在古代就已为人所知：Vincent Ilardi, *Renaissance Vision from Spectacles to Telescopes* (Philadelphia: American Philosophical Society, 2007), 4, 42.

120 几乎一脉相通：Steven Johnson, *How We Got to Now: Six Innovations That Made the Modern World* (New York: Riverhead, 2014), 22-24.

120 列文虎克第一次接触透镜：Snyder, *Eye of the Beholder*, 55.

120 八位杰出公民：Lens on Leeuwenhoek. Online at http://tinyurl.com/ hhxmvkw.

120 "没有任何发现"：此处及接下来两段中的引文均可参阅 http://tinyurl.com/ zdvpznb.

122 荷兰文写作 zaadballen：Lens on Leeuwenhoek. Online at http://tinyurl. com/hcvofbt.

122 "……像猪背上的鬃毛"：这封信写于 1701 年 6 月 21 日。详见 http:// tinyurl.com/jra6gtx.

122 差点弄瞎眼睛：Dobell, *Leeuwenhoek*, 6.

122 "闻起来很恶心……"：这封信写于 1704 年 7 月 22 日。详见 http:// tinyurl. com/jgnv4dy.

122 "一个小饿鬼"：这封信写于 1673 年 8 月 15 日。详见 http://tinyurl.com/ h6f3fa9.

122 "日夜揣在怀里"：这封信写于 1687 年 7 月 11 日。详见 http:// tinyurl.com/ hrn8oua.

123 "像面糊一样……"：这封信写于 1683 年 9 月 17 日。详见 http:// tinyurl. com/gon2p4d.

123 "有些人对自己看到的景象……"：同上。

123 "居住在整个荷兰的人都没有……"：同上。

123 "……（在黄铜尺上）所覆盖的尺寸"：这封信写于 1680 年 11 月 12 日。详 见 http://tinyurl.com/jq9akz5.

123 "我费了很大的劲……"：这封信写于 1683 年 1 月 22 日。详见 http:// tinyurl.com/gvjt4jl.

123 他目不转睛盯着的：Ruestow, *Microscope*, 176.

124 越来越没有吸引力：Dobell, *Leeuwenhoek*, 222, and Snyder, *Eye of the Beholder*, 289.

124 "灵活移动的微型动物"：Dobell, *Leeuwenhoek,* 224.

124 "又用指甲……"：这封信写于 1722 年 7 月 7 日。详见 http://tinyurl.com/ hgbw8tq.

## 第十一章 "精液中的动物"

125 "高潮射精后……"：这封信写于 1677 年 11 月。详见 http://tinyurl.com/zp4eycy.

126 "它们对人体无害……"："Clinical Lecture by Dr. Elliotson, Delivered at St. Thomas's Hospital, February 1, on Intestinal Worms," *Lancet*, March 3, 1830.

126 "精液中的动物"：Farley, *Gametes and Spores*, 43.

127 会动的搅拌棒：Farley, *Gametes and Spores*, 46, 56.

129 "各种各样大大小小……"：这封信写于 1677 年 11 月。详见 http://tinyurl. com/zp4eycy.

129 "形成胎儿的只有男性精液……"：这封信写于 1678 年 3 月 18 日。详见 http://tinyurl.com/zmgz9ea.

129 "我们的哈维和你们的德·格拉夫"：Wilson, *Invisible World*, 133.

130 "有 70×70 个人"：这封信写于 1685 年 3 月 30 日。详见 http://tinyurl.com/ zpxmy45.

130 "我非常满意地发现了……"：同上。

130 "顽固不化的人"：同上。

131 "人不是源自卵：这封信写于 1683 年 1 月 22 日。详见 http://tinyurl.com/
jalkevo.

131 没有人知道这些种子：Gasking, *Investigations*, 65.

132 被松软的输卵管 "吸出"：这封信写于 1685 年 3 月 30 日。详见 http://
tinyurl.com/z2sx35j.

132 "但凡有……"：同上。

132 "胡乱拼凑" "异想天开"：同上。

132 "我有时会想象……"：这封信写于 1685 年 7 月 13 日。详见 http://tinyurl.
com/hy4e44v.

133 "这种微型动物的内部形态……"：这封信写于 1700 年 12 月 25 日。详见
http://tinyurl.com/hyu29lr.

## 第十二章　套娃中的套娃

140 《数学在自然科学中不可思议的有效性》：详见 http://tinyurl.com/z8gtksk.

141 "如果人类和兽类……"：Michael White, *Isaac Newton: The Last Sorcerer*
(New York: Basic 1999), 149.

141 自然学家兼牧师威廉·佩利：佩利是一位卓越的思想家，几乎领先于达尔文，
但他不相信上帝会以这种极不可能的方式创造一切。参见 George Johnson,
"A Creationist's Influence on Darwin," *New York Times*, May 23, 2014. 佩
利关于钟表匠上帝的讨论参见 "The Watchmaker Argument" 一文，载于他
的著作 *Natural Theology*, 详见 http://tinyurl.com/jgp3e5p.

142 接着便让机械装置开始运转：所有物理学家都相信机械宇宙观，但是对于上
帝需要微调他的造物（这是牛顿的观点）还是让地球自行做永恒而平稳的运
动，他们吵得不可开交。参见 Edward Dolnick, *The Clockwork Universe:
Isaac Newton, the Royal Society, and the Birth of the Modern World* (New
York: Harper, 2011), 310–313.

144 〔脚注〕扬·施旺麦丹从另一方面：Ruestow, "Piety," 218.

144 "一条精虫的体内……"：Smith, *Divine Machines*, 183, quoting Nicolas
Andry, *De la génération des vers dans le corps de l'homme* (*On the
Generation of Worms in the Human Body*).

146 "弦理论的威严"：爱德华·威滕接受记者约翰·霍根（John Horgan）采访时所言。详见 http://tinyurl.com/nsbcl46.

146 "敬之若神"：Ruestow, *Microscope*, 228.

146 它的意义在于解释世界：Gasking, *Investigations*, 102.

147 我们必须相信理性：Ruestow, *Microscope*, 228, quoting Henry Baker.

147 马尔皮基每天都对鸡蛋：Roger, *Buffon*, 120.

148 于是，自然学家观察到：斯威夫特的诗详见 http://tinyurl.com/ooj6bmz.

150 安东尼·范·列文虎克丝毫没有耐心：Ruestow, "Images and Ideas," 213–214.

150 "上帝、主和万能的造物主……"：这封信写于 1688 年 8 月 24 日。详见 http://tinyurl.com/zg47hdw.

150 "虽然精液中的微型动物……"：这封信写于 1699 年 6 月 23 日。详见 http://tinyurl.com/zooga87.

150 "任何雄性动物精液中的微型动物……"：这封信写于 1685 年 3 月 30 日。详见 http://tinyurl.com/joxvx9o.

## 第十三章　微缩图里的上帝讯息

153 "上帝的存在显而易见……"：Harrison, "Reading Vital Signs," 201, quoting Abbé Pluche, the French priest and author of *Spectacle de la Nature* (*Nature Delineated*).

153 "我们对田野中百合花……"：Noel-Antoine Pluche, *Nature Delineated* (London: 1740), 8.

154 上帝的伟大最见于渺小之物：Ruestow, *Microscope*, 59, quoting Henry Power.

155 "……看见上帝的全能之手"：Jorink, "Between Emblematics," 161.

155 "我夜以继日地研究……"：Ruestow, *Microscope*, 119.

155 "上帝所造万物……"：Sleigh, "Swammerdam's Frogs," 378.

155 "破碎不堪……"：Cobb, *Generation*, 149.

156 "雄蛙纵身跳到……"：Pinto-Correia, *The Ovary of Eve*, 107.

156 "一切结束之后……"：这段引文来自施旺麦丹所著的《自然圣经》第九章，章名为"论蜗牛相互交配的方式"（Of the Manner in Which Snails

Mutually Perform the Business of Coition)。

157 "几乎无法控制的激情"：James Duncan, *Introduction to Entomology* (Edinburgh, 1840), 18.

157 什么样的无神论者：Jorink, "Between Emblematics," 236.

158 施旺麦丹喜欢观赏：所有例子都引自 Ruestow, *Microscope*, 135.

158 "艺术家中的艺术家"：Ruestow, *Microscope*, 137.

158 "显而易见"：Jorink, "Between Emblematics," 157, quoting Johannes Godaert.

159 "将茧中的桑蚕……"：Wilson, *Invisible World*, 124.

159 "腿、翅膀及其他器官……"：Pinto-Correia, *The Ovary of Eve*, 27 and Ruestow, "Piety," 227.

160 "依赖于某种……"：Gasking, *Investigations*, 37, quoting Claude Perrault.

161 "没有任何理由……"：Ruestow, *Microscope*, 247.

161 "毛发如何从……"：Needham, *Embryology*, 48.

162 "……观察、触摸、感受上帝"：Ruestow, *Microscope*, 119.

162 "神圣的反思"：Jorink, "Between Emblematics," 153.

162 "忧郁的疯狂"：Ruestow, *Microscope*, 125.


## 第十四章 麻烦之海

164 列文虎克近视：Snyder, *Eye of the Beholder*, 281.

166 "天使一般的耐心"：Ruestow, *Microscope*, 152 fn.

166 "为了近距离观察……"：Lens on Leeuwenhoek. Online at http://tinyurl.com/zsq2vbn.

166 "未到生殖年龄的雄性动物……"：Pinto-Correia, *The Ovary of Eve*, 75.

166 "扔掉自己的书……"：这位对手就是德尼·狄德罗（Denis Diderot）。引文摘自 Matthew Stewart, *The Courtier and the Heretic: Leibniz, Spinoza, and the Fate of God in the Modern World* (New York: Norton, 2007), 12.

166 将自己的语录装订成册：Bertrand Russell, *A History of Western Philosophy* (New York: Simon and Schuster, 1945), 582.

167 "一位病人痛得生不如死"：Nicholas Andry, *An Account of the Breeding of Worms in Human Bodies*, 10. Online in part at http://tinyurl.com/jn6k79n.

167 "你会发现它的内部……": Wilson, *Invisible World*, 137.

167 "蛆虫之食物":《哈姆莱特》第四幕第三场，在哈姆莱特杀死波乐纽斯之后，
    莎士比亚大段描写了蛆虫吞噬尸体的场景。类似描写还见于《亨利五世》第
    一部第五幕第四场，不过更为简短。

168 "事实上，每个小动物……": Pinto-Correia, *The Ovary of Eve*, 78-9.

169 "小小男人和小小女人……": Syson, *Doctor of Love*, 203.

169 "狗的精液中……": Roger, *Life Sciences*, 253.

171 谋杀不计其数的生命：同上，251.

171 "……子宫可谓庞然大物"：这封信写于 1683 年 1 月 22 日。详见 http://
    tinyurl.com/gvjt4jl.

172 詹姆斯·库克指出：Moore, *Science*, 398.

173 〔脚注〕魔鬼和修女所生：Jean-Charles Seigneuret, *Dictionary of Literary
    Themes and Motifs* (Westport, CT: Greenwood, 1988), 1:670.

174 一些 "特效药"：Laqueur, *Solitary Sex*, 15.

175 每一次非自然射精 Syson, *Doctor of Love*, 207.

175 卢梭告诫：*Emile*, Book 4 (1762).

175 康德声称：参见 Immanuel Kant, *The Metaphysics of Morals*, Mary Gregor
    编译 (New York: Cambridge University Press, 2000), 179. 康德认为 "自杀
    需要勇气"，因此在某种程度上展现出了 "对自身人性的尊重"。然而，手淫
    者 "完全放任自我，染上兽行"，让自己成为 "反自然之物，为人所痛恨，
    因而也丧失了对自身的一切尊重"。

175 "看起来更像尸体……": Tissot, *Treatise*, 19.

175 鼻孔流出暗淡的血：同上。

175 "女性在自慰时排出的分泌物……"：同上，45.

175 损失 1 毫升精液：同上，v.

175 历史学家雅克·罗杰：Roger, "Two Scientific Discoveries," 232.

## 第十五章　戈德利曼的生兔妇女

177 玛丽·托夫特 24 岁：对本案的记述参照 Todd, *Imagining Monsters*,
    Chapters 1-3.

178 不久之后便深信不疑：Cody, *Birthing the Nation*, 125.

179 "被老狮子的咆哮声……"：Fletcher, *Gender*, 72.

179 "我现在的身体畸形……"：*The Autobiography of Joseph Carey Merrick*. Online at http://tinyurl.com/jbfppdv.

179 头部相接的连体胎儿：Pinto-Correia, *The Ovary of Eve*, 158.

180 历史学家从未发现哪只匣子：Park, *Secrets of Women*, 145.

180 盯着墙上丈夫的画像：同上。

180 有一个更为极端的例子：Valeria Finucci, *The Manly Masquerade: Masculinity, Paternity, and Castration in the Italian Renaissance* (Durham, NC: Duke University Press, 2003), 52. 书中指出，这一判决结果很快便遭推翻，尽管有些科学家仍坚持为之辩护。

181 "三个信仰犹太教的医生……"：Moore, *Science*, 241.

183 "那女儿生下的儿子……"：Aristotle, *On Generation*, Book I, part 18. 详见 http://tinyurl.com/jsjqwmp。在此之前，亚里士多德就在本书中论述过父与子胳膊上印记的匹配问题。

183 "一个恶棍和奶牛交配"：Roger, *Life Sciences*, 19. 这一奇闻逸事并非出现在名不见经传的作品中，而是出现在一本首版发行于 1616 年的书中，这本书后来分别于 1634 年、1665 年和 1668 年重版，并于 1708 年被译成法语。

184 洛克在其中认真探讨了伦理困境：John Locke, *An Essay Concerning Human Understanding*, vol. 2, Book 3, Chap. 6, Section 27. Online at http://tinyurl.com /jv2ptlc.

185 "如果这名女性嫁给……"：Müller-Sievers, *Self-Generation*, 29.

186 这就好比手指轻轻一弹：Roger, *Life Sciences*, 306, quoting Claude Perrault.

186 "这荒谬之极"：Cobb, *Generation*, 233.

187 列文虎克继续深入调查：这封信写于 1683 年 7 月 16 日。详见 http://tinyurl.com/zth6yr9.

187 他一定能成为发现显性遗传：Cobb, *Generation*, 225, and Roger, *Life Sciences*, 307.

188 "未来的后代身上没有……"：Cobb, *Generation*, 131.

## 第十六章　"一切归于碎片，一切失去关联"

190 一切归于碎片：这句话出自约翰·邓恩（John Donne）的诗《解剖世界》
《*An Anatomy of the World*》。

191 "无论这种动物被分割成……"：Vartanian, "Trembley's Polyp," 259. 对特朗
布雷的实验更全面、更生动的描述，参见 Stott, *Darwin's Ghosts*, Chap. 5.

192 "这些都是事实……"：Ruestow, *Microscope*, 273, quoting Henry Baker.

192 只有一个胃：Ruestow, *Microscope*, 273, paraphrasing Charles Bonnet.

192 "一分为二之下……"：Stott, *Darwin's Ghosts*, 101, quoting Charles
Hanbury Williams.

194 如果生命可以随意从碎片：Dawson, "Regeneration."

195 "日复一日，每时每刻"：Dawson, *Nature's Enigma*, 6.

196 科学家史蒂芬·布朗卡尔特：Ruestow, *Microscope*, 206n.

196 醋栗丛中发现的蚜虫：这封信写于 1700 年 10 月 26 日。详见 Online at
http://tinyurl.com/jov6erz.

196 某种神秘的"基本物质"：Ruestow, "Images and Ideas," 221. Ruestow 引
用了列文虎克于 1685 年 7 月 13 日写给皇家学会的一封信。详见 http://
tinyurl.com/hy4e44v.

196 惊讶地发现"这些生物……"：这封信写于 1695 年 7 月 10 日。详见 http://
tinyurl.com/j4lsztk.

196 更小的微型蚜虫：Ruestow, *Microscope*, 206.

196 "我绞尽脑汁……"：这封信写于 1695 年 7 月 10 日。

198 最坚定的先成论拥护者：Roger, *Buffon*, 122.

199 "只有经常被人提及……"：Terrall, *The Man Who Flattened*, 5.

199 发现一个奇怪的德意志家族：Gregory, *Evolutionism*, 108–109. See also
Gasking, *Investigations*, 80–81.

199 "物理学中最充分的论证"：Gregory, *Evolutionism*, 109.

200 设计了一些"怪卵"：Roger, *Buffon*, 122.

200 就需要用显微镜观察：Müller-Sievers, *Self-Generation*, 31.

201 一只由金属制成的鸭子：Riskin, "The Defecating Duck."

202 最早的乐谱可以追溯到：Alfred Crosby, *The Measure of Reality:
Quantification and Western Society, 1250–1600* (New York: Cambridge

University Press, 1997), 144.

203 莱布尼茨的计算机: George Dyson, *Darwin Among the Machines: The Evolution of Global Intelligence* (New York: Basic Books, 2012), 37.

## 第十七章　自我修建的大教堂

205 "极具智慧的力量……": Roe, *Matter, Life, and Generation*, 29.

206 "眼睛长在膝盖上……": 同上。

206 "宇宙只是一块大号机械表": Fontenelle, *Conversations*, 10.

206 "啊，夫人……": Wright, *Franklin of Philadelphia*, 327.

206 "你们说动物是机器……": Fontenelle, *Letters of Gallantry* (London, 1715), 25（另一版英文译文略有不同，见 Roger, *Buffon*, 118）。

207 将望远镜倒置: Freedberg, *The Eye of the Lynx*, 7.

207 "神秘文字": Ruestow, *Microscope*, 54.

207 "光线中的光原子": Wootton, *The Invention of Science*, 237, quoting Henry Power.

207 "系统的记录、扎实的实验……": Hooke, Preface to *Micrographia*. Online at http://tinyurl.com/jq9rv8j.

208 "发现自然的一切奥秘": 同上。

208 一连串思想链: Inwood, *Forgotten Genius*, 309.

208 "对于有些物体的观察极为困难……": Wilson, *Invisible World*, 221.

208 望远镜使用起来更加方便: Ruestow, *Microscope*, 3.

208 〔脚注〕即使是很难被影响的列文虎克: 这封信写于 1696 年 7 月 16 日。详见 http://tinyurl.com/j9gf7mj.

209 长篇描述了近距离观察世界: Jonathan Swift, *Gulliver's Travels*, Part 2, Chap. 1, "A Voyage to Brobdingnag."

209 "如果我们的视力能够增强……": Farley, "Spontaneous Generation," 101, quoting G. de Gols, *A Theologico-Philosophical Dissertation Concerning Worms* (London, 1727).

209 "我们如何能忍住不高呼……": Wilson, *Invisible World*, 190.

210 一切变得混乱、冗杂、过剩: Ruestow, *Microscope*, 4.

210 "许多年轻的生物学家……": 克里克的话引自 Vilayanur Ramachandran,

"What Is Your Favorite Deep, Elegant, or Beautiful Explanation?," Edge, 2012. 详见 http://tinyurl.com/jtlqzsw.

211 〔脚注〕数学（以及音乐、象棋）：大卫·伊格曼的话来自 Burkhard Bilger, "The Possibilian," *New Yorker*, April 25, 2011.

211 "上帝作品的完美之处……"：Richard Westfall, *Never at Rest: A Biography of Isaac Newton* (New York: Cambridge University Press, 1980), 327.

212 就像嫌疑人消失于茫茫浓雾之中：Wilson, *Invisible World*, 231. 书中第七章 "显微镜的冗余与不确定"（The Microscope Superfluous and Uncertain）深入探讨了这一话题。

212 "腿上有关节，腿中有静脉……"：Wilson, *Invisible World*, 190.

212 "人为何不长显微镜般的眼睛：Alexander Pope, "An Essay on Man," Book 1.

213 "需要观察的对象无穷无尽……"：Wilson, *Invisible World*, 226.

213 "巨大奥秘"仍是未解之谜：Ruestow, "Images and Ideas," 211.

214 "人出生之前 9 个月的历史……"：Samuel Taylor Coleridge, *The Literary Remains of Samuel Taylor Coleridge* (London: William Pickering, 1836), 244. Online at http://tinyurl.com/jdylw8t.

215 新生的钟表必须：Matthew Cobb makes this point in *Generation*, 226.

216 羊毛衫、交响曲、轿车和大教堂：Davies, *Life Unfolding*, 6.

217 "你一点儿都没变"：Pross, *Life Unfolding*, 17.

## 第十八章　花瓶的轮廓

219 "将它延伸到天文学以外……"：Gasking, *Investigations*, 70.

220 "对于引力的成因……"：Richard Westfall, *Never at Rest: A Biography of Isaac Newton* (New York: Cambridge University Press, 1980), 505.

221 "他喜欢财富……"：Roger, *Buffon*, xiii.

221 "树懒是拥有血肉之躯的动物中……"：Gould, "Natural History," *New York Review of Books*, Oct. 22, 1998.

221 去寻找乳齿象和猛犸象：Richard Conniff, "Mammoths and Mastodons: All American Monsters," *Smithsonian*, April 2010.

221 布丰热衷扮演大人物的角色：Roger, *Buffon*, 364-5.

222 "缺乏基础，不能说明任何问题"：Roger, *Buffon*, 138.

222 布丰一再强调：Müller-Sievers, *Self-Generation*, 34.

222 "存在于两性体内……"：Roger, *Buffon*, 130.

223 "诙谐而博学的淫秽辞藻"：J. B. Shank, *The Newton Wars and the Beginning of the French Enlightenment* (Chicago: University of Chicago Press, 2008), 435.

224 以疣、肿瘤和痣为例：例如，可参见 Erasmus Darwin, *Zoonomia*, 1:490.

224 是 "垃圾，是神秘主义……"：Stephanson and Wagner, eds., *The Secrets of Generation*, 74, quoting Lazzaro Spallanzani.

225 "小心，"一位科学家发出警告：Roe, *Matter, Life, and Generation*, 98, quoting Albrecht von Haller.

226 "……这两种说法到底有何区别？"：Wilson, *Invisible World*, 128.

## 第十九章　穿丝裤的青蛙

231 "有史以来最伟大的实验生物学家之一"：Gasking, *Investigations*, 130.

232 虽然 "有所顾虑"：Spallanzani, *Natural History*, 217. Online at http://tinyurl.com/zgpdteo.

232 〔脚注〕斯帕兰扎尼愤怒地表示：Spallanzani, *Natural History*, 200.

232 难道蝙蝠的夜视能力：笔者对斯帕兰扎尼蝙蝠实验的记述基于 Sven Dijkgraaf 和 Robert Galambos 的文章，载于 *Isis*。

235 也相信自然发生说：Findlen, "Janus," 235.

235 "动物生长所需条件极少"：Midgley, *Science as Salvation*, 85.

235 威廉·哈维和罗伯特·胡克：Ruestow, *Microscope*, 202.

235 "一盒蛇粉（碾碎的干蛇皮）……"：Thomas Birch, *The History of the Royal Society of London* (London, 1761), vol. 1. 一年后，蛇粉再度出现 (Birch, *History*, 446, 448). 详见 http://tinyurl.com /z3vb4go.

236 "青蛙、蜗牛、蘑菇、牡蛎等……"：Thomas, *Man and the Natural World*, 55.

236 这些卑贱的动物会自然生长：Schmitt, "Spontaneous Generation," 270. See also Browne, "Noah's Flood," 109; also, Roger, *Life Sciences*, 18.

236 "饥饿的画面"：Redi, *Vipers*, 摘自 M. E. Kudrati 的译文，详见 http://tinyurl.com/zskm7nl.

237 "仿佛在喝一种珍贵的药酒"：*Redi on Vipers*，译文来自 Peter Knoefel, 7.

237 "柔软、黏滑的蛆虫爬来爬去"：Redi, *Insects*, 31. Online at http://tinyurl.com/hea6j54.

238 可想而知是麦粒：André Brack, ed., *The Molecular Origins of Life: Assembling Pieces of the Puzzle* (New York: Cambridge University Press, 1999), 1.

238 大自然拥有某种"营养力"：Pinto-Correia, *The Ovary of Eve*, 194.

239 精子的"气息"或"能量散发"：Sandler, "Re-Examination," 195–196.

240 "在自然界，没有任何……"：Pinto-Correia, *The Ovary of Eve*, 198.

240 "上帝负责创造……"：James Barron, "The 300th Birthday of the Man Who Organized All of Nature," *New York Times*, May 23, 2007.

240 研究青蛙"恋情"的专家：Pinto-Correia, *The Ovary of Eve*, 198.

240 "蝾螈新婚"：Dolman, "Spallanzani."

240 "一会儿前扑，一会儿后冲"：Pinto-Correia, *The Ovary of Eve*, 198.

242 "无论为青蛙缝制短裤的想法……"：Meyer *Embryology*, 174.

242 〔脚注〕斯帕兰扎尼的这一想法来自：同上。

## 第二十章　一滴毒液

243 牛顿被苹果砸中：牛顿在晚年声称，在花园中看到苹果下落，令他突然想到月球也在朝地球"掉落"，这种说法颇具争议。此外，众所周知的苹果砸中牛顿脑袋的故事纯属虚构。最好的牛顿传记作者 Richard Westfall 讨论过苹果掉落事件〔*Never at Rest: A Biography of Isaac Newton* (New York: Cambridge University Press, 1980), 154–155〕，不过更倾向于认为这一故事存在一定的可信度。

243 伽利略手捧石块：据说伽利略在 1590 年进行了著名的比萨斜塔实验。David Wootton 从正反两方面讨论过这一事件的真实性〔*Galileo: Watcher of the Skies* (New Haven, CT: Yale University Press, 2010), 73〕。毫无疑问，伽利略描述过此次实验，不过他未曾提及比萨斜塔。至于这一实验是确有其事还是只停留在理论层面，史学家尚有争议。

244 和蛇的毒液做类比：Gasking, *Investigations*, 135.

244 "虔诚的精液科学家"：Birkhead, *Promiscuity*, 108.

245 "颜色和外形不仅像母犬……"：Pinto-Correia, *The Ovary of Eve*, 207.

245 他又用肺液、肝液：Sandler, "Re-Examination," 221.

245 精液是一种特殊物质：Gasking, *Investigations*, 134.

245 "我发现卵子与精子的体积比……"：同上，135.

246 当他把一些过滤纸上的：同上，136.

246 然而，他从未将：Capanna, "Spallanzani," 191.

246 不只是人类精液：Sandler, "Re-Examination," 208.

247 既然它们是真实存在的动物：同上，219.

247 "想想都令人惊讶……"：Gasking, *Investigations*, 132.

248 "我长期观察微观动物世界……"：Metz and Monroy, eds., *Fertilization*, 18.

248 斯帕兰扎尼极具影响力：同上，10.

249 "没有任何不同"：Gasking, *Investigations*, 133.

250 "繁衍生息为雌性所独有的特征……"：Farley, *Gametes and Spores*, 110.

## 第二十一章　世纪热潮

251 巴黎一个庭院里：Pera, *Ambiguous Frog*, 16–19.

253 "世纪热潮"：Whitaker, Smith, and Finger, eds., *Brain, Mind and Medicine*, 271.

255 观众也潸然泪下：William Shakespeare, *King Lear*, Act 5, Scene 3.

255 事实上只是"电流"：Gasking, *Experimental Biology*, 104.

256 丰富多样的娱乐活动：Steven Johnson 着重强调了引力与电力的区别。参见 *The Invention of Air: A Story of Science, Faith, Revolution, and the Birth of America* (New York: Riverhead, 2009), 20.

256 巡回表演者利用电：Hochadel, "Shock," 55–56.

256 "电力表演已经取代了方阵舞"："Experiments on Electricity," *Gentleman's Magazine* 15 (1745): 194. Online at http://tinyurl.com/jun7uq4.

256 穿上玻璃鞋：Ashcroft, *Spark of Life*, 16.

256 人们称电流"奇妙无穷"：Pera, *Ambiguous Frog*, 3–5.

256 在英国、法国、意大利甚至波兰：Bensaude-Vincent and Blondel, eds., *Science and Spectacle*, 75, and "Experiments on Electricity."

256 "亲赴（当地电力大师的）表演现场……"："Experiments on Electricity."

257 "场面极为壮观……"：Heilbron, *Electricity*, 318.

257 1 800名深感刺痛的士兵：Ashcroft, *Spark of Life*, 15.

258 "我无意中承受了全部（电击）……"：Brox, *Brilliant*, 98, and the American Physical Society, "Ben Franklin," online at http://tinyurl.com/htzuxmn.

258 向我们表明，划过苍穹的霹雳闪电：Brox, *Brilliant*, 100, and Krider, "Benjamin Franklin."

258 "天堂之炮"：Stacy Schiff, *The Witches: Salem, 1692* (New York: Little, Brown, 2015), 17 and 427n.

258 让敲钟人置身于灾难性的危险之中：Brox, *Brilliant*, 99, and Cohen, *Franklin's Science*, especially the section entitled "Lightning Rods Versus Church Bells," beginning on 119.

258 〔脚注〕许多宗教信徒反对使用避雷针：Cohen, *Franklin's Science*, 159.

258 第一个被闪电击死："Account of the Death of Georg Richmann," *Pennsylvania Gazette*, March 5, 1754. Online at http://tinyurl.com/zrm7ja4.

259 〔脚注〕约瑟夫·普利斯特里：Cohen, *Franklin's Science*, 6.

259 "第一次经历时……"：Heilbron, *Electricity*, 18.

259 致使她暂时无法行走：Heilbron, *Electricity*, 314, and Ashcroft, *Spark of Life*, 14.

259 "我并非用手实验……"：Strickland, "Ideology of Self-Knowledge," 458.

260 在那里见到了本杰明·富兰克林：Porter, *The Facts of Life*, 108.

260 在伦敦开设了一家"健康圣殿"：Syson, *Doctor of Love*, 3.

260 "熊熊电火在燃烧"：Porter, *The Facts of Life*, 109.

261 "每位绅士和他的女伴"：同上，110.

261 "即使性交行为本身……"：Otto, "Regeneration of the Body," and Stephanson and Wagner, eds., *The Secrets of Generation*, 14.

## 第二十二章　"我看到那只生物混浊、昏黄的眼睛睁开了"

262 伽伐尼认为，每个动物体内都有电流：See Piccolino and Bresadola, *Shocking Frogs*, 1–25;also George Johnson, *The Ten Most Beautiful Experiments*, 60–74, and Pera, *Ambiguous Frog*, xx–xxvi.

262 炖青蛙汤：这个故事最早出现在 Jean-Louis Alibert, *Eloge Historique de Galvani*, 1801. 此后便被历史学家反复引述。有当代作者对此提出质疑，参见 Piccolino and Bresadola, *Shocking Frogs*, 5.

263 好比法国大革命：Nicholas Wade, Marco Piccolino, and Adrian Simmons, "Luigi Galvani." Online at http://tinyurl.com/hlogn33.

263 "一名电学天才"：Pera, *Ambiguous Frog*, 41.

264 "……他发明了史上第一个电池组"：Ashcroft, *Spark of Life*, 25.

264 整个世界都"嘲笑我"：这句引言深深扎根于科学传奇之中。Frances Ashcroft 是一位受人尊敬的化学家，她在作品 *Spark of Life* (8) 中引用了这句话。不过，她在注释中表示，这句话很有可能于 1862 年出自法国天文学家卡米耶·弗拉马利翁（Camille Flammarion）之口。

265 "第一名被斩首的罪犯……"：Ashcroft, *Spark of Life*, 28.

266 以为福斯特活了过来："George Foster," *Newgate Calendar*, Jan. 1803. Online at http://tinyurl.com/hpjcpav.

267 旁观者纷纷呕吐、昏厥：Ashcroft, *Spark of Life*, 29.

267 1816 年 6 月，日内瓦湖附近：笔者对那个宿命般的夏天的记述基于 Johnson, "Mary Shelley and Her Circle," in *A Life with Mary Shelley*, and Stott, *The Poet and the Vampyre*.

268 "我们手拉手站在实验桌前……"：Darby Lewes, ed., *A Brighter Morn: The Shelley Circle's Utopian Project* (Lanham, MD: Lexington Books, 2002), 147.

268 在牛津大学时，雪莱的屋子里：Richard Holmes, *Shelley: The Pursuit* (New York: Harper, 2005), 37.

268 "人类不过是带电的泥土"：Ashcroft, *Spark of Life*, 9.

269 导致身体过度肥胖：Jenny Uglow, *The Lunar Men: Five Friends Whose Curiosity Changed the World* (New York: Farrar, Straus and Giroux, 2002), xiv.

269 "将一根面条保存在玻璃器皿中……"：出自玛丽·雪莱的小说《弗兰肯斯坦》1831 年版的引言部分，详见 http://tinyurl.com/zdse7rx。也可参考 Ashton Nichols, "Erasmus Darwin and the Frankenstein 'Mistake'", Romantic Natural History, 详见 http://tinyurl.com/jsc34ho。

269 "或许一具尸体可以被重新赋予生命"：出自玛丽·雪莱的小说《弗兰肯斯坦》

1831 年版的引言部分。

270 "在 11 月一个阴沉的夜晚……": Mary Shelley, *Frankenstein*, Chap. 5. Online at http://tinyurl.com/hpuarvv.

### 第二十三章　斯芬克斯之鼻

272 只有十亿分之一中的百万分之一: Alan Lightman, "Our Lonely Home in Nature," *New York Times*, May 6, 2014.

272 罗伯特·布朗: Nott, "Molecular Reality."

275 术语 "有机化学": Brian Silver, *The Ascent of Science* (New York: Oxford University Press, 2000), 319.

275 "……制造尿素": Ramberg, "The Death of Vitalism," 178.

276 〔脚注〕拉瓦锡的发现: 关于法官这句话的探讨, 参见 Dennis I. Duveen, "Antoine Laurent Lavoisier and the French Revolution," *Journal of Chemical Education* 31 (February 1954).

276 在一次精心设计的实验中: Hoffmann, *Life's Ratchet*, 30.

276 亥姆霍兹所做的实验解释了这一偏差: 同上, 41.

277 菲茨杰拉德曾说: Fitzgerald, *The Crack-Up* (New York: New Directions, 2009), 69.

### 第二十四章　"游戏进行中"

278 欧洲各国的科学家对这一困境的回应: Gasking, *Investigations*, 138–139.

279 "超越了人类理解力的极限": Peter Roget, *The Bridgewater Treatises on the Power Wisdom and Goodness of God As Manifested in the Creation* (London: William Pickering, 1834), 2:582. Online at http://tinyurl.com/glwuao6.

279 十年之前, 两位年轻的科学家: Gasking, *Investigations*, 140–142.

280 哪位现代思想家愿意退回去: Farley, *Gametes and Spores*, 47.

281 "乐此不疲地让我们了解……": La Mettrie, *Machine Man*, 86.

282 "永远不会有研究一根草的牛顿": Immanuel Kant, *Critique of Judgment* (London: MacMillan, 1914), 312. 其他人对于这句话的引用与笔者在本书中

的引用相同，但是约翰·伯纳德的译文与此稍有差异，详见 http://tinyurl. com/jc9fjbm。

282 "在观察卵巢时：Baer, "On the Genesis of the Ovum," 120.

283 "每一种因性结合而产生的动物……"：Baer and Sarton, "Discovery," 324.

283 在子宫中"凝结"并发展成胚胎：同上，317.

284 在会议的最后一天：同上，325.

### 第二十五章  抓捕！

285 10 月的一个傍晚：Otis, *Müller's Lab*, 63.

285 他们来不及喝完咖啡：Vasil, "History of Plant Biotechnology," 1424, and Bechtel, *Discovering Cell Mechanisms*, 68-9.

286 "一切细胞来源于细胞"：Wagner, "Virchow," 917.

286 "任何发育完全的组织……"：Virchow, *Cellular Pathology* (London: John Churchill, 1860), 27.

287 众多同僚和对手中的佼佼者：Hunter, *Vital Forces*, 64-74.

287 "许多小匣子"：Hooke, *Micrographia*, Observation 18, "Of the Schematisme or Texture of Cork." Online at http://tinyurl.com/gwhkl5s.

287 纵观 18 世纪：Hunter, in *Vital Forces*, describes a series of technical improvements in microscope design that dated from the 1830s (see 60-61).

287 植物学家将时间用于植物分类：Gasking, *Investigations*, 168.

288 "赤裸裸的傻瓜和白痴"：Rudolf Virchow, *The Freedom of Science in the Modern State* (London: John Murray, 1878), 18.

288 所谓的尼安德特人头骨大发现：Schultz, "Rudolf Virchow."

288 "细胞间的内战"：Wagner, "Virchow," 918.

288 他准备了两根香肠：Schultz, "Rudolf Virchow". 虽然这个故事是医学史学家的最爱，但是它可能出于杜撰。故事可能来源于 1865 年的真实事件，当时维尔肖在柏林发表演讲，号召严查猪肉以保障公众健康。维尔肖将一块熏制香肠展示给公众看，然后向他们解释这美味的食物事实上已经受到感染。人群中一位兽医起身表示，旋毛虫（能引发旋毛虫病的微生物）是"世界上最无害的生物。只有那些没有经验的医生才对此大惊小怪，无非是想给自己创造些就业机会。"听闻此言，维尔肖的一位同事挺身而出，要求该兽医吃下这块熏制香肠。整个人群开始大呼："吃！吃！"这位兽医只得屈服，咬了一口香肠，然后冲出了大厅。据报纸报道，五天后，该兽医无助地躺在床上，胳膊和腿均动弹不得。（这部分叙述来自 Dr. Thudichum, "The Trichina Disease", *Edinburgh Medical Journal 11*, part 2 (1866): 771–772. 详见 http://tinyurl.com/glya6ps.）

288 "……遵循看不见的规律"：Hunter, *Vital Forces*, 63.

289 自负而暴躁的德国科学家：Goldschmidt, *Portraits*, 76–80.

290 "就像太阳从卵中升起"：Weindling, *Darwinism*, 70.

291 德里施恃才傲物：Goldschmidt, *Portraits*, 69.

291 生命包含纯化学无法解释的奥秘：同上。

292 细胞之谜的解开让我们明白：Fisher, *Weighing the Soul*, 138–140.

293 作家约翰·斯图尔特·科利斯：Collis, *The Worm Forgives the Plough*, 43.

# 参考文献　　　　　　　　　　　　　BIBLIOGRAPHY

Anstey, Peter R. "Boyle on Seminal Principles." *Studies in History and Philosophy of Biological and Biomedical Sciences* 33 (2002).

Aristotle. On the Generation of Animals. Online at http://tinyurl.com/jsjqwmp.

Ashcroft, Frances. *The Spark of Life: Electricity in the Human Body.* New York: Norton, 2013.

Aubrey, John. *Brief Lives.* Woodbridge, UK: Boydell, 1982.

Aughterson, Kate, ed. *Renaissance Woman: A Sourcebook: Constructions of Femininity in England.* New York: Routledge, 1995.

Augustine, *The City of God.* Online at http://tinyurl.com/gpsx7la.

Baer, Karl Ernst von. "On the Genesis of the Ovum of Mammals and of Man." *Isis* 47, no. 2 (June 1956).

Baer, Karl Ernst von, and George Sarton. "The Discovery of the Mammalian Egg and the Foundation of Modern Embryology." *Isis* 16, no. 2 (Nov. 1931).

Bainbridge, David. *Making Babies: The Science of Pregnancy.* Cambridge, MA: Harvard University Press, 2001.

Bates, A. W. *The Anatomy of Robert Knox: Murder, Mad Science and Medical Regulation in Nineteenth Century Edinburgh.* Eastbourne, UK: Sussex, 2010.

Bechtel, William. *Discovering Cell Mechanisms: The Creation of Modern Cell Biology.* New York: Cambridge University Press, 2006.

Beckerman, S., and P. Valentine, eds. *Cultures of Multiple Fathers: The Theory and Practice of Partible Paternity in Lowland South America.* Gainesville: University

Press of Florida, 2002.

Bensaude-Vincent, Bernadette, and Christine Blondel, eds. *Science and Spectacle in the European Enlightenment*. Aldershot, UK: Ashgate, 2007.

Birkhead, Tim. *Promiscuity: An Evolutionary History of Sperm Competition*. Cambridge, MA: Harvard University Press, 2000.

———. *The Wisdom of Birds: An Illustrated History of Ornithology*. New York: Bloomsbury, 2008.

Boyce, James. *Born Bad: Original Sin and the Making of the Western World*. Berkeley: Counterpoint, 2015.

Browne, Janet. "Noah's Flood, the Ark, and the Shaping of Early Modern Natural History." Chapter 5 in *When Science and Christianity Meet*, ed. David C. Lindberg and Ronald L. Numbers. Chicago: University of Chicago Press, 2003.

Brox, Jane. *Brilliant: The Evolution of Artificial Light*. New York: Houghton Mifflin, 2010.

Bynum, Caroline Walker. *Fragmentation and Redemption: Essays on Gender and the Human Body in Medieval Religion*. New York: Zone, 1992.

Capanna, Ernesto. "Lazzaro Spallanzani: At the Roots of Modern Biology." *Journal of Experimental Zoology* 285 1999.

Clayton, Martin, and Ronald Philo. *Leonardo da Vinci: The Mechanics of Man*. Los Angeles: Getty Publications, 2010.

Cobb, Matthew. *Generation: The Seventeenth-Century Scientists Who Unraveled the Secrets of Sex, Life, and Growth*. New York: Bloomsbury, 2006.

Cody, Lisa Forman. *Birthing the Nation: Sex, Science, and the Conception of Eighteenth-Century Britons*. New York: Oxford University Press, 2008.

Cohen, I. Bernard. *Benjamin Franklin's Science*. Cambridge, MA: Harvard University Press, 1990.

Collis, John Stewart. *The Worm Forgives the Plough*. Pleasantville, NY: Akadine, 1997.

Cutler, Alan. *The Seashell on the Mountaintop: How Nicolaus Steno Solved an Ancient Mystery and Created a Science of the Earth*. New York: Penguin, 2004.

Darwin, Erasmus. *Zoonomia*, vol. 1. London, 1794.

Davies, Jamie A. *Life Unfolding: How the Human Body Creates Itself*. Oxford:

Oxford University Press, 2014.

Dawson, Virginia P. *Nature's Enigma: The Problem of the Polyp in the Letters of Bonnet, Trembley, and Réaumur.* Philadelphia: American Philosophical Society, 1987.

———. "Regeneration, Parthenogenesis, and the Immutable Order of Nature." *Archives of Natural History* 18, no. 3 (1991).

De Graaf, Regnier. *Regnier de Graaf on the Human Reproductive Organs.* Translated by H. D. Jocelyn and B. P. Setchell. Oxford: Blackwell, 1972.

Diamond, Jared. *Why Is Sex Fun? The Evolution of Human Sexuality.* New York: Basic Books, 1997.

Dijkgraaf, Sven. "Spallanzani's Unpublished Experiments on the Sensory Basis of Object Perception in Bats." *Isis* 51, no. 1 (March 1960).

Dobell, Clifford. *Antony van Leeuwenhoek and His "Little Animals."* New York: Russell and Russell, 1958.

Dolman, Claude E. "Lazzaro Spallanzani." *The Complete Dictionary of Scientific Biography,* encyclopedia.com, 2008.

Farley, John. *Gametes and Spores: Ideas About Sexual Reproduction 1750–1914.* Baltimore: Johns Hopkins University Press, 1982.

———. "The Spontaneous Generation Controversy (1700–1860): The Origin of Parasitic Worms." *Journal of the History of Biology* 5, no. 1 (Spring 1972).

Findlen, Paula. "The Janus Faces of Science in the Seventeenth Century: Athanasius Kircher and Isaac Newton." In *Rethinking the Scientific Revolution,* ed. Margaret J. Osler. New York: Cambridge University Press, 2000.

Fisher, Len. *Weighing the Soul: Scientific Discovery from the Brilliant to the Bizarre.* New York: Arcade, 2004.

Flandrin, Jean Louis. *Sex in the Western World: The Development of Attitudes and Behavior.* Chur, Switzerland: Harwood, 1991.

Fletcher, Anthony. *Gender, Sex, and Subordination in England, 1500–1800.* New Haven, CT: Yale University Press, 1995.

Fontenelle, Bernard de. *Conversations on the Plurality of Worlds.* London, 1803.

———. *Letters of Gallantry.* London, 1715.

Freedberg, David. *The Eye of the Lynx: Galileo, His Friends, and the Beginning of Modern Natural History.* Chicago: University of Chicago Press, 2002.

Fudge, Erica, ed. *Renaissance Beasts: Of Animals, Humans, and Other Wonderful Creatures.* Urbana: University of Illinois Press, 2004.

Galambos, Robert. "The Avoidance of Obstacles by Flying Bats: Spallanzani's Ideas (1794) and Later Theories." *Isis* 34, no. 2 (Autumn 1942).

Gasking, Elizabeth. *Investigations into Generation, 1651–1828.* Baltimore, MD: Johns Hopkins University Press, 1967.

———. *The Rise of Experimental Biology.* New York: Random House, 1970.

———. "The Spontaneous Generation Controversy (1700–1860): The Origin of Parasitic Worms." *Journal of the History of Biology* 5, no. 1 (Spring 1972).

Goldschmidt, Richard B. *Portraits from Memory: Recollections of a Zoologist.* Seattle: University of Washington Press, 1956.

Gonzalez-Crussi. *Carrying the Heart: Exploring the Worlds Within Us.* New York: Kaplan, 2009.

Gould, Stephen Jay. "Adam's Navel." In *The Flamingo's Smile: Reflections in Natural History.* New York: Norton, 1987.

———. "The Man Who Invented Natural History." *New York Review of Books*, Oct 22. 1998.

Gregory, Mary Efrosini. *Evolutionism in Eighteenth-Century French Thought.* New York: Peter Lang, 2008.

Gross, Charles G. "Rembrandt's 'The Anatomy Lesson of Dr. Joan Deijman.'" *Trends in Neuroscience* 21, no. 6 (June 1, 1998).

Harrison, Peter. "Reading Vital Signs: Animals and the Experimental Philosophy." In *Renaissance Beasts: Of Animals, Humans, and Other Wonderful Creatures*, ed. Erica Fudge. Urbana: University of Illinois Press, 2004.

Heckscher, William S. *Rembrandt's Anatomy of Dr. Nicholaas Tulp: An Iconological Study.* New York: New York University Press, 1958. Online at http://archive.org/stream/rembrandt00heck/rembrandt00heck_djvu.txt.

Heilbron, J. L. *Electricity in the 17th and 18th Centuries: A Study of Early Modern Physics.* Berkeley: University of California Press, 1979.

Hiatt, Lester Richard. *Arguments About Aborigines: Australia and the Evolution of Social Anthropology.* New York: Cambridge University Press, 1996.

Hochadel, Oliver. "A Shock to the Public: Itinerant Lecturers and Instrument Makers as Practitioners of Electricity in the German Enlightenment (1740–1800)."

Online at http://tinyurl.com/zczaqe9.

Hoffmann, Peter M. *Life's Ratchet: How Molecular Machines Extract Order from Chaos.* New York: Basic Books, 2012.

Home, R. W. "Force, Electricity, and the Powers of Living Matter in Newton's Mature Philosophy of Nature." In *Religion, Science, and Worldview: Essays in Honor of Richard Westfall*, ed. Margaret J. Osler and Paul Lawrence Farber. New York: Cambridge University Press, 1985.

Hunter, Graeme K. *Vital Forces: The Discovery of the Molecular Basis of Life.* San Diego: Academic Press, 2000.

Inhorn, Marcia. *Quest for Conception: Gender, Infertility, and Egyptian Medical Traditions.* Philadelphia: University of Pennsylvania Press, 1994.

Inwood, Stephen. *The Forgotten Genius: The Biography of Robert Hooke 1635–1703.* San Francisco: MacAdam/Cage, 2005.

Jacobs, Alan. *Original Sin: A Cultural History.* New York: HarperOne, 2008.

Jacquart, Danielle, and Claude Thomasset. *Sexuality and Medicine in the Middle Ages.* Cambridge: Polity, 1998.

Jardine, Lisa. *The Curious Life of Robert Hooke: The Man Who Measured London.* New York: Harper, 2004.

Johnson, Barbara. *A Life with Mary Shelley.* Stanford, CA: Stanford University Press, 2014.

Johnson, George. *The Ten Most Beautiful Experiments.* New York: Knopf, 2008.

Jones, Jonathan. *The Lost Battles: Leonardo, Michelangelo, and the Artistic Duel That Defined the Renaissance.* New York: Knopf, 2012.

Jorink, Eric. "Between Emblematics and the 'Argument from Design': The Representation of Insects in the Dutch Republic." In *Early Modern Zoology: The Construction of Animals in Science, Literature, and the Visual Arts,* ed. Karl A. E. Enenkel and Paul J. Smith. Leiden, Netherlands: Brill, 1997.

Keele, Kenneth. *Leonardo da Vinci: Anatomical Drawings from the Royal Library Windsor Castle.* New York: Metropolitan Museum of Art, 1983.

———. *Leonardo da Vinci's Elements of the Science of Man.* New York: Academic Press, 2014.

Kemp, Martin, ed. *Leonardo on Painting: An Anthology of Writings by Leonardo da Vinci.* New Haven, CT: Yale University Press, 1991.

Keynes, Geoffrey. *The Life of William Harvey.* Oxford: Oxford University Press, 1966.

King-Hele, Desmond. *Erasmus Darwin and the Romantic Poets.* New York: Macmillan, 1986.

Kottek, Samuel S. "Embryology in Talmudic and Midrash Literature." *Journal of the History of Biology* 14, no. 2 (Fall 1981).

Krider, E. Philip. "Benjamin Franklin and Lightning Rods." *Physics Today* 59, no. 1 (2006). Online at http://tinyurl.com/gwgs3ln.

La Mettrie, Julien de. *Machine Man and Other Writings.* New York: Cambridge University Press, 1996.

Laqueur, Thomas. *Making Sex: Body and Gender from the Greeks to Freud.* Cambridge, MA: Harvard University Press, 1990.

———. *Solitary Sex: A Cultural History of Masturbation.* New York: Zone, 2004.

Leroi, Armand Marie. *The Lagoon: How Aristotle Invented Science.* New York: Viking, 2014.

Malinowski, Bronislaw. "Baloma; The Spirits of the Dead in the Trobriand Islands." *Journal of the Royal Anthropological Institute of Great Britain and Ireland* 46 (1916). Online at http://tinyurl.com/z2vxxuq.

Manniche, Lisa. *Sexual Life in Ancient Egypt.* London: Routledge, 2004.

Maupertuis, Pierre-Louis de. *The Earthly Venus.* New York: Johnson Reprint, 1966.

McLaren, Angus. *Reproductive Rituals: The Perception of Fertility in England from the Sixteenth Century to the Nineteenth Century.* New York: Methuen, 1984.

McMahon, Darrin. *Divine Fury: A History of Genius.* New York: Basic Books, 2013.

Merchant, Carolyn. *The Death of Nature: Women, Ecology and the Scientific Revolution.* New York: Harper, 1989.

Metz, Charles B., and Alberto Monroy, eds. *Fertilization: Comparative Morphology, Biochemistry, and Immunology.* New York: Academic Press, 1967.

Meyer, Arthur William. *The Rise of Embryology.* Stanford, CA: Stanford University Press, 1939.

Midgley, Mary. *Science as Salvation: A Modern Myth and Its Meaning.* New York: Routledge, 1992.

Miller, Jonathan. *The Body in Question.* New York: Random House, 1978.

Montillo, Roseanne. *The Lady and Her Monsters: A Tale of Dissections, Real-Life Dr. Frankensteins, and the Creation of Mary Shelley's Masterpiece.* New York: William Morrow, 2013.

Moore, John A. *Science as a Way of Knowing: The Foundations of Modern Biology.* Cambridge, MA: Harvard University Press, 1993.

Müller-Sievers, Helmut. *Self-Generation: Biology, Philosophy, and Literature Around 1800.* Stanford, CA: Stanford University Press, 1997.

Needham, Joseph. *A History of Embryology.* Cambridge: Cambridge University Press, 1959.

Nichols, Ashton. "Erasmus Darwin and the Frankenstein 'Mistake.'" Online at http://tinyurl.com/jsc34ho.

Nightingale, Andrea. *Once Out of Nature: Augustine on Time and the Body.* Chicago: University of Chicago Press, 2011.

Nott, Mick. "Molecular Reality: The Contributions of Brown, Einstein and Perrin." *School Science Review* 86, no. 317 (June 2005).

Otis, Laura. *Müller's Lab: The Story of Jakob Henle, Theodor Schwann, Emil du Bois-Reymond, Hermann von Helmholtz, Rudolf Virchow, Robert Remak, Ernst Haeckel, and Their Brilliant, Tormented Advisor.* New York: Oxford University Press, 2007.

Otto, Peter. "The Regeneration of the Body: Sex, Religion and the Sublime in James Graham's *Temple of Health and Hymen.*" *Romanticism and Sexuality*, no. 23 (August 2001). Online at http://tinyurl.com/zl52yxs.

Pantel, Pauline Schmitt, ed. *A History of Women in the West, Volume I: From Ancient Goddesses to Christian Saints.* Cambridge, MA: Harvard University Press, 1994.

Park, Katharine. "The Criminal and the Saintly Body: Autopsy and Dissection in Renaissance Italy." *Renaissance Quarterly* 47, no. 1 (Spring 1994).

———. "Dissecting the Female Body: From Women's Nature to the Secrets of Bodies." In *Attending to Early Modern Women*, ed. Adele Seeff and Jane

Donawerth.

Newark: University of Delaware Press, 2000.

———. *Secrets of Women: Gender, Generation, and the Origins of Human Dissection.* New York: Zone, 2010.

Pera, Marcello. *The Ambiguous Frog: The Galvani-Volta Controversy on Animal Electricity.* Princeton, NJ: Princeton University Press, 1992.

Piccolino, Marco, and Marco Bresadola. *Shocking Frogs: Galvani, Volta, and the Electric Origins of Neuroscience.* New York: Oxford University Press, 2013.

Pinto-Correia, Clara. *The Ovary of Eve: Egg and Sperm and Preformation.* Chicago: University of Chicago Press, 1997.

Porter, Roy. *The Facts of Life: The Creation of Sexual Knowledge in Britain, 1650–1950.* New Haven, CT: Yale University Press, 1995.

Power, D'Arcy. *William Harvey.* London: Fisher Unwin, 1897.

Pross, Addy. *What Is Life? How Chemistry Becomes Biology.* Oxford, UK: Oxford University Press, 2012.

Ramberg, Peter J. "The Death of Vitalism and The Birth of Organic Chemistry: Wohler's Urea Synthesis and the Disciplinary Identity of Organic Chemistry." *Ambix* 47, no. 3 (Nov. 2000).

Redi, Francesco. *Experiments on the Generation of Insects.* Chicago: Open Court, 1909. Online at http://tinyurl.com/hea6j54.

———. *Francesco Redi on Vipers.* Translated and annotated by Peter Knoefel. Leiden, Netherlands: Brill, 1988.

Richardson, Ruth. *Death, Dissection and the Destitute.* Chicago: University of Chicago Press, 2001.

Riddle, John M. *Contraception and Abortion from the Ancient World to the Renaissance.* Cambridge, MA: Harvard University Press, 1994.

Riskin, Jessica. "The Defecating Duck, or, the Ambiguous Origins of Artificial Life." *Critical Inquiry* 29, no. 4 (Summer 2003).

Roe, Shirley A. *Matter, Life, and Generation: Eighteenth-Century Embryology and the Haller-Wolff Debate.* New York: Cambridge University Press, 1981.

Roger, Jacques. *Buffon: A Life in Natural History.* Ithaca, NY: Cornell University Press, 1997.

———. *The Life Sciences in Eighteenth-Century French Thought.* Stanford, CA: Stanford University Press, 1997.

———. "Two Scientific Discoveries: Their Genesis and Destiny." In *On Scientific Discovery: The Erice Lectures 1977,* ed. Mirko Grmek, Robert Cohen, and Guido Cimino. Dordrecht, Netherlands: Reidel, 1977.

Rosner, Lisa. *The Anatomy Murders: Being the True and Spectacular History of Edinburgh's Notorious Burke and Hare and the Man of Science Who Abetted Them in the Commission of Their Most Heinous Crimes.* Philadelphia: University of Pennsylvania Press, 2009.

Ruestow, Edward G. "Images and Ideas: Leeuwenhoek's Perception of the Spermatozoa." *Journal of the History of Biology* 16, no. 2 (Summer 1983).

———. "Leeuwenhoek and the Campaign Against Spontaneous Generation." *Journal of the History of Biology* 17, no. 2 (Summer 1984).

———. *The Microscope in the Dutch Republic: The Shaping of Discovery* (New York: Cambridge University Press, 1996).

———. "Piety and the Defense of Natural Order: Swammerdam on Generation." In *Religion, Science, and Worldview: Essays in Honor of Richard Westfall*, ed. Margaret J. Osler and Paul Lawrence Farber. New York: Cambridge University Press, 1985.

Sandler, Iris. "The Re-Examination of Spallanzani's Interpretation of the Role of the Spermatic Animalcules in Fertilization." *Journal of the History of Biology* 6, no. 2 (Fall 1973).

Schmitt, William J. "Spontaneous Generation and Creation." *Thought* 37, no. 2 (1962).

Schultz, Myron. "Rudolf Virchow." *Emerging Infectious Diseases* 14, no. 9 (Sept. 2008). Online at http://tinyurl.com/ma9bpk3.

Shelley, Mary Wollstonecraft. *Frankenstein.* 1818/1831. Online at http://tinyurl.com/jlelu2x.

Shorter, Edward. *A History of Women's Bodies.* New York: Basic Books, 1982.

Sleigh, Charlotte. "Jan Swammerdam's Frogs." *Notes and Records of the Royal Society* 66 (2012).

Smith, Justin. *Divine Machines: Leibniz and the Sciences of Life.* Princeton, NJ:

Princeton University Press, 2011.

———. "Leibniz on Spermatozoa and Immortality." *Archiv für Geschichte der Philosophie* 89, no. 3 (2007).

Snyder, Laura J. *Eye of the Beholder: Johannes Vermeer, Antoni van Leeuwenhoek, and the Reinvention of Seeing.* New York: Norton, 2015.

Spallanzani, Lazzaro. *Dissertations Relative to the Natural History of Animals and Vegetables.* London, 1784. Online at http://tinyurl.com/zgpdteo.

Stephanson, Raymond, and Darren Wagner, eds. *The Secrets of Generation: Reproduction in the Long Eighteenth Century.* Toronto: University of Toronto Press, 2015.

Stott, Andrew McConnell. *The Poet and the Vampyre: The Curse of Byron and the Birth of Literature's Greatest Monsters.* New York: Pegasus Books, 2014.

Stott, Rebecca. *Darwin's Ghosts: The Secret History of Evolution.* New York: Spiegel & Grau, 2012.

Strickland, Stuart Walker. "The Ideology of Self-Knowledge and the Practice of Self-Experimentation." *Eighteenth-Century Studies* 31, no. 4 (Summer 1998).

Suh, H. Anna, ed. *Leonardo's Notebooks: Writing and Art of the Great Master.* New York: Black Dog & Leventhal, 2005.

Syson, Lydia. *Doctor of Love: James Graham and His Celestial Bed.* London: Alma, 2012.

Terrall, Mary. *The Man Who Flattened the Earth: Maupertuis and the Sciences in the Enlightenment.* Chicago: University of Chicago Press, 2002.

Thomas, Keith. *Man and the Natural World.* New York: Pantheon, 1983.

Tissot, Samuel. *A Treatise on the Diseases Produced by Onanism.* New York: Collins and Hannay, 1832.

Todd, Dennis. *Imagining Monsters: Miscreations of the Self in Eighteenth-Century England.* Chicago: University of Chicago Press, 2005.

Trounson, Alan O., and Roger G. Gosden, eds. *Biology and Pathology of the Oocyte: Its Role in Fertility and Reproductive Medicine.* New York: Cambridge University Press, 2003.

Vartanian, Aram. "Trembley's Polyp, La Mettrie, and Eighteenth-Century French Materialism." *Journal of the History of Ideas* 11, no. 3 (June 1950).

Vasil, Indra K. "A History of Plant Biotechnology: From the Cell Theory of Schleiden